反応拡散方程式

YANAGIDA Eiji
柳田英二［著］

Reaction-Diffusion Equations

東京大学出版会

Reaction-Diffusion Equations
Eiji YANAGIDA
University of Tokyo Press, 2015
ISBN978-4-13-062920-1

はじめに

　空間的なパターンが時間とともに変化していく現象は，自然界においていろいろな形で観察される．このような現象を引き起こすメカニズムの1つは，1個あるいは複数個の成分が空間的に分布し，各成分の拡散による空間的平滑化と，成分の生成消滅によるものである．たとえば発熱反応における温度分布の時間的変化は，熱伝導による拡散と，化学反応あるいは燃焼による熱の発生とが同時に起こるプロセスとして記述できる．溶液中の化学反応では，化学物質は溶液中を拡散するとともに，物質は化学反応によって生成あるいは消費されて，濃度が場所と時間に依存して変化する．生物個体群の密度の変化は，各個体がランダムに移動することによる拡散と，増殖および死亡が同時に進行する過程として記述できる．同様のメカニズムによる空間的構造の時間変化は，化学，集団遺伝学，生物学，物理学，神経生理学など，いろいろな分野において普遍的にみられる現象である．
　このように，成分の拡散と反応が同時に進行することにより，その状態が時間的に変化していくようなシステムを反応拡散系といい，数学的には反応拡散方程式と呼ばれる非線形の単独あるいは連立の放物型偏微分方程式で記述される．ここでいう"非線形性"とは，単に重ね合わせが効かないというような"弱い非線形性"ではなく，本質的な駆動力となって現象を引き起こすという意味の"強い非線形性"を指している．一方，拡散による平滑化あるいは局所的平均化作用は，普通は現象を安定化させるメカニズムとして働くが，場合によっては反応過程との相互作用により，逆に時空間構造を複雑化する方向に働くこともある．この結果，反応拡散方程式は空間的あるいは時間的な構造が自発的に形成されるような現象の数理モデルとして，現象の背後にあ

る数学的構造を明らかにするための重要な研究対象となってきた.

　反応拡散系に関する本格的な研究は前世紀半ばにはじまったが，用いる手法によってそのスタイルは大きく異なる．大ざっぱに分類すれば，現象の観測と実験，モデリング，数値シミュレーションと形式的な近似計算，数学的に厳密な解析となる．これらの立場の異なる研究は車の四輪のようなもので，相互に刺激し合いながら，全体としてゆっくりと，しかし確実に研究を前進させてきた．その結果，前世紀後半には反応拡散系の研究が爆発的に発展し，1つの大きな研究分野として確立されたのである．

　反応拡散系に関する研究は，自然現象あるいは実験室において人工的に生み出された現象にみられる各種の時空間パターンに対し，まずは観測や実験によって現象を起こすメカニズムを解明（あるいは推測）することからはじまった．反応拡散系にみられる顕著な現象としては，安定な空間パターンの自発的形成，時間周期的な振動，進行波の形成と伝播，過渡的状態にみられる時空間構造などがある．このような現象を観測し，現象が生じるためのメカニズムを明らかにすることは，反応拡散系の挙動を理解するための第一歩である．

　現実の系には多くの要素が関与しており，それらすべてを完全に理解することは容易ではない．そのため，まず現象の理解の第一歩は，その背後にある数理構造を推測し，これを記述する方程式を導くことである．これをモデリングという．この際，すべての要素をモデル方程式に取り込むと，かえって本質的な部分がみえなくなってしまう．そこで，多くの成分が複雑に絡み合う系においては，その中から本質的な部分を抽出し，ある程度の単純化をして方程式の中に取り込む．もちろん，モデリングのやり方は，現象をどこまで忠実に再現したいのか，本質をどのように捉えているか，モデル方程式の数学的取り扱いがどの程度可能かなどによって変わってくる．

　モデリングによって導かれた方程式が実際の現象を再現できるかどうかを確かめるための1つの手段は，コンピュータを用いた数値計算によるシミュレーションである．シミュレーションによって現象が再現できれば，モデル方程式が現象の本質を正しく記述している可能性が高い．また逆に，シミュレーションによってみいだされた現象が，実際の系で起こりうるのかどうか

を実験的に確かめることも重要である．

　シミュレーションなどによって数理モデルとして確立した方程式に対しては，数学的にはこの方程式の定常解，時間周期解，進行波解など特徴的な解の存在とその形状および安定性，解の過渡的あるいは漸近的な挙動の解明が数学的課題となる．反応拡散系のモデル方程式に対し，解を具体的に計算して数式で表現することができるのは特殊な例に限られ，ほとんど不可能である．そのため，モデル方程式を数学的に扱うための1つの方法は，解を近似計算で求めることである．たとえば，方程式に小さなパラメータを導入し，このパラメータについて展開して係数比較を行うなどの方法を用いれば，工夫次第では近似解を計算できる場合もある．この方法により，数学的にある程度の推測が可能ならば，さらなる解析によって厳密な証明が得られることもあるし，シミュレーションによってその正当性を確かめることもできる．

　解析学の立場からは，数値計算や近似計算のみではなく，数学的に厳密な証明を得ることが目標となるが，反応拡散方程式は非線形偏微分方程式系であり，その解析は容易ではない．線形の方程式や，それをわずかに摂動したタイプの弱い非線形性をもつ方程式については，古くから強力な手法が開発され，一般性をもつ数学理論が展開されてきた．それに対し，強い非線形性をもつ方程式に対しては，数学的手法は前世紀中頃にはほとんど整備されておらず，古典的な手法でできることは限られていた．しかしながら，分岐理論，特異摂動法，変分法，無限次元力学系理論など，いくつかの強力な非線形解析学的手法が徐々に発展し，現在ではかなりの程度の解析が可能となっている．その結果，反応拡散方程式は，著しく豊富な数理構造をもつことが明らかになってきたのである．

　反応拡散方程式の解析的研究は，数学的な分類では偏微分方程式の定性的理論ということになるのであろうが，実際は他のいろいろな分野と密接に結びつき，異なる方向からの研究の影響を受けながら発展している．方程式が与えられれば，モデルの背景を知らなくても数学的な解析は可能であるが，現象と対応させたほうが直観的な考察がしやすくなり，また数学的な意味や重要性を理解しやすくなる．実際，モデリングとシミュレーションによって新たな数学的課題が生み出されることもよくある．逆に数学的な理論に基づ

いた結果が新たな実験やモデリング，シミュレーションの動機となり，多角的な観点から反応と拡散の相互作用による非線形現象についての理解が深まり，その本質が明らかにされてきたといってよいであろう．

さて本書であるが，主な目的は反応拡散方程式に関する数学的理論の基礎を解説することにある．したがって，反応拡散方程式の数学的側面を知りたい読者を対象としており，実験や数値計算についてはほとんど述べていない．数学的な予備知識としては，大学初年次に学ぶ微分積分学と線形代数学に加え，多変数解析学，常微分方程式，ベクトル解析の初歩的な内容を習得していれば十分である．関数解析，実解析，偏微分方程式に関する事項は文中で適宜説明を加えるとともに，付録に基礎的な理論についてまとめておいたので，必要に応じて参照していただきたい．

反応拡散方程式の数学的に厳密な扱いには2つの方向がある．1つは一般的な反応項をもつ広いクラスの反応拡散方程式を考え，それらにみられる共通の数学的性質を探ることである．もう1つは具体的に与えられたモデル方程式を考え，その解の構造について詳細に調べることである．また，単独の反応拡散方程式と連立の反応拡散方程式ではそのダイナミクスは定性的に大きく異なり，用いられる数学的な手法も異なる．いうまでもなく，一般に単独の方程式より連立の方程式系のほうが現象論的にも数学的にも複雑になる．

本書の構成は以下のとおりである．まず第1章では，反応拡散方程式に関する基本的な事項について説明し，どのようなことを問題とするのかについて述べる．第2章では，単独反応拡散方程式の一般的な性質について解説する．ここで "一般的" という意味は，反応項についてはある程度の滑らかさを仮定するのみで，それ以外に反応項に特別な仮定をしないという意味である．第3章では，反応項を具体的な非線形関数として与え，反応項のタイプによって解の構造が異なることをみる．第4章では，連立反応拡散方程式の一般的な性質，とくに単独反応拡散方程式にはみられなかった性質について論ずる．第5章では，具体的な連立反応拡散方程式を考え，各方程式について特徴的な解の構造について説明する．

各章はできるだけ独立して読めるように，同じ方程式が章を変えて出てくる場合には式番号を振り直し，式の番号はできるだけその章の中だけで事足

りるように配慮した．

　第3章と第5章の各節で扱う具体的な反応拡散方程式は，ていねいに書けばそれだけで1冊の本が書けるような豊富な内容をもつ方程式である．そこで本書で取り上げる内容は，数学的な重要性はもちろんであるが，方程式系の個性と魅力を伝えることをとくに重視し，いかに読者にとって理解しやすく興味を引くかを考慮して選択した．したがって，必ずしも最新の話題を扱っているとは限らず，紹介する定理はもっとも一般的な形で与えているとは限らない．また，できるだけ数学的に証明されていることを中心に解説したが，通常の数学書とは異なり，すべてについて厳密に話を進めようとはしていない．重要かつ興味深い数学的事実であっても，厳密な証明を与えようとすると多大な準備と複雑な議論が必要となる場合には，細かな議論を大幅に割愛し，定理の意味と証明の概略やアイディアの説明に留めた．しかしながら，定理の主張が正しいことが納得できるように，できるかぎり実際の現象と結びつけて，背後にあるメカニズムが理解できるように説明を加えた．

　反応拡散方程式に関する研究の蓄積は膨大であり，話題をかなり絞らざるを得なかった．本書で扱うことのできなかった方程式については，付録D節を参照していただければ幸いである．

　本書の執筆にあたり，東京大学出版会の丹内利香さんからは，内容と構成などについて多くの助言をいただいた．また，東京工業大学大学院理工学研究科数学専攻の同僚と大学院生諸君からは，表現の仕方についての貴重な意見や間違いの指摘をいただいた．この場を借りて，感謝の意を表したい．

2015年4月　柳田英二

目 次

はじめに .... *iii*

第 1 章　反応拡散方程式とは *1*
　1.1　反応拡散モデル *1*
　　　1.1.1　反応と拡散 *1*
　　　1.1.2　単独反応拡散方程式 *4*
　　　1.1.3　2 成分反応拡散方程式 *9*
　　　1.1.4　多成分反応拡散方程式 *11*
　1.2　各種の特徴的な解 *14*
　　　1.2.1　空間的に一様な解 *14*
　　　1.2.2　定常解 *16*
　　　1.2.3　進行波解 *18*
　　　1.2.4　その他の特徴的な解 *21*
　1.3　数学的課題 *24*
　　　1.3.1　初期値問題 *24*
　　　1.3.2　安定性 *25*
　　　1.3.3　線形化固有値問題 *29*
　　　1.3.4　大域的構造 *33*

第 2 章　単独反応拡散方程式の一般的性質 *40*
　2.1　単独反応拡散方程式の基本的性質 *40*
　　　2.1.1　比較定理 *40*

	2.1.2	交点数とラップ数	*45*
	2.1.3	エネルギー	*47*
2.2	有界領域上の単独反応拡散方程式		*51*
	2.2.1	定常解の存在と安定性	*51*
	2.2.2	定常解に対する固有値解析	*54*
	2.2.3	定常解の近傍における解の挙動	*60*
2.3	有限区間上の単独反応拡散方程式		*61*
	2.3.1	k-モード定常解の存在	*61*
	2.3.2	k-モード定常解に対する固有値解析	*64*
	2.3.3	空間的に非一様な方程式	*67*

第3章　さまざまな単独反応拡散方程式　　*70*

3.1	藤田方程式	*70*
	3.1.1	解の爆発	*70*
	3.1.2	藤田指数	*75*
	3.1.3	正値定常解の存在と安定性	*80*
3.2	フィッシャー方程式		*87*
	3.2.1	単安定性	*87*
	3.2.2	進行波解の存在	*90*
	3.2.3	進行波解の安定性	*94*
3.3	南雲方程式		*100*
	3.3.1	双安定性	*100*
	3.3.2	$\mathbb{R}$ 上の定常解	*101*
	3.3.3	フロント型進行波解	*104*
3.4	アレン–カーン方程式		*109*
	3.4.1	定常解の分岐構造	*109*
	3.4.2	大域的構造	*113*
	3.4.3	界面ダイナミクス	*115*

第4章　多成分反応拡散方程式の一般的性質 ... *124*
4.1　順序保存性と正不変集合 ... *124*
- 4.1.1　順序保存系 ... *124*
- 4.1.2　正不変集合 ... *126*
- 4.1.3　等拡散系の正不変凸集合 ... *130*

4.2　領域の縮約 ... *135*
- 4.2.1　小さい領域 ... *135*
- 4.2.2　直積領域 ... *139*
- 4.2.3　断面が変化する細い領域 ... *143*

4.3　拡散誘導不安定性 ... *149*
- 4.3.1　チューリング不安定性 ... *149*
- 4.3.2　有界領域における拡散誘導不安定性 ... *153*
- 4.3.3　拡散誘導爆発 ... *155*

4.4　シャドウ系 ... *158*
- 4.4.1　シャドウ系への縮約 ... *158*
- 4.4.2　有界区間上のシャドウ系 ... *159*
- 4.4.3　高次元領域と非線形ホットスポット予想 ... *163*

4.5　勾配系 ... *167*
- 4.5.1　停留点と最小化解 ... *167*
- 4.5.2　凸領域における非一様定常解の不安定性 ... *172*
- 4.5.3　歪勾配系 ... *174*

第5章　さまざまな2成分反応拡散方程式 ... *181*
5.1　ロトカ–ヴォルテラ方程式 ... *181*
- 5.1.1　2種生態系のモデル ... *181*
- 5.1.2　被食者・捕食者拡散系 ... *183*
- 5.1.3　競争拡散系 ... *190*

5.2　フィッツヒュー–南雲方程式 ... *197*
- 5.2.1　神経線維のモデル ... *197*
- 5.2.2　孤立パルス進行波解 ... *201*

	5.2.3 多重パルス解と周期パルス解	*208*
5.3	ギーラー–マインハルト方程式	*211*
	5.3.1 形態形成のモデル	*211*
	5.3.2 シャドウ系におけるスパイク解の存在	*214*
	5.3.3 スパイク解の安定性	*219*
5.4	ギンツブルグ–ランダウ方程式	*229*
	5.4.1 超伝導のモデル	*229*
	5.4.2 定常解の安定性	*231*
	5.4.3 渦解の存在とダイナミクス	*236*

付録 *243*

A	拡散方程式	*243*
	A.1 拡散方程式の導出	*243*
	A.2 境界条件と初期条件	*246*
	A.3 基本解	*247*
	A.4 最大値原理と零点数非増加の原理	*250*
	A.5 より一般の拡散過程	*253*
B	固有値問題	*255*
	B.1 自己随伴固有値問題	*255*
	B.2 固有関数展開とその応用	*257*
	B.3 ストゥルム–リュウビル型固有値問題	*258*
C	力学系	*262*
	C.1 ベクトル場と軌道	*262*
	C.2 平衡点と周期軌道	*264*
	C.3 低次元力学系の性質	*267*
	C.4 ω-極限集合	*275*
D	各種の反応拡散方程式	*276*
	D.1 単独反応拡散方程式	*276*
	D.2 連立反応拡散方程式	*277*

参考文献 *279*

記号表 *296*

方程式一覧 *298*

索 引 *301*

第1章 反応拡散方程式とは

1.1 反応拡散モデル

1.1.1 反応と拡散

　反応拡散方程式は放物型偏微分方程式の一種であり，文字通り，反応と拡散が同時に進行している系が時間発展する過程を記述する．反応拡散方程式あるいはそれを連立させた反応拡散方程式系は，自然科学のいろいろな分野にみられる現象のモデル方程式となる．まずは，反応拡散系の例をいくつかあげよう．

表 1.1　各種の反応拡散系

システム	状態変数	拡散	反応
化学反応	化学物質の濃度	分子のブラウン運動	物質の生成と消費
発熱反応	温度	フーリエの法則	熱の発生と流出
生態系	生物個体群の密度	個体のランダムな移動	増殖と死亡
神経線維	神経膜の電位	イオンのブラウン運動	膜のイオンポンプ

・化学反応

　溶液中の物質に関する化学反応について考えよう．反応に関係する化学物質の分子はブラウン運動によって溶液中を拡散し，**フィックの法則**にしたがって濃度の高いところから低いところへと濃度勾配に比例して流れる．質量作用の法則により，化学反応の速度は関係する物質の濃度に比例する．化学反応によって物質は生成あるいは消費され，その濃度は時間とともに変化する．これより，物質の濃度は場所と時間の関数となり，濃度変化は物質の拡散と化学反応が同時に進行するプロセスとして記述される．

・発熱反応

　化学反応の速度と関係しているものに温度がある．すなわち，化学反応の速度と温度の関係は**アレニウスの法則**にしたがうことが知られており，温度が高いほど反応は速く，低いほど遅くなる．熱はフーリエの法則にしたがい，温度の高いところから低いところへと温度勾配に比例して流れる．もし化学物質が十分にあって濃度の変化が無視できるとすると，系の状態を定めるものは温度分布のみとなる．これより，温度分布は熱の拡散と，化学反応による熱の発生，外部との熱の出入りによって変化していく．

・生態系

　ある領域に棲息する生物個体群を考える．十分な数の生物個体がいると仮定すれば，個体群の密度は場所と時間の連続関数とみなせる．各生物個体がランダムに移動すると仮定すれば，移動による密度の変化は拡散過程とみなすことができる．一方，増殖，死亡，被捕食などによる個体密度の変化の割合は，生物自身の密度に依存して決まると考えられる．これより，生物個体群の密度はランダムな移動による拡散と，個体密度に依存した増加あるいは減少によって時間的に変化していく．

・神経線維

　動物体内における情報の伝達手段の1つが神経系であるが，これは神経線維上を電気的なパルス信号が伝わることによってなされる．具体的には，神

経細胞の内部と外部のイオン濃度の差によって電位差が生じ，この変化がパルス上の信号となって神経線維上を伝わる．神経の表面は小さい穴のあいた薄い膜でできており，膜は電位差に応じてポンプのように働いてイオンの出し入れをする．この結果，電位差は場所と時間に依存した関数となり，イオンのブラウン運動による拡散と，イオン密度に依存した膜のイオンポンプの働きによって膜の電位が変化する．

　以上の説明からわかるように，これらの系はすべて，拡散と反応が同時に進行するプロセスである．上にあげた例以外にも，集団遺伝学，プラズマ物理，超伝導，微生物の集団，生物の表皮の模様や形態の形成など，まったく異なる分野において，拡散と反応が同時に起こる現象がみられる．反応に関係するプロセスには1個あるいは複数の成分が関係する．たとえば化学反応においては物質の濃度と温度が互いに関係し合い，この両方が状態を表す変数となる．生態系は，複数の生物種が捕食－被捕食，競争，共生などによって互いに関係している．3個以上の成分が関わるような反応拡散系も自然に現れる．

　本書では，主に反応拡散方程式の数学的な側面について解説するが，数学的な予備知識や多大な準備が必要なため，割愛した方程式系や話題も数多くある．また，実験的研究，モデリングおよび数値的研究については，ほとんどふれることができなかった．そこで，反応拡散系に興味を惹かれ，関連する他の話題についても知りたいという読者のために，手に入りやすい一般的な文献について紹介しておこう．

　まず，生物，物理，化学などの分野にみられる実際の反応拡散系やパターン形成に関する本として，[9, 30, 33] をあげておく．モデリングと数値計算を中心とする文献としては，[12, 24, 32, 35, 36] がある．数学的な立場から反応拡散系を扱った本として，[4, 5, 10, 14, 25, 42] があり，それぞれ特別な形の反応拡散方程式系を扱っている．反応拡散方程式を含む形で，発展方程式一般について数学的に扱った本としては，[40, 41] がある．

1.1.2 単独反応拡散方程式

空間的に一様な状態では，拡散による効果は見かけ上はなくなり，系は反応によってのみ変化する．この場合，系の時間発展は非線形の常微分方程式によって記述される．逆に，拡散のみで反応が起こっていない系の振る舞いは，放物型の線形偏微分方程式によって記述される．反応拡散方程式は，この2つのプロセスが同時に進行して系が時間的に発展していく様子を記述しており，数学的には非線形放物型偏微分方程式を用いて表される．この項では，反応拡散系を数学的に定式化していこう．

実数の集合を $\mathbb{R}$ で表し，N 次元ユークリッド空間を $\mathbb{R}^N$ で表す．$\mathbb{R}^N$ 上の1成分反応拡散系の挙動は，標準的な形では，空間変数 $x = (x_1, x_2, \ldots, x_N)^T \in \mathbb{R}^N$（ここで "$T$" は転置を表す）と時間変数 $t \in \mathbb{R}$ の未知関数 $u(x,t)$ に対する方程式

$$u_t = \Delta u + f(u) \tag{1.1}$$

で記述される．未知関数 $u(x,t)$ は**状態変数**と呼ばれ，時刻 t，場所 x における系の状態を表している．方程式左辺の下付きの添え字 "$_t$" は変数 t についての偏微分

$$u_t := \frac{\partial}{\partial t} u(x,t)$$

を表し，系の状態の時間変化率に対応する．右辺の記号 Δ は空間変数 x についての**ラプラス作用素**

$$\Delta u := \sum_{i=1}^{N} \frac{\partial^2}{\partial x_i^2} u(x,t)$$

を表し，Δu は拡散による効果を表しているので**拡散項**と呼ばれる．また，f は反応を表す u の滑らかな（少なくとも C^1-級の）関数で，**反応項**と呼ばれる．方程式 (1.1) では未知関数は u のみであり，このような形の方程式を**単独反応拡散方程式**という．

方程式 (1.1) において $f(u) \equiv 0$ の場合を考えると

$$u_t = \Delta u$$

となる．これは**熱方程式**あるいは**拡散方程式**と呼ばれる線形偏微分方程式で，系が拡散のみによって時間発展する様子を記述している．熱方程式はラプラス方程式や波動方程式とともに，もっとも基本的な 2 階偏微分方程式の 1 つである．熱方程式については数学的にくわしく調べられており，その理論は反応拡散方程式の解析のための基本的な道具となる．熱方程式は多くの偏微分方程式関係の教科書で扱われているが，本書ではその基礎的な部分について，付録 A 節に簡単にまとめておいた．偏微分方程式の取り扱いについてくわしくない読者は必要に応じて参照していただきたい．

反応拡散方程式を扱う際には，どのような空間領域で考えるかということも重要な問題である．たとえば，領域を $\mathbb{R}^N$ 全体とすると，これは領域が無限に拡がっていることになり，現実の世界ではあり得ない．しかしながら，十分大きな領域を考えるときには $\mathbb{R}^N$ 全体で考えてもそれほど大きな違いはないと考えられ，また数学的にも問題の定式化や解析が容易になる場合もある．このような理由から，領域として $\mathbb{R}^N$ 全体を選ぶことは数学的にはよく仮定される条件である．このとき，反応拡散方程式の解が定まるためには，方程式に加えて，**初期条件**

$$u(x, 0) = u_0(x) \qquad (x \in \mathbb{R}^N)$$

を課す必要がある．ここで，$u_0(x)$ は与えられた関数であり，**初期値**あるいは**初期データ**と呼ばれる．反応項が十分滑らかな関数であれば，$\mathbb{R}^N$ で連続かつ有界な初期値 $u_0(x)$ に対し，反応拡散方程式の（空間的に有界な）解が $t > 0$ に対して一意的に定まり，解は x と t の滑らかな関数となる．このように，初期条件から解を求める問題を**初期値問題**あるいは**コーシー問題**という．

関数 f が $f(a) = 0$ を満たすとき，点 a のことを f の零点という．f が零点 a をもてば，$\mathbb{R}^N$ 上の反応拡散方程式 (1.1) には定数解 $u \equiv a$ が存在する．とくに $f(0) = 0$ であれば，反応拡散方程式 (1.1) には**自明解**と呼ばれる解 $u \equiv 0$ が存在する．このとき，初期値が正であれば，最大値原理によって解も正の値をとり続けることが示される（2.1.1 項参照）．実際のモデルにおいては，u は濃度や密度を表すことが多く，最初から正の値をとるようにモデル化されていることも多い．

次に，空間領域が $\mathbb{R}^N$ 全体ではない場合を考え，この領域を Ω で表す．また Ω の境界を $\partial\Omega$ で表し，$\partial\Omega$ は以下の議論で必要なだけの滑らかさをもっているものと仮定する．この場合，系の性質を定めるには**境界条件**を課す必要がある．これは領域の境界の性質を定めるための条件である．反応拡散系に対してよく用いられる境界条件としては，**反射壁境界条件**（**斉次ノイマン条件**ともいう）

$$\frac{\partial}{\partial\nu}u(x,t)=0 \qquad (x\in\partial\Omega)$$

がある．ここで ν は境界 $\partial\Omega$ における外向き単位法線ベクトルであり，この式の左辺を u の外向き法線微分という．外向き法線微分は境界における ν 方向の方向微分のことで，これが 0 に等しいということは，境界を通して熱や物質の出入りがないことに対応している．これは多くの実際の反応拡散系に対して自然に現れる境界条件である[1]．

境界の各点において未知関数 u の値を指定した**ディリクレ境界条件**

$$u(x,t)=b(x) \qquad (x\in\partial\Omega)$$

もよく用いられる．ここで $b(x)$ は $x\in\partial\Omega$ の与えられた関数である．とくに，境界条件

$$u(x,t)=0 \qquad (x\in\partial\Omega)$$

を**吸収壁境界条件**あるいは**斉次ディリクレ条件**という．これは領域の周りを温度 0 の媒質で囲んだような状況に対応し，境界を通して熱や物質が外部に吸収されている様子を記述している．

他の境界条件として，境界における未知関数の値と法線微分の関係を指定した**斉次ロバン境界条件**

$$\frac{\partial}{\partial\nu}u+\beta u=0 \qquad (x\in\Omega)$$

がある．ただし $\beta\neq 0$ である．これは反射壁境界条件と吸収壁境界条件を補間する境界条件で，領域の境界が半透膜のような材質でできていて，それを通して熱や物質が出入りする様子を記述する．

---

[1] この場合にも，もし $f(0)=0$ で初期値が正であれば，最大値原理によって解も正の値をとり続ける．

周期的な構造を考えるときには，**周期境界条件**と呼ばれる境界条件を課す．たとえば，長さ L の針金の両端を接続して円環状にし，接点において温度とフラックス（流速）が連続であると仮定すると，接続条件として，

$$u(0,t) = u(L,t), \qquad u_x(0,t) = u_x(L,t)$$

が得られる．トーラスのような高次元領域においても，周期性から同様の接続条件が得られる．以上のような境界条件の他にも，物理的状況に応じていろいろな境界条件が考えられる．

一般に，方程式，空間領域，境界条件が定められたとき，これらに加えて適切なクラスに属する初期条件が与えられれば（空間的に有界な）解が $t>0$ に対して一意的に存在し，系の時間発展が定まる．熱や物質が拡がる様子を想像すればすぐにわかるように，拡散は解を滑らかにし，一様化あるいは平均化する働きをもち，解を自明な方向へと向かわせる．それに対し，ある種の反応項は解を自明な状態から引き離して空間的な非一様性をもたらすような働きをもつ．拡散と反応のこのような効果により，反応拡散方程式には滑らかな空間パターンを安定に形成するメカニズムが組み入れられていることになる．単独反応拡散方程式は簡単な形の偏微分方程式であるが，見かけ以上に豊富な数学的構造をもっている．実際，第 2 章と第 3 章で述べるように，単独反応拡散方程式のダイナミクスは，反応項，空間領域の形状，境界条件，パラメータ値に依存して，定性的に大きく変わる．

単独反応拡散方程式 (1.1) は，数学的にはさまざまな方向へと一般化できる．たとえば，正の定数 τ, d を導入して，方程式を

$$\tau u_t = d\Delta u + f(u) \tag{1.2}$$

と表すこともある．ここで d は**拡散係数**と呼ばれ，（反応項と比較したときの）拡散の速さを表す．また τ は**時定数**と呼ばれ，拡散や反応によって系が変化する速さ（$\tau>0$ が小さいほど素早く系は変化する）を表す．容易にわかるように時間変数を $t' = \tau^{-1}t$, $x' = d^{-1/2}x$ と変換することにより，$\tau = d = 1$ と規格化しても数学的には一般性を失わない．しかしながら，あえてこの形で方程式を表すことにより，時定数や拡散係数の影響を調べることもある．

また，2個以上の成分を考えたときには，時定数と拡散係数をすべて同時に規格化できるとは限らず，実際，各成分の拡散係数や時定数の比率が，現象論的にも数学的にも本質的な役割をもつことがある．

　方程式 (1.1) は空間変数 x に陽には依存せず，これは系が空間的には均質であることを表している．一方，空間的な非一様性を導入し，これが系の性質に与える影響を調べることも興味の対象となる．たとえば，拡散係数や反応項が場所 x に依存すると考えると，

$$u_t = \mathrm{div}\,(d(x)\nabla u) + f(u, x)$$

の形の方程式が得られる．ここで ∇（ナブラ）は**勾配作用素**[2]

$$\nabla u := \begin{pmatrix} \dfrac{\partial u}{\partial x_1} \\ \vdots \\ \dfrac{\partial u}{\partial x_N} \end{pmatrix}$$

である．勾配作用素は関数の変化率を与えるベクトルを対応させる作用素で，∇u の絶対値は u の変化率が最大となる方向の傾きと一致する．div は発散[3]と呼ばれ，ベクトル場の各点における物質や熱の湧き出しを測る作用素で，N 次元ベクトル値関数 $\boldsymbol{v}(x) = (v_1, \ldots, v_N)^T$ に対して

$$\mathrm{div}\,\boldsymbol{v} := \nabla \cdot \boldsymbol{v} = \sum_{i=1}^{N} \frac{\partial v_i}{\partial x_i}$$

で定義される．ただし，"$\cdot$" はベクトルの内積を表す．なお，$d(x) \equiv 1$ のときには拡散項は

$$\Delta u = \mathrm{div}\,(\nabla u) = \nabla \cdot \nabla u$$

である．

---

2) ∇ の代わりに grad（gradient からきている）という記号を使うこともある．
3) 記号 div は divergence からきている．

より一般的な形の反応拡散方程式を考えることも多い．たとえば，反応項に空間的非一様性や時間依存性を導入した

$$u_t = \Delta u + f(u, x, t)$$

の形の方程式を考えたり，また拡散項についても，単純な線形拡散だけではなく，拡散係数が成分の密度や空間変数に依存したより一般的な拡散過程を考えることもある．さらには，空間積分のような非局所項や時間遅れを組み合わせたモデル方程式も，広い意味での反応拡散方程式とみなされる．

拡散項は2階の空間微分で表現できるが，1階の空間微分を含む方程式を考えることもある．たとえば

$$u_t = \Delta u - \nabla \cdot (u\boldsymbol{c}(x)) + f(u)$$

という方程式においては，$\nabla \cdot (u\boldsymbol{c}(x))$ は**移流項**と呼ばれ，成分 u は拡散するだけでなく，場所 x における速度が $\boldsymbol{c}(x)$ で与えられるような流れによって移動する様子を記述している．とくに，$\boldsymbol{c}(x)$ があるスカラー関数 $\Psi(x)$ の勾配となるとき，すなわち

$$\boldsymbol{c}(x) = \nabla \Psi(x)$$

で与えられているときには，移流項は $\Psi(x)$ の勾配にしたがって成分が流れることを表す．これは，たとえば化学物質の濃度勾配に沿って微生物が移動する走化性や，明るい方向に移動する走光性などをモデル化するときに用いられる．$\mathbb{R}^N$ 内の領域に限らず，反応拡散方程式を，一般に拡散過程が定義できるようなリーマン多様体 [132, 209] やネットワーク構造をもつ領域 [236] において考えることもできる．この他，境界条件も上にあげたもの以外にも，境界で反応が起こっている非線形境界条件を考えたモデル [179] なども考えられる．

1.1.3　2成分反応拡散方程式

2個の未知関数 $u(x,t)$, $v(x,t)$ についての連立偏微分方程式

$$\begin{cases} u_t = d_1 \Delta u + f(u, v), \\ v_t = d_2 \Delta v + g(u, v) \end{cases} \tag{1.3}$$

は **2 成分反応拡散方程式**と呼ばれる．時定数 $\tau_1, \tau_2 > 0$ を含む

$$\begin{cases} \tau_1 u_t = d_1 \Delta u + f(u, v), \\ \tau_2 v_t = d_2 \Delta v + g(u, v) \end{cases} \tag{1.4}$$

の形で表すこともある．ここで，拡散係数 $d_1, d_2 > 0$ および時定数 $\tau_1, \tau_2 > 0$ の値やその比は同じとは限らない．また反応項 f, g は十分な滑らかさをもつ u と v の（非線形）関数である．単独反応拡散方程式の場合と同様に，解が一意に定まるためには適切な初期条件を課す必要があり，また領域が全空間でないときには，境界において適切な境界条件が必要である．

反応拡散方程式 (1.3) は 2 つの成分がそれぞれ拡散するとともに，互いに反応し合いながら f および g の割合で増加あるいは減少する様子を記述している．たとえば，生態系のモデルでは 2 種類の生物種が互いに影響を与えながら棲息する生態系のダイナミクスを記述し，化学反応系においては，2 種類の物質が化学反応によって生成消滅する過程を表している．成分間の相互作用として，拡散の速さが他の成分の影響を受ける**交差拡散**と呼ばれる項を導入した方程式系を考えることもある [44]．

2 成分反応拡散系の多くのモデル方程式では，少なくとも 1 つの空間的に一様な定常状態の存在を仮定することが多い．この場合，必要ならば変数変換することにより，$(u, v) = (0, 0)$ を定常状態と仮定して一般性を失わない．そこで，最初から方程式を

$$\begin{cases} u_t = d_1 \Delta u + u\tilde{f}(u, v), \\ v_t = d_2 \Delta v + v\tilde{g}(u, v) \end{cases}$$

の形で表すこともある．ただし，$\tilde{f}$ と $\tilde{g}$ は (u, v) の滑らかな関数である．この場合，全空間におけるコーシー問題や，境界のある領域で反射壁境界条件を課した系においては，初期値が u, v とも非負の値をとれば，解も非負の値

をとり続けるという性質がある（4.1.2 項参照）．実際の系においては，u, v は生物種の密度や化学物質の濃度を表しており，この場合には自明な定常状態 $(0,0)$ の存在は現象とも対応するため，自然な仮定とみなせる．

単独の反応拡散方程式に比べると，2 成分反応拡散方程式の振る舞いは格段に複雑になり，観測される現象も多様になる．反応項による 2 個の成分の増減は f と g の符号に依存するが，成分間の相互作用を示すのは f の v 依存性と g の u 依存性である．とくに，一方の成分の増加が他方の成分を増加させる方向の効果をもつのか，それとも減少させる方向の効果をもつのかによって，系のダイナミクスに大きな違いが生じる．したがって，反応系のダイナミクスを理解するには，f, g の符号に加えて，その偏導関数 $f_v := \partial f/\partial v$, $g_u := \partial g/\partial u$ の符号も重要である．

この他，数学的に系のエネルギーに対応する量が定義できるかどうか，エネルギーが定義できたとして，それが時間的に保存されるか，それとも時間とともに減少するのかによって，系の挙動は大きく変わる（4.5 節参照）．

1.1.4 多成分反応拡散方程式

3 個以上の未知関数をもつ多成分反応拡散方程式を考えることもできる．一般に m 個の成分を $u_1(x,t), u_2(x,t), \ldots, u_m(x,t)$ で表せば，m 成分反応拡散方程式は標準的な形では

$$u_{i,t} = d_i \Delta u_i + f_i(u_1, u_2, \ldots, u_m) \quad (i = 1, 2, \ldots, m) \tag{1.5}$$

と表される．成分ごとに方程式を書くのが煩雑な場合は，成分と反応項をそれぞれ m 次元ベクトル[4]

$$\boldsymbol{u} = \begin{pmatrix} u_1 \\ u_2 \\ \vdots \\ u_m \end{pmatrix}, \quad \boldsymbol{f}(\boldsymbol{u}) = \begin{pmatrix} f_1(u_1, u_2, \ldots, u_m) \\ f_2(u_1, u_2, \ldots, u_m) \\ \vdots \\ f_m(u_1, u_2, \ldots, u_m) \end{pmatrix}$$

---

[4] 成分がベクトル値である場合には，多成分系であることを強調するために太字で表す．

で表し，また拡散係数を行列を用いて

$$D = \mathrm{diag}\,(d_1, d_2, \ldots, d_m)$$

で表す．ただし，$\mathrm{diag}\,(d_1, d_2, \ldots, d_m)$ は d_1, d_2, ..., d_m を対角成分とする対角行列を表す．すると，m 成分反応拡散方程式 (1.5) を見かけ上は簡単に

$$\boldsymbol{u}_t = D\Delta \boldsymbol{u} + \boldsymbol{f}(\boldsymbol{u})$$

と表すことができる．時定数 $\tau_i > 0$ を導入し，

$$\tau_i u_{i,t} = d_i \Delta u_i + f_i(u_1, u_2, \ldots, u_m) \qquad (i = 1, 2, \ldots, m) \tag{1.6}$$

の形で表すこともある．この場合には，時定数行列

$$T = \mathrm{diag}\,(\tau_1, \tau_2, \ldots, \tau_m)$$

を導入すれば，(1.6) をまとめて

$$T\boldsymbol{u}_t = D\Delta \boldsymbol{u} + \boldsymbol{f}(\boldsymbol{u}) \tag{1.7}$$

と表すことができる．拡散係数や時定数は正の値にとることが多いが，一部の成分の拡散係数を 0 とした常微分方程式の形の方程式や，時定数を 0 とおいた楕円型偏微分方程式と組み合わせたりすることもある．さらには，空間積分のような非局所項を含む方程式と組み合わせた連立系も考えられる．

　当然のことではあるが，成分の数が増えると数学的な取り扱いはますます困難となる．そのため，多成分反応拡散方程式の解の挙動について意味のある解析を行うためには，何らかの特殊な構造を仮定する必要がある．たとえば，拡散項あるいは反応項に以下のような仮定をおく．

・拡散係数に対する特別な仮定

　一部あるいはすべての拡散係数が十分小さいと仮定すると，拡散項を無視することができる．ただし，時間が経過するとともに解が空間的に急激に変化するようなところが現れると，$\Delta \boldsymbol{u}$ が大きくなって拡散項が無視できなく

なる．このようなところが現れたら，空間スケールを変えることにより，解析が可能になることがある．逆にきわめて大きい拡散係数の導入（4.2.1項参照）や，成分によって拡散係数が大きく異なる方程式系を考えるのも有力な方法である．この他，等拡散系（拡散係数がすべて等しい系）では正不変集合（4.1.2項参照）を構成することにより，解の挙動について調べることが可能となる．

・反応項に対する特別な仮定

反応項に微小パラメータを含む特殊な構造を仮定することもある．たとえば，$\boldsymbol{u} \in \mathbb{R}^m, \boldsymbol{v} \in \mathbb{R}^n$ とし

$$\begin{cases} \boldsymbol{u}_t = C\boldsymbol{u} + \boldsymbol{f}(\boldsymbol{u}) + \varepsilon \tilde{\boldsymbol{f}}(\boldsymbol{u}, \boldsymbol{v}), \\ \boldsymbol{v}_t = D\boldsymbol{v} + \boldsymbol{g}(\boldsymbol{v}) + \varepsilon \tilde{\boldsymbol{g}}(\boldsymbol{u}, \boldsymbol{v}) \end{cases}$$

のように表される系を考えよう．ここで ε はパラメータとする．これは2つのサブシステム

$$\boldsymbol{u}_t = C\boldsymbol{u} + \boldsymbol{f}(\boldsymbol{u})$$

および

$$\boldsymbol{v}_t = D\boldsymbol{v} + \boldsymbol{g}(\boldsymbol{v})$$

を，相互作用 $\tilde{\boldsymbol{f}}(\boldsymbol{u}, \boldsymbol{v}), \tilde{\boldsymbol{g}}(\boldsymbol{u}, \boldsymbol{v})$ を通して結合させた系を表す方程式系である．とくに，ε が十分小さい場合（すなわち，結合が十分弱い場合）には，サブシステムを別々に解析し，相互作用の効果を考慮することによって結合系の解析が可能となる．もちろん，そのためにはサブシステムの性質について十分よく理解していることが前提である．

この他，成分の相互作用について対称性あるいは反対称性を仮定したり，エネルギー汎関数が定義されるような構造の導入も有効である（4.5節参照）．方程式系に対してエネルギーが定義できて，時間的に減少していく場合には，解はよりエネルギーの小さな単純な構造のものへと時間発展し，それほど複雑な挙動を示さない．またとくに，エネルギー汎関数に極小点があれば，この点の近傍の解は極小点に漸近する．

1.2 各種の特徴的な解

1.2.1 空間的に一様な解

空間領域が全空間の場合には，m 成分反応拡散方程式 (1.5) には空間的な一様性を保つ解が存在する．空間的に一様な解では拡散の効果が消えて，その振る舞いは拡散項を除いた常微分方程式系

$$\boldsymbol{u}_t = \boldsymbol{f}(\boldsymbol{u}) \tag{1.8}$$

で記述される．この方程式系を**反応方程式**あるいは**キネティック方程式**という．方程式系 (1.8) の右辺の $\boldsymbol{f}$ は $\boldsymbol{u}$ のみの関数で，時間変数 t を陽に含まない特殊な形をしており，数学的には**力学系**と呼ばれるものである．このように，その性質が時間に依存しないような系を**自律系**という．ベクトル $\boldsymbol{a} \in \mathbb{R}^m$ が

$$\boldsymbol{f}(\boldsymbol{a}) = \boldsymbol{0} \tag{1.9}$$

を満たすとき，これを力学系 (1.8) の**平衡点**といい，$\boldsymbol{u} = \boldsymbol{a}$ は時間に依存しない解となる．

力学系の性質は，1次元，2次元，3次元以上で大きく異なる．$m = 1$ のとき，すなわち，単独反応拡散方程式 (1.1) に対する反応方程式は

$$u_t = f(u) \tag{1.10}$$

と表せる．この方程式のすべての解は単調減少，単調増加，定数のいずれかであり，f の零点と符号変化，および $u \to \pm\infty$ としたときの f の挙動によって完全に定まる（付録 C.3 項参照）．

次に $m = 2$ とすると，反応方程式は

$$\begin{cases} u_t = f(u, v), \\ v_t = g(u, v) \end{cases} \tag{1.11}$$

と表せる．この方程式の解は単調とは限らず，たとえば振動する解が現れるなど，(1.10) よりも複雑な挙動を示す．u-v 平面において，$f(u,v) = 0$ によって定まる曲線を f のヌルクラインといい，この曲線の上で $u_t = 0$ を満たしている．同様に，u-v 平面において，$g(u,v) = 0$ によって定まる曲線を g のヌルクラインといい，その上で $v_t = 0$ が成り立つ．f と g のヌルクラインの交点は力学系 (1.11) の平衡点となる．力学系 (1.11) の解の挙動は，ヌルクラインの形状とヌルクラインによって分離された u-v 平面上の領域における f と g の符号の様子によってほぼ決まる．

次元が 3 以上では，現象論的にも数学的にも，解の挙動はさらに複雑になり，これらを数学的に定式化し，その性質を解析的に調べるのはますます困難になる．

力学系理論は反応拡散方程式の研究において重要な役割を果たす．そこで，本書では力学系に関する基礎的な理論については，付録 C 節でまとめて解説した．必要に応じて参照していただきたい．

力学系理論は反応方程式の解の挙動の解析には欠かせないものであるが，空間的に一様な解について，力学系理論だけですべてが理解できるわけではない．一様な解の性質を知るためには，その近傍にあるすべての解の構造を知ることも重要だからである．通常，拡散は成分の量を保存しつつ解を単純化する働きをもっており，単独反応拡散方程式においてはこの見方はある程度は正しい．しかしながら，2 成分反応拡散方程式においては，拡散はこれとは逆の働きをして，空間的に小さな非一様性が時間とともに拡大することがある (4.3 節参照)．その結果，2 成分反応拡散方程式 (1.3) と常微分方程式系 (1.11) の解の挙動が定性的にまったく異なることがある．

このような過程を調べるには，空間的に一様な解に多少の空間的変動を加えたときの挙動を考えることになるが，この場合には拡散項を無視することはできない．2 成分以上の反応拡散方程式系の解の挙動は，たとえ反応項が同じであっても，拡散係数の値や時定数の値に依存して変わる．このような現象の解析には数学的にもより高度な手法が求められる．

1.2.2 定常解

時間変数 t に依存しない解を**定常解**あるいは**平衡解**という．ここでは m 成分反応拡散方程式 (1.7) を例にとって説明するが，他の形の方程式に対して言い換えることは容易であろう．

まず空間領域が $\mathbb{R}^N$ 全体の場合を考える．この場合，定常解を $\boldsymbol{u} = \boldsymbol{\varphi}(x)$ とすると，$\boldsymbol{\varphi}(x)$ は

$$D\Delta\boldsymbol{\varphi} + \boldsymbol{f}(\boldsymbol{\varphi}) = \boldsymbol{0} \qquad (x \in \mathbb{R}^N) \tag{1.12}$$

を満たす．これは ($m = 1$ のときは単独，$m \geq 2$ のときは連立の) 非線形楕円型偏微分方程式である．もっとも簡単な形の定常解は空間的に一様な定常解 $\boldsymbol{u} = \boldsymbol{a}$ である．ただし，$\boldsymbol{a}$ は (1.9) を満たす定数ベクトルである．とくに $\boldsymbol{a} = \boldsymbol{0}$ の場合には自明な定常解 $\boldsymbol{u} \equiv \boldsymbol{0}$ が存在する．

$x \in \mathbb{R}^N$ のユークリッドノルムを

$$|x| := \left(\sum_{i=1}^{N} x_i{}^2\right)^{1/2}$$

で表す．方程式 (1.12) の空間的に非一様な定常解で，空間遠方において自明解に近づくとき，すなわち $|x| \to \infty$ のときに $\boldsymbol{\varphi}(x) \to \boldsymbol{0}$ を満たすとき，これを空間的に局在した定常解あるいは**局在パターン**という．局在パターンを空間的にずらして重ね合わせたような形の解を**スポットパターン**と呼ぶ．反応項の非線形性のため，単純に重ね合わせただけでは方程式を満たさないが，それからのずれが小さいとみなせる定常解がスポットパターンである．たとえば生物の表皮にみられる斑点模様を反応拡散系におけるパターン形成の観点から考えるときは，これをスポットパターンとして扱う．

あるベクトル $\xi \in \mathbb{R}^N$ ($\xi \neq \boldsymbol{0}$) に対して

$$\boldsymbol{\varphi}(x + \xi) \equiv \boldsymbol{\varphi}(x) \qquad (x \in \mathbb{R}^N)$$

を満たす定常解を，ξ を空間周期とする周期的な定常解あるいは**周期パターン**という．$\mathbb{R}^2$ の定常解で，1 つの空間座標については定数関数，もう 1 つの

空間座標について周期的な定常解を**ストライプパターン**と呼ぶ．これはまさにストライプ状の形状をした定常解に対応しており，たとえば生物の表皮にみられる縞模様の形成をモデル化する際には重要な解となる．

次に，$\mathbb{R}^N$ 内の有界領域 Ω において，適当な境界条件を課した系について考えよう．この場合，定常解は方程式と同時に境界条件を満たしていなければならない．たとえば反射壁境界条件を課した場合，定常解 $\boldsymbol{u} = \boldsymbol{\varphi}(x)$ は

$$\begin{cases} D\Delta\boldsymbol{\varphi} + \boldsymbol{f}(\boldsymbol{\varphi}) = \boldsymbol{0} & (x \in \Omega), \\ \dfrac{\partial}{\partial\nu}\boldsymbol{\varphi} = \boldsymbol{0} & (x \in \partial\Omega) \end{cases} \tag{1.13}$$

を満たす．これは非線形楕円型偏微分方程式に対する**境界値問題**である．他の境界条件を課した場合も同様である．ただし，反射壁境界条件のもとでは，$\boldsymbol{a}$ が (1.9) を満たせば，$\boldsymbol{u} = \boldsymbol{a}$ は空間一様な定常解となるが，他の境界条件の場合には必ずしも境界条件が満たされないことに注意する．

定常解の存在を示すには，非線形楕円型境界値問題を解かなければいけないが，これは一般には難しい問題である．そのため，定常解の存在や形状を調べるためには，前項で述べたように，方程式や領域に微小なパラメータや特殊な構造を仮定することが多い．定常解の構造や性質は解全体の構造とも密接に関わっており，定常解以外の解の存在やその性質を調べるときにも，定常解を軸にして解析を進めることがある．

定常解の存在や個数について調べることは，それだけで1つの大きな課題であり，さまざまな観点から研究がなされている．定常解が存在するときに，それが空間的にどのような形状をしているか，たとえば最大値や極大値の位置，単調性，凸性などが興味の対象となる．とくに，拡散係数が十分小さいときには，解が急激な変化を示すところが現れることがある．このような点の位置は領域の幾何学的性質や反応項などによって決まり，拡散係数を0に近づけた極限での形状には不連続性や尖った点，集中点などが現れる．実際，この極限的な形状からの摂動として，滑らかな解を構成することもある．

1.2.3 進行波解

水面を伝わる波のように,波動の伝播は我々の身の回りでもよくみられる現象である.従来,波動現象は双曲型偏微分方程式でモデル化されることが多かったが,反応拡散方程式のような放物型偏微分方程式においても,進行波が観測される.たとえば,神経線維を伝わるパルス信号 [126],ある種の化学反応にみられる化学波,生物種の侵入の過程にみられる棲息域の拡大などの現象は,反応と拡散の相互作用による進行波とみなすことができる.この項では,反応拡散系にみられるこのような進行波を,数学的にどのように取り扱うかについて説明する.

波形を一定に保ったまま,一定速度で伝播する解を**進行波解**という.まず,$\mathbb{R}$ 上の反応拡散方程式 (1.7) に対する進行波解について考えてみよう.新しい空間変数 $z \in \mathbb{R}$ を $z := x - ct$ で定義するとき,(z, t) を速度 c の動座標系という.この座標系でみたときの状態変数を $\boldsymbol{v}(z,t) := \boldsymbol{u}(x,t)$ とし,この両辺を空間と時間について偏微分すれば,

$$\boldsymbol{v}_{zz}(z,t) = \boldsymbol{u}_{xx}(x,t), \qquad -c\boldsymbol{v}_z(z,t) + \boldsymbol{v}_t(z,t) = \boldsymbol{u}_t(x,t)$$

が得られる.これを (1.7) に代入すると,$\boldsymbol{v}$ は

$$T\boldsymbol{v}_t = D\boldsymbol{v}_{zz} + cT\boldsymbol{v}_z + \boldsymbol{f}(\boldsymbol{v}) \qquad (z \in \mathbb{R}) \tag{1.14}$$

を満たしていることがわかる.この方程式は,状態変数 $\boldsymbol{u}$ を速度 c で右方向に動く座標系で観測すると,$\boldsymbol{v}$ のようにみえることを表している.

速度 c の進行波は,動座標系でみると止まってみえる.したがって,速度 c の進行波解は $\boldsymbol{u} = \boldsymbol{\varphi}(x - ct)$ と表すことができ,その波形 $\boldsymbol{\varphi}(z)$ は

$$D\boldsymbol{\varphi}_{zz} + cT\boldsymbol{\varphi}_z + \boldsymbol{f}(\boldsymbol{\varphi}) = \boldsymbol{0} \qquad (z \in \mathbb{R}) \tag{1.15}$$

を満たす.言い換えれば,$\boldsymbol{v} = \boldsymbol{\varphi}(z)$ は (1.14) の定常解である.

なお,$\boldsymbol{\varphi}(z)$ が (1.15) を満たせば,任意の $\xi \in \mathbb{R}$ に対し,それを空間的に ξ だけシフトした関数 $\boldsymbol{\varphi}(z - \xi)$ もまた (1.15) を満たす.これは空間の原点を

変えても，解は場所が違うだけで同じ波形の進行波となっていることを意味している．進行波の時空間における位置に関する情報を進行波の**位相**[5]という．進行波解の波形を一意に定めるためには，たとえば $z = 0$ における $\varphi(0)$ の値や傾きを指定することによって，位相を定めることが必要である．

$\mathbb{R}$ 上の進行波解はその波形によっていくつかのタイプに分類される（図 1.1 参照）．ある a, b に対し，

$$\varphi(-\infty) = a, \qquad \varphi(+\infty) = b \tag{1.16}$$

および $a \neq b$ を満たす進行波解は**フロント型**であるという．ここで $f(a) = f(b) = 0$ を満たさなければならない．なぜなら，$z \to \pm\infty$ のとき波形が一定の値に近づくとすると，解は無限遠で空間的に一様な解 $u = a, b$ に近づくことを意味しており，その値は f の零点でなければならないからである．"フロント"とは"前線"という意味であり，たとえば，冷たい空気が流れ込むときにいわゆる寒冷前線が現れて，前線の通過後に気温が急に変わるような状況に対応している．方程式 (1.15) の解で，さらに空間無限遠での条件 (1.16) を満たすものがあれば，フロント型進行波解がみつかったことになる．ただし，すべての c に対してこのような解が存在するとは限らず，特別な c の値にのみ存在し，前もってその値がわからないのが普通である．このため，フロント型進行波の存在を示すことは，一種の非線形固有値問題とみなすことができる．

進行波解で (1.16) および $a = b = 0$ を満たすものを**パルス型**という．これは通過した後に自明な状態に戻るような進行波のことである．パルス型の進行波解を空間的にずらして有限回重ね合わせたような形の解を**多重パルス解**という．反応項の非線形性から，単純に重ね合わせただけでは方程式を満たさないが，それからのずれが十分小さいとみなせる進行波解のことを指す．多重パルス解に対して，重ね合わせる前の元のパルス型進行波解を**孤立パルス解**という．波形が空間的周期をもつ進行波解を**周期型**と呼ぶ．周期型進行波解を，孤立パルス解を周期的にずらして無限個重ね合わせたような解として捉えることができる場合もある．

---

5) 英語では phase といい，数学用語の位相 topology とは意味が異なる．

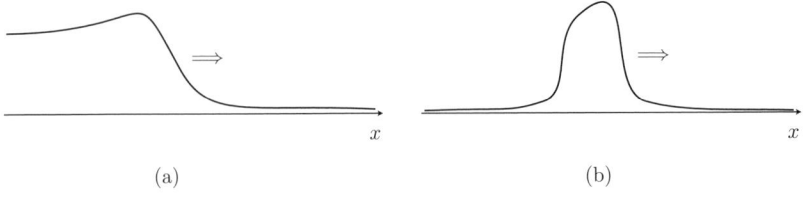

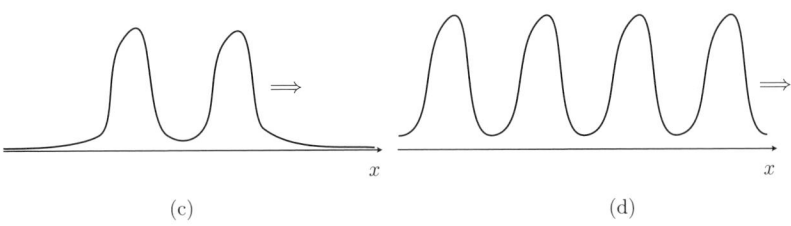

図 1.1　$\mathbb{R}$ 上の各種の進行波解. (a) フロント型, (b) パルス型, (c) 多重パルス型, (d) 周期型.

高次元空間における進行波解も同様に定義されるが，進行波の速さだけではなく，伝播する方向も考えなければならない．そこで，進行波の速度ベクトルを $\boldsymbol{c} \in \mathbb{R}^N$ で表す[6]と，$\boldsymbol{u} = \boldsymbol{\varphi}(x - t\boldsymbol{c})$ の形の解は波形を保ったまま $\boldsymbol{c}$ の方向に一定の速さ $|\boldsymbol{c}|$ で伝播する．このとき，進行波解の波形 $\boldsymbol{u} = \boldsymbol{\varphi}(z)$ は，

$$D\Delta\boldsymbol{\varphi} + T\langle \boldsymbol{c}, \nabla\boldsymbol{\varphi}\rangle + \boldsymbol{f}(\boldsymbol{\varphi}) = 0 \qquad (z \in \mathbb{R}^N) \tag{1.17}$$

を満たしている[7]．ただし，

---

[6]　速度 $\boldsymbol{c}$ がベクトルであることを強調するため，太字で表してある．とくに定常解は $\boldsymbol{c} = \boldsymbol{0}$ の進行波解ともみなせる．

[7]　念のため，2 成分系の場合の方程式を記すと，

$$\begin{cases} d_1\Delta\varphi + \tau_1\boldsymbol{c}\cdot\nabla\varphi + f(\varphi,\psi) = 0, \\ d_2\Delta\psi + \tau_2\boldsymbol{c}\cdot\nabla\psi + g(\varphi,\psi) = 0 \end{cases} \qquad (z \in \mathbb{R}^N)$$

となる．

$$\langle \boldsymbol{c}, \nabla \boldsymbol{\varphi} \rangle := \begin{pmatrix} \boldsymbol{c} \cdot \nabla \varphi_1 \\ \boldsymbol{c} \cdot \nabla \varphi_2 \\ \vdots \\ \boldsymbol{c} \cdot \nabla \varphi_m \end{pmatrix}$$

と定義する．なお，$\boldsymbol{\varphi}(z)$ が (1.17) を満たせば，それを空間的に $\xi \in \mathbb{R}^N$ だけシフトした関数 $\boldsymbol{\varphi}(z-\xi)$ もまた (1.17) を満たす．これは解の空間的平行移動の自由度からきている．

領域が $\mathbb{R}$ のときに速度 c_0 の進行波解 $\boldsymbol{u} = \boldsymbol{\varphi}(z)$ が存在すれば，$|\boldsymbol{c}| = c_0$ を満たす任意の $\boldsymbol{c} \in \mathbb{R}^N$ に対し，

$$\boldsymbol{u} = \boldsymbol{\varphi}\left(\frac{1}{c_0}\boldsymbol{c} \cdot z\right) \qquad (z = x - t\boldsymbol{c} \in \mathbb{R}^N)$$

は $\mathbb{R}^N$ 上の進行波解の方程式 (1.17) を満たす．この解は $\boldsymbol{c}$ に直交する平面上では一定の値をとる．そのため，このような形の解のことを**平面進行波解**という．高次元領域では，V 字状や U 字状の形をした進行波，スポット状の進行波など，いろいろな波形の進行波解が考えられる [26, 81, 193, 220]．

1.2.4 その他の特徴的な解

前項までは，静止座標あるいは一定速度の動座標でみたときに定常的な解について述べたが，以下で述べるような時間依存する解についても，その存在や性質は興味の対象となる．

・**時間周期解**

時間 t について周期的な解，すなわち，ある $T > 0$ に対して

$$\boldsymbol{u}(x, t+T) \equiv \boldsymbol{u}(x, t) \qquad (t \in \mathbb{R})$$

を満たす解を**時間周期解**という．このような T の中で最小のものを（最小）時間周期という．定常解は任意の $T > 0$ に対して上の式を満たすので，時間周期解に含めて扱うことがあるが，最小周期は定義されない．

反応項が時間周期的[8]な（つまり $f = f(u,t)$ が t について周期的な）単独反応拡散方程式

$$u_t = \Delta u + f(u,t), \qquad f(u, t+T) \equiv f(u,t)$$

について考えよう．この方程式に時間周期解が存在するとき，その周期は f の最小周期とは必ずしも一致せず，その整数倍を最小周期とする解が存在することがある．このように，系の周期よりも長い周期をもつ解のことを**劣調和解**と呼ぶ．劣調和解の存在は，領域の形状や空間次元に強く依存する [197]．

・爆発解

反応項によっては，ある有限時刻において解が無限大に発散することがあり，このような現象を解の**爆発**という．解が空間内の一部でのみ大きくなる場合には，拡散は解を小さくし爆発を押さえる方向に働く．しかしながら，もし反応項が解が大きいほど加速的に働けば，反応項の効果が拡散を上回り解が有限時間で無限大に発散することがある（3.1.1 項参照）．とくに，多成分系においてすべての成分が同時に無限大に発散するときを**同時爆発**という．爆発は一種の特異性の発現とみることができ，爆発が生じると，爆発時刻以降は（古典的な意味では）解は存在しない．どのような条件で爆発が起こるのか，解が爆発したとして，爆発がどのように起こっているのかを調べることは，特異性の発現を理解する上で多くの興味を引いている [203]．

・時空間パターン

空間パターンが時間とともに変化していくような解も重要である．反応拡散系にみられる典型的な時空間パターンとしては，同心円状のパターンが拡がっていく**ターゲットパターン**や，螺旋状のパターンが回転する**スパイラルパターン**，さらには局在するパターンが生成消滅を繰り返す状態などがあり，モデル方程式とパラメータを調整することにより，きわめて複雑で興味深い挙動を示す解の存在が報告されている [22, 25, 34]．場合によっては，どのよ

---

8) このような時間周期的な反応項は季節や 1 日の周期的変化を考慮にいれた数理モデルにおいて自然に現れる．

うな状態にも落ち着かず，不規則に振る舞う非収束解も存在する．このような時空間パターンは数学的な解析が一段と難しくなるが，数値計算の結果と組み合わせることにより，数学的な解析が可能な場合もある．

・**全域解**

すべての時間 $t \in \mathbb{R}$ に対して定義された解を**全域解**という．放物型偏微分方程式を時間逆方向に解くことは数学的には不適切な問題となり，解が負の時間方向について解けるためには強い制限を受ける．そのため，全域解はきわめて限られたものに限る．定常解や進行波解は全域解であるが，これ以外にどのような全域解が存在するかは，実は解の漸近挙動や全体のダイナミクスに関わる問題である[9]．定常解以外に全域解が存在しないとき，系は**リュウビル性**[10]をもつという．

・**連結解**

定常解でない全域解の例としては，2つの特徴的な解を結ぶような解があり，これを**連結解**と呼ぶ．たとえば，$t \to \pm\infty$ としたときに，定常解，進行波解，時間周期解などに収束するような解である．連結解は系の状態が1つの状態から他の状態へと遷移していく過程を記述している．とくに，$t \to \pm\infty$ で異なる定常解に収束するような全域解を**ヘテロクリニック解**，同じ定常解に収束するような全域解を**ホモクリニック解**という．この他，$t \to \pm\infty$ のときに，進行波解に収束するような全域解がある．これはたとえば，伝播方向の異なる2つの進行波がぶつかって消滅するような過程を記述する．

・**遷移過程**

初期値から出た解が，最終的な状態に到達するまでの過程を**遷移過程**という．たとえば，解が定常解に収束する場合であっても，その状態に到達するまでにいくつかの特徴的な状態を経由していることがある．最終的には単純

---

9) 後で述べるように，ω-極限集合の要素は全域解である．
10) この用語は，複素関数論においてよく知られている，「複素平面全体で定義された有界な解析関数は定数に限る」というリュウビルの定理からきている．

な形の解に収束する場合であっても，遷移過程でさまざまな時空間パターンが観測されたり，複雑な挙動を示したりして，到達するまでの履歴が興味深いこともよくある．一般に，遷移過程にみられる解は数学的に厳密に定式化し証明することは難しく，数値的な研究と組み合わせて数学的な状況証拠を提示したりすることが多い．

1.3 数学的課題

1.3.1 初期値問題

　反応拡散方程式は偏微分方程式の一種であるから，初期値問題の解の存在，一意性，滑らかさなどを調べることは基本的な問題である．一般に，他の型の偏微分方程式（たとえば非線形波動方程式，流体の運動を記述するナビエ–ストークス方程式など）においては，時間局所的な解の存在も自明ではなく，とくに時間大域的な解の存在は現在でも重要な研究課題の 1 つである．これに対し，標準的な形の反応拡散方程式については，放物型偏微分方程式の理論を応用することにより，初期値問題に対する時間局所解の存在は容易に示すことができる [100]．また，時間大域解の存在もそれほど難しくなく示せることも多い[11]．

　初期値問題の解がすべての $t>0$ に対して存在するとき，これを（時間）**大域解**という．標準的な反応拡散方程式の場合，解が有界である限りはつねに解の存在する時間を延長できる．そのため，何らかの方法で解の有界性が示されれば，解は大域的に存在する．解の有界性を示すにはいくつかの方法がある．エネルギー法は，解の存在を仮定した上で，この解に対してエネルギーを定義し，エネルギーに関して成り立つ不等式を利用して解の有界性を示す方法である．

　また，正不変集合（4.1.2 項参照）と呼ばれる解空間の有界集合を定義し，

---

[11]　ただし，1.1.2 項で述べたような，変形された反応拡散方程式については，解の存在性は必ずしも明らかではないこともあり，状況に応じた解析法が必要となる．

解がその中に留まることを利用して解の有界性を示す方法もある．いずれの方法も，反応項の形に応じて個別に考察する必要があるが，反応項の形によっては，簡単に示されることもある [217, Chap. 14]．逆に，初期値問題の解が時間大域的でないとすれば，ある有限の時刻で解が無限大に発散するということであり，これは 1.2.4 項で説明した爆発解のことを指す．

1.3.2 安定性

定常解が存在し，その形状についてある程度の性質がわかっているとき，次に調べるべき重要な性質は定常解の**安定性**である．定常解の存在や形状がいわば静的な性質であるのに対し，安定性は定常解の動的な側面の性質である．

まず，領域 Ω 上の多成分反応拡散方程式 (1.7) に対して，反射壁境界条件を課した系

$$\begin{cases} T\boldsymbol{u}_t = D\Delta \boldsymbol{u} + \boldsymbol{f}(\boldsymbol{u}) & (x \in \Omega), \\ \dfrac{\partial}{\partial \nu} \boldsymbol{u} = \boldsymbol{0} & (x \in \partial\Omega) \end{cases} \quad (1.18)$$

とその定常解 $\boldsymbol{u} = \boldsymbol{\varphi}(x)$ を例にとり，安定性とは何かについて説明するが，その前に，いくつかの定義を準備しておく．Ω 上の m 次元ベクトル値関数 $\boldsymbol{v}(x) = (v_1(x), v_2(x), \ldots, v_m(x))^T$ に対し，各点 $x \in \Omega$ における $\boldsymbol{v}(x)$ の大きさを

$$|\boldsymbol{v}(x)| := \Big\{ \sum_{i=1}^{m} v_i(x)^2 \Big\}^{1/2}$$

で定める[12]．また，Ω 上のベクトル値関数としての $\boldsymbol{v}(x)$ の L^∞-ノルムを

$$\|\boldsymbol{v}(\cdot)\|_{L^\infty(\Omega)} := \sup_{x \in \Omega} |\boldsymbol{v}(x)|$$

で定義する．ここで，$L^\infty(\Omega)$ は Ω 上で有界な関数の集合を表す．初期値 $\tilde{\boldsymbol{u}}(x,0) = \boldsymbol{\varphi}(x) + \boldsymbol{v}_0(x)$ に対する (1.18) の解を $\tilde{\boldsymbol{u}}(x,t)$ と表したとき，$\boldsymbol{v}_0(x) := \tilde{\boldsymbol{u}}(x,0) - \boldsymbol{\varphi}(x)$ のことを定常解 $\boldsymbol{\varphi}(x)$ に対する初期外乱という．このとき，

---

[12] $\boldsymbol{v}(x)$ の大きさを $|\boldsymbol{v}(x)| := \sum_{i=1}^{m} |v_i(x)|$ あるいは $|\boldsymbol{v}(x)| := \max_{i=1,2,\ldots,n} |v_i(x)|$ と定めても，安定性の定義は本質的には変わらない．

$$\|\tilde{\boldsymbol{u}}(\cdot,t)-\boldsymbol{\varphi}(\cdot)\|_{L^\infty(\Omega)}$$

は $\tilde{\boldsymbol{u}}$ が $\boldsymbol{\varphi}$ からどのくらい離れているかを測った量となる．定常解の安定性とは，定常解に小さな外乱を加えたときの解の挙動に関する性質で，数学的には以下のように定義される．

定義 1.1（定常解の安定性） 反応拡散方程式 (1.18) の定常解 $\boldsymbol{u} = \boldsymbol{\varphi}(x)$ が**安定**であるとは，任意の $\varepsilon > 0$ に対し，ある $\delta = \delta(\varepsilon) > 0$ が存在して，初期値 $\tilde{\boldsymbol{u}}(x,0)$ が

$$\|\tilde{\boldsymbol{u}}(\cdot,0)-\boldsymbol{\varphi}(\cdot)\|_{L^\infty(\Omega)} < \delta$$

を満たせば，(1.18) の解がすべての $t > 0$ に対して

$$\|\tilde{\boldsymbol{u}}(\cdot,t)-\boldsymbol{\varphi}(\cdot)\|_{L^\infty(\Omega)} < \varepsilon$$

を満たすことである．

 この定義の意味での安定性を，**リアプノフ安定性**という．平たくいえば，安定性とは初期外乱が小さければ，解がそのままずっと定常解の近くに留まり続ける[13]ということであり，定常解が安定であれば，多少の外乱を加えても解が崩れることはない．逆に定常解が安定でないとき**不安定**であるといい，このときには，定常解に小さな外乱を加えただけで，解は崩れて違う状態へと遷移する．定常解がたんに安定であるだけでなく，さらに

$$\|\tilde{\boldsymbol{u}}(\cdot,t)-\boldsymbol{\varphi}(\cdot)\|_{L^\infty(\Omega)} \to 0 \quad (t \to \infty)$$

を満たすとき，定常解は**漸近安定**（あるいは漸近的に安定）であるという．安定ではあるが漸近安定でないとき，定常解は**中立安定**であるという．定常解が漸近安定であれば，小さな初期外乱はいずれ消えてなくなって時間の経過とともに元の定常状態へと戻るが，中立安定のときは元に戻るとは限らない．定常解が漸近安定であり，ある定数 $C > 0$ と $\lambda > 0$ に対して

---

[13] 定常解が安定であれば，その近傍の解は有界な範囲に留まり，したがって時間大域的に存在する．

$$\|\tilde{\boldsymbol{u}}(\cdot,t) - \boldsymbol{\varphi}(\cdot)\|_{L^\infty(\Omega)} < Ce^{-\lambda t} \qquad (t>0)$$

を満たすとき，定常解は**指数安定**（あるいは**指数的に安定**）であるという．

定義からわかるように，定常解の安定性はその近傍の解に関する局所的な性質である．すべての初期値（あるいは十分大きいクラスの初期値）に対し，解が $\tilde{\boldsymbol{u}}(x,t) \to \boldsymbol{\varphi}(x)$ $(t \to \infty)$ を満たすとき，定常解 $\boldsymbol{u} = \boldsymbol{\varphi}(x)$ は**大域安定**であるという．大域安定性と区別するために，定義 1.1 の意味での安定性を**局所安定性**ということもある．

現実の世界では，系はつねにいろいろな外乱にさらされており，もし解が不安定であれば系の状態を保つことはできない．そのため，不安定な状態はたとえ数学的には存在したとしても，実際の現象としては観測されにくく，また再現性が低い．逆に安定であれば，多少の外乱は系の安定化メカニズムによって打ち消され，元の状態に復元する．したがって，安定性は現象が実際に観測されるかどうかと関わっており，実験的にも数値計算上もきわめて重要な性質であるといえる．また，定常解の形状と安定性には密接な関係があり，単純に切り離して議論すべき問題ではない．安定な解が特有の形状のものに限られるならば，現象として観測できるのはそのようなものに限られるからである．

安定性の概念は，定常解に限らず，時間に依存する解についても定義できる．つまり，1つの解を固定したとき，この解とその近傍にある他の解との差が時間とともに小さくなるか大きくなるかを考えることにより，解の安定性が同様にして定義できる．ただし，自律的[14]な系は時間のシフトに対して不変であるから，どの時刻を初期時刻としても，初期値が同じならば解は同じ振る舞いを示す．そのため，自律系において時間に依存する解の安定性を考えるときには少し注意が必要である．

時間に依存する解の安定性を以下のように定義する．

定義 1.2（軌道安定性） 反応拡散方程式 (1.18) の解 $\boldsymbol{u} = \boldsymbol{\varphi}(x,t)$ が**軌道安定**であるとは，任意の $\varepsilon > 0$ に対し，ある $\delta = \delta(\varepsilon) > 0$ と ε に依存しない定

---

[14] 反応拡散方程式に限らず，方程式に時間変数 t が陽に現れないような系は自律的であると呼ばれる．

数 $C > 0$ が存在して，(1.18) の解が以下のような性質をもつことである：初期値 $\tilde{u}(x, 0)$ が
$$\|\tilde{u}(x,0) - \varphi(x,0)\|_{L^\infty(\Omega)} < \delta$$
を満たせば，$|\theta| < C\varepsilon$ を満たすある θ とすべての $t > 0$ に対して
$$\|\tilde{u}(x,t) - \varphi(x, t-\theta)\|_{L^\infty(\Omega)} < \varepsilon$$
が成り立つ．

 軌道安定性の意味での漸近安定性および指数安定性は，時間シフト θ の分を除けば，定常解の場合と同様にして定義される．軌道安定性は系が時間的平行移動について不変であることからきており，反応拡散方程式に限らず，自律的な系一般に対して考えられる概念である．

 次に，$\mathbb{R}$ 上の多成分反応拡散方程式 (1.7) の進行波解 $\bm{u} = \bm{\varphi}(z)$, $z = x - ct$ の安定性について述べる．ここで，$\bm{u} = \bm{\varphi}(z)$ は初期条件
$$\bm{u}(x,0) = \bm{\varphi}(x)$$
を満たし，形を保ちつつ時間とともに速度 c で動いていく．初期値 $\tilde{\bm{u}}(x, 0)$ が $\bm{\varphi}(z)$ に近いとき，解 $\tilde{\bm{u}}(x,t)$ が $\bm{\varphi}(x - ct)$ の近くに留まれば，進行波解は安定であるといってよい．しかしながら，進行波には位相のずれによる自由度があったため，波形は元の形に戻っても位相は元には戻らない．すなわち，進行波が安定であったとしても，解はせいぜい，ある定数 ξ を用いて
$$\tilde{\bm{u}}(x, t) \to \bm{\varphi}(x - ct - \xi) \qquad (t \to \infty)$$
が期待できるだけである．実際，任意の $\xi \in \mathbb{R}$ に対して，$\bm{u} = \bm{\varphi}(z - \xi)$ はまた進行波解であったことを思い出そう．このように，位相のずれを除いて波形が復元するような場合，進行波は**波形安定**であるという．より厳密には，進行波の波形安定性を以下のように定義する．

定義 1.3（波形安定性） $\mathbb{R}$ 上の反応拡散方程式 (1.7) の進行波解 $\bm{u} = \bm{\varphi}(x - ct)$ が波形安定であるとは，任意の $\varepsilon > 0$ に対し，ある $\delta = \delta(\varepsilon) > 0$ と ε に

依存しない定数 $C > 0$ が存在して，(1.7) の解が以下のような性質をもつことである：初期値 $\tilde{\boldsymbol{u}}(x, 0)$ が

$$\sup_{x \in \mathbb{R}} |\tilde{\boldsymbol{u}}(x, 0) - \boldsymbol{\varphi}(x)| < \delta$$

を満たせば，$|\xi| < C\varepsilon$ を満たすある ξ とすべての $t > 0$ に対して

$$\sup_{x \in \mathbb{R}} |\tilde{\boldsymbol{u}}(x, t) - \boldsymbol{\varphi}(x - ct - \xi)| < \varepsilon$$

が成り立つ．

波形安定性の意味での漸近安定性および指数安定性は，時間周期解と同様に定義される．要するに，波形安定の意味での漸近安定性（指数安定性）とは，ε と同程度の大きさの位相のずれを考慮にいれると，解の形が元の進行波解に（指数的に）近づくという意味である．波形安定性は進行波に限らず，$\mathbb{R}^N$ 上の他の一般の解に対しても定義される．ただし，定常解あるいは進行波解以外の解は，空間方向のシフトと時間方向のシフトの両方の自由度がある[15]．すなわち，$\boldsymbol{u} = \boldsymbol{\varphi}(x, t)$ を 1 つの解とすると，任意の $\xi \in \mathbb{R}^N$ と $\theta \in \mathbb{R}$ に対して，$\tilde{\boldsymbol{u}} = \boldsymbol{\varphi}(x - \xi, t - \theta)$ はまた解となる．そのため，安定性を考察するときには，その自由度の分を考慮にいれて定義する必要がある．

1.3.3　線形化固有値問題

定常解や進行波解などが存在する場合にその安定性を調べることは，現象を理解するという観点からは重要であるが，さらに進めて，その近傍にある解がどのように振る舞うかは興味ある問題である．たとえば，漸近安定な解に対して近傍の解がどのような速さでどの方向から近づくのか，不安定な解が定常解あるいは進行波解からどのように離れていくのかなど，解の挙動についてのくわしい情報が得られれば系の性質がより明らかになる．この問題に対して答えるための 1 つの方法は**線形化安定性解析**あるいは**固有値解析**と

---

[15]　$\mathbb{R}^N$ 上の進行波解の場合，時間シフトと進行方向の空間シフトは同じであり，自由度が 1 つ少ない．

呼ばれ，定常解や進行波解の近傍の局所的な性質をくわしく調べる上で，きわめて強力な方法である．

線形化安定性解析とはどのようなものなのか，まず，領域 Ω 上の反応拡散方程式 (1.18) の定常解 $\boldsymbol{u} = \boldsymbol{\varphi}(x)$ に対して説明しよう．$\varepsilon > 0$ を微小なパラメータとし，他の解が

$$\tilde{\boldsymbol{u}}(x,t) = \boldsymbol{\varphi}(x) + \varepsilon \boldsymbol{v}(x,t) + o(\varepsilon)$$

と表せたと仮定する．ここで，$o(\varepsilon)$ は ε に比べて十分小さい項を表す．すると

$$\boldsymbol{f}(\tilde{\boldsymbol{u}}) = \boldsymbol{f}(\boldsymbol{\varphi}) + \varepsilon \frac{\partial \boldsymbol{f}}{\partial \boldsymbol{u}} \boldsymbol{v} + o(\varepsilon)$$

である．ただし，

$$\frac{\partial \boldsymbol{f}}{\partial \boldsymbol{u}} := \left(\frac{\partial f_i}{\partial u_j}(\boldsymbol{\varphi}) \right)$$

はヤコビ行列を表す．これを方程式 (1.18) に代入すると，

$$\begin{cases} \varepsilon T \boldsymbol{v}_t = D \Delta \boldsymbol{\varphi} + \varepsilon D \Delta \boldsymbol{v} + \boldsymbol{f}(\boldsymbol{\varphi}) + \varepsilon \frac{\partial \boldsymbol{f}}{\partial \boldsymbol{u}} \boldsymbol{v} + o(\varepsilon) & (x \in \Omega), \\ \frac{\partial}{\partial \nu}(\boldsymbol{\varphi} + \varepsilon \boldsymbol{v}) = \boldsymbol{0} + o(\varepsilon) & (x \in \partial \Omega) \end{cases}$$

となる．ここで $\boldsymbol{\varphi}$ が (1.13) を満たすことを用い，さらに $o(\varepsilon)$ の項を無視すると，$\boldsymbol{v}$ は

$$\begin{cases} T \boldsymbol{V}_t = D \Delta \boldsymbol{V} + \frac{\partial \boldsymbol{f}}{\partial \boldsymbol{u}} \boldsymbol{V} & (x \in \Omega), \\ \frac{\partial}{\partial \nu} \boldsymbol{V} = \boldsymbol{0} & (x \in \partial \Omega) \end{cases} \quad (1.19)$$

の解で近似されることがわかる．これを (1.18) の $\boldsymbol{\varphi}(x)$ における**線形化方程式**という．もし，線形化方程式のすべての解が $t \to \infty$ のときに有界な範囲に留まっていれば，十分小さい $\varepsilon > 0$ に対し，$\boldsymbol{\varphi}(x) + \varepsilon \boldsymbol{V}(x,t)$ は定常解 $\boldsymbol{\varphi}(x)$ 近傍の解の振る舞いを近似していると期待される[16]．

複素数の集合を $\mathbb{C}$ で表す．$\lambda \in \mathbb{C}$ とし，線形化方程式 (1.19) において，さらに

---

[16] 実際，これは定常解が"双曲的"であるという条件のもとでは数学的に厳密に証明できる．

$$\boldsymbol{V}(x,t) = e^{\lambda t}\boldsymbol{\Phi}(x)$$

の形の解を考えると，λ と $\boldsymbol{\Phi}$ は

$$\begin{cases} \lambda T\boldsymbol{\Phi} = D\Delta\boldsymbol{\Phi} + \dfrac{\partial \boldsymbol{f}}{\partial \boldsymbol{u}}\boldsymbol{\Phi} & (x \in \Omega), \\ \dfrac{\partial}{\partial \nu}\boldsymbol{\Phi} = \boldsymbol{0} & (x \in \partial\Omega) \end{cases}$$

を満たす必要がある．これを**線形化固有値問題**[17]という．ある $\lambda \in \mathbb{C}$ に対し，線形化固有値問題が非自明解 $\boldsymbol{\Phi}$（$\boldsymbol{\Phi} \equiv \boldsymbol{0}$ 以外の解）をもつとき，λ を**固有値**，$\boldsymbol{\Phi}$ を**固有関数**[18]という．

単独反応拡散方程式 (1.2) の場合，固有値問題は

$$\begin{cases} \tau\lambda\Phi = d\Delta\Phi + f'(\varphi)\Phi & (x \in \Omega), \\ \dfrac{\partial}{\partial \nu}\Phi = 0 & (x \in \partial\Omega) \end{cases}$$

と表される．この問題の固有値は必ず実数になり，その中に最大の固有値 λ_0 が存在して，すべての固有値を

$$\lambda_0 > \lambda_1 \geq \lambda_2 \geq \cdots$$

のように並べることができる（付録 B.1 項参照）．いま，λ_i $(i=0,1,2,\ldots)$ を固有値，$\Phi_i(x)$ を対応する固有関数とし，(1.19) の解が固有値と固有関数を使って

$$V(x,t) = \sum_{i=0}^{\infty} c_i \exp(\lambda_i t)\Phi_i(x)$$

---

[17] 念のため，2 成分反応拡散方程式 (1.4) に対する線形化固有値問題を記すと，

$$\begin{cases} \tau_1\lambda\Phi = d_1\Delta\Phi + f_u\Phi + f_v\Psi & (x \in \Omega), \\ \tau_2\lambda\Psi = d_2\Delta\Psi + g_u\Phi + g_v\Psi & (x \in \Omega), \\ \dfrac{\partial}{\partial \nu}\Phi = 0 = \dfrac{\partial}{\partial \nu}\Psi & (x \in \partial\Omega) \end{cases}$$

となる．
[18] λ が複素数のときは，固有関数は複素数値関数となる．

1.3 数学的課題

と固有関数展開できたとしよう．ここで c_i は，$V(x,0)$ を固有関数を使って展開した式

$$V(x,0) = \sum_{i=0}^{\infty} c_i \Phi_i(x)$$

から定まる定数である．$V(x,t)$ の振る舞いにとって重要なのは，λ_0 の符号である．もし，$\lambda_0 > 0$ かつ $c_0 \neq 0$ であれば，$V(x,t)$ は $t \to \infty$ とともに無限大に発散する．これは，たとえ初期外乱が小さくても，外乱は時間とともに固有関数の方向に大きくなっていくことを示唆している．したがって，この場合には定常解は不安定となる．逆に，もし最大固有値が負であれば，外乱は時間とともに指数的に減衰する（2.2.2 項の定理 2.4 参照）．

単独反応拡散方程式の場合と異なり，2 成分以上の反応拡散方程式に対しては，一般には線形化固有値問題の固有値は実数とは限らないが，もし正の実部をもつ固有値が存在すれば，そのような定常解は不安定である．実部が正の固有値の数を**不安定次元**という．逆に，もしすべての固有値の実部が負であれば，定常解は安定であることが期待されるが，線形化安定性が局所安定性を意味するには，もう少し条件が必要である [146, 214]．

進行波解に対しても，線形化による安定性解析は有効である．$\mathbb{R}$ 上の多成分反応拡散方程式 (1.7) の進行波解に対しては，進行波解 $\boldsymbol{\varphi}(z)$ を動座標系による方程式 (1.14) の定常解とみなすことにより，固有値問題は

$$\lambda T\boldsymbol{\Phi} = D\boldsymbol{\Phi}_{zz} + cT\boldsymbol{\Phi}_z + \frac{\partial \boldsymbol{f}}{\partial \boldsymbol{u}}\boldsymbol{\Phi} \qquad (z \in \mathbb{R})$$

と表される．この方程式が $\mathbb{R}$ 上で有界な非自明解をもつとき，λ を固有値という．$\boldsymbol{\varphi}(z)$ が満たす方程式 (1.15) を z で微分すると

$$D(\boldsymbol{\varphi}_z)_{zz} + cT(\boldsymbol{\varphi}_z)_z + \frac{\partial \boldsymbol{f}}{\partial \boldsymbol{u}}\boldsymbol{\varphi}_z = \boldsymbol{0} \qquad (z \in \mathbb{R})$$

を得る．したがって，$\lambda = 0$ は固有値であり，対応する固有関数は $\boldsymbol{\Phi} = \boldsymbol{\varphi}_z$ であるが，これは空間シフトの自由度に対応した固有値であり，波形安定性とは関係がない．したがって，進行波解の安定性は 0 以外の固有値の実部によって判定される．

2成分以上の反応拡散方程式においては，線形化固有値問題に対する一般的な解析は容易ではない．これは，対象とする定常解や進行波解の具体的情報（形状や速度など）が十分には得られないことが1つの理由である．そのため，微小パラメータを導入してある種の特異な状況を考察することによって，安定性解析に必要な性質を導くという手法を用いる．定常解に対する手法としては**SLEP 法**[19)][194]，進行波解に対する手法としては**エバンス関数**[211]を用いた解析法が代表的であり，解の幾何学的性質と結びつけて，きわめて強力かつ美しい理論が展開されている．

1.3.4 大域的構造

局所的構造が特別な解あるいはその近傍にある解の構造を指しているのに対し，より大局的な視点から解空間全体に関わる性質を調べるのが大域的な解析の目的である．局所的な構造が線形化方程式である程度は近似できるのに対し，大域的構造には非線形性がより強く働く．そのため，大域的構造を明らかにするには解析的手法のみでは不十分であり，位相的あるいは幾何的手法，力学系理論的手法，変分的手法などと組み合わせることが必要となる．以下では，大域的解析における問題を，Ω 上の単独反応拡散方程式を例にとって説明するが，他の形の反応拡散方程式についても同様である．

大域的な構造を調べるとき，とくに解全体のダイナミクスを調べる際に重要な観点の1つは，反応拡散方程式を**無限次元力学系**として捉えることである [31, 124]．まず，無限次元力学系とは何かについて簡単に説明しよう．各時刻において，解が属する関数空間を**相空間**といい，ここでは相空間として，関数空間 $X = C^0(\Omega)$ をとる[20)]．ただし，$C^0(\Omega)$ は Ω 上で連続な関数の集合であり，$v \in C^0(\Omega)$ のノルムを

$$\|v(\cdot)\|_{L^\infty(\Omega)} := \sup_{x \in \mathbb{R}^N} |v(x)|$$

で定義する．初期値 $u_0 \in X$ に対し，解 $u(x,t)$ を対応させる解作用素を $S(t)$ とする．すなわち，$S(t)u_0 = u(x,t)$ である．$S(t)$ は C^0-**半群**と呼ばれ，以

[19)] Singular Limit Eigenvalue Problem の略．
[20)] 相空間として，これ以外のバナッハ空間やヒルベルト空間をとることもある．

下の性質を満たす.

(i) $S(0) = I$（恒等作用素）.

(ii) 任意の $t, \tau > 0$ について $S(t)S(\tau) = S(t+\tau)$ が成立.

(iii) $S(t)u_0$ は $t > 0$ および u_0 について連続.

　C^0-半群を用いることにより，反応拡散方程式を関数空間上の常微分方程式のように扱うことができて，反応拡散方程式を力学系として扱えるようになる．相空間は無限次元の関数空間であるから，無限次元力学系の立場から大域的構造を調べることが目的となる．逆に，反応拡散方程式の研究の進展は，無限次元力学系の理論に対しても大きな影響を与えている [117].

　さて，力学系の立場からは長時間経過したときの解の挙動が興味の中心であり，とくに初期値から出た解が最終的にどのような状態に落ち着くのかは重要な問題である．最終的な状態は定常解や時間周期解であることも多いが，収束しないこともある．またたとえば定常解に収束するときに，どのような速さで収束するのか，初期値と最終状態の関係はどうなっているのかなどは自然な問題意識といってよい．とくに以下のような対象が大域的構造を知る上で重要である．

・ω-極限集合

　初期値 u_0 から出た解 $u(x,t)$ に対し，ある点列 $\{t_i\}$ と関数 $w(x)$ が存在して，$t_i \to \infty$ $(i \to \infty)$ および

$$\lim_{i \to \infty} \|u(\cdot, t_i) - w(\cdot)\|_{L^\infty(\Omega)} = 0$$

が成り立つとき，$w(x)$ を $u(x,t)$ の ω-極限点という．また ω-極限点全体を ω-極限集合といい，$\omega(u_0)$ で表す．ω-極限集合は

$$\omega(u_0) = \bigcap_{\tau \geq 0} \overline{\{S(t)u_0 : t > \tau\}}$$

と表すこともできる．ただし $\overline{}$ は閉包を表す．定義から，ω-極限集合上にない点に対して十分小さな近傍をとると，ある時刻から先は，解がその近傍

に入ることはない．したがって，解の漸近挙動を知るには，ω-極限集合について調べればよい．たとえば，ω-極限集合が1点からなる場合，これは解がその点に収束し，したがって解は定常解へと収束することを意味する．解が時間周期解に収束すれば，ω-極限集合は相空間内の周期軌道となる．一般に，ω-極限集合が大きな集合になれば，解の漸近挙動はより複雑なものとなる．

・アトラクタ

その近傍にあるすべての解が，時間とともに近づくような集合のことを**アトラクタ**という．漸近安定な定常解はアトラクタのもっとも簡単な例で，この場合にはアトラクタは相空間内の1点からなる．漸近安定な周期解の場合はアトラクタは相空間内の閉曲線とみなせる．一般に，アトラクタは滑らかな多様体となる場合や，フラクタル集合のようなより複雑な構造をもつ集合となる場合もある．

・正不変集合

相空間 X の部分集合 Σ に対し，$t=0$ における初期値が $u_0 \in \Sigma$ を満たせば，解がすべての $t>0$ に対して $u(\cdot, t) \in \Sigma$ を満たすとき，Σ は**正不変集合**であるという．このとき，$\omega(u_0) \subset \overline{\Sigma}$ であることは定義より明らかである．正不変集合について調べることにより，反応拡散方程式の解の長時間挙動についてある程度は理解することが可能となる．

・大域アトラクタ

相空間 X の部分集合 $A \subset X$ が**大域アトラクタ**であるとは，A が次の2つの条件を満たすことをいう．

(i) A はコンパクトな正不変集合である．

(ii) X の任意の有界集合を誘引する．

無限次元空間においては，単位球はコンパクトではないので，(i) は A が X 内の"薄い"集合であることを表している．また (ii) では X の各要素か

ら出た解ではなく，X の任意の有界集合を誘引することを要請していることに注意しなければならない．ここで，集合 A が集合 B を誘引するとは，集合 A の任意の近傍に，有限の時間内に集合 B から出たすべての解が含まれるようになるということである．これより，大域アトラクタは存在すれば一意であることがしたがう．なぜなら，もし大域アトラクタが 2 つあったとしたら，お互いを誘引することから，これらは同一でなくてはならないからである．また大域アトラクタはコンパクトな正不変集合のうち最大のものであり，また X の任意の有界集合を誘引する最小の集合でもある．拡散は解を滑らかにする働きをもっており，無限次元空間のほとんどの成分は時間とともに減衰し，十分時間が経過すれば有限次元の部分集合に近づく．大域アトラクタが有限次元の場合，これを**慣性多様体**[75, 221] と呼ぶ．

大域的な構造を調べるための別の観点としては，パラメータの変化による構造の変化に着目し，パラメータを含めた解構造を調べるということがある．具体的な反応拡散方程式を考えるとき，方程式にはいくつかのパラメータが含まれているのが普通である．たとえば，拡散係数や時定数をパラメータと考えたり，あるいは反応項をパラメータを含む形で具体的に与えたりする．方程式の解の構造はこのようなパラメータに依存しており，パラメータがある臨界値を超えると解の構造が急に変化することがある．パラメータを連続的に変化させたとき，解の構造が定性的に変化することを**分岐**といい，そのようなパラメータの値を**分岐点**という．

分岐のわかりやすい例を 1 つあげよう．$\mu \in \mathbb{R}$ をパラメータとし，常微分方程式

$$u_t = u^3 - \mu u \tag{1.20}$$

を考える．簡単にわかるように，この方程式の平衡解は

$$u = 0 \quad (\mu \leq 0 \text{ のとき}),$$
$$u = 0, \ u = \pm\sqrt{\mu} \quad (\mu > 0 \text{ のとき})$$

である．これを図示すると図 1.2 のようになる．矢印は，定常解以外の解の挙動を示している．

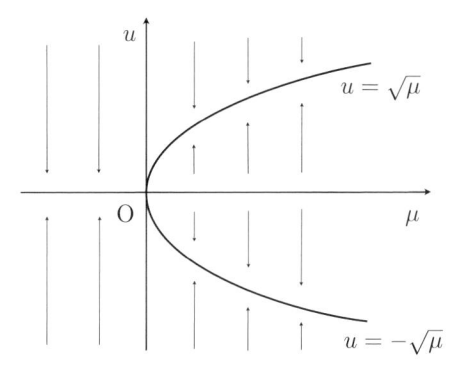

図 **1.2** 常微分方程式 (1.20) の平衡解の分岐図.

この図が示すように，すべての $\mu \in \mathbb{R}$ に対して自明解 $x = 0$ をもち，$\mu > 0$ に対しては $\mu = 0$ で枝分かれした 2 つの 0 でない解 $\pm\sqrt{\mu}$ が存在する．このように，$\mu = 0$ を境として解の構造が変化しているから，$\mu = 0$ は分岐点である．図 1.2 のように，横軸にパラメータをとり，縦軸に解空間をとって解構造の変化を直感的に捉えられるように表したものを**分岐図**あるいは**分岐ダイアグラム**と呼ぶ．反応拡散方程式の場合，解は無限次元の関数空間内にあるため，縦軸としては自明解からの距離のようなもの[21]をとり，分岐構造を直感的に把握できるように表示する．分岐図はパラメータの変化による解構造の変化を可視化するだけでなく，分岐曲線上の解の安定性や，全体的な解の構造についても示唆を与える．つまり，解の個数の変化から，定常解以外の解の振る舞いについてもおおよそのイメージが描ける．分岐図を元に解の構造を調べることを，**分岐解析**という．

反応拡散方程式の大域的な構造を調べることは容易ではない．反応拡散方程式は非線形の偏微分方程式であり，解を陽に表示することは一般には期待できないからである．とくに，成分の数や空間次元が高くなるほど，解析の難しさは増していく．そのため，大域的な構造を知るためには，何らかの方法で，系の本質を保ちながら簡単化し，より単純な方程式で近似することが必要となる．これを方程式の**縮約**という．縮約された方程式は元の方程式の近

---

[21] 解のノルムのように数学的に定義できる量とは限らず，直観的に理解できるように無限次元空間を 1 次元的に表したものとする．

似になっていると期待されるので，両者の関係を厳密に明らかにすれば，問題の本質をそれほどそこなわずに問題を簡単化できることになる．縮約のための手法はいろいろあり，具体的な例としては以下のようなものがある．

・常微分方程式あるいはシャドウ系への縮約

有界領域において反射壁境界条件を仮定し，拡散係数を無限に大きくすると，対応する成分は空間的に一様な状態に近づくので空間平均で置き換えることができ，拡散項を無視できるようになる．したがって，この成分の変化は常微分方程式あるいは積分方程式で記述される．とくに，一部の成分のみ拡散係数が大きい多成分系においては，極限として得られる系を**シャドウ系**という（4.4 節参照）．シャドウ系を考えることにより，その成分に対する方程式に対して常微分方程式あるいは積分方程式への縮約が可能となる．

・空間パターンの縮約

拡散係数が十分小さいとき，拡散項と非線形項の大きさがつり合うためには，空間変数に関する微分係数が小さな領域できわめて大きく変化することが必要である．そのため，解が空間的に急激に変化するところが現れるときがあり，これを**遷移層**と呼ぶ．極限的には遷移層は領域内のより低次元の集合に退化し，遷移層以外のところでは解は比較的ゆっくりと変化する．そのため，遷移層の挙動がわかれば，解のおおよその挙動が理解できるため，遷移層のダイナミクスに興味が集まる．

・領域の縮約

実際の現象は高次元の空間で起こっていたとしても，十分小さな領域を考えると点とみなすことができ，また，細い領域を 1 次元からの摂動とみなして，区間上の系に帰着できる．いくつかの領域が細い領域で結ばれているときには，領域が異なる方程式系が相互作用していると捉えることができる．空間次元を下げることは問題の簡単化につながるが，この縮約が数学的に正しいかどうかも興味ある問題である．

以上のような縮約によって，より簡単な問題へと帰着でき，縮約方程式の性質を調べることにより，元の方程式の性質を導くことができる．この場合に問題となるのは，縮約方程式が元の方程式をどのような意味で近似しているかである．たとえば，有限時間内での解の挙動，漸近挙動，平衡点近傍の局所的な構造，解全体の大域的な構造，分岐構造などが縮約方程式にどのように反映されているかを確かめることになる．

第2章
単独反応拡散方程式の一般的性質

2.1 単独反応拡散方程式の基本的性質

2.1.1 比較定理

この章では，単独反応拡散方程式

$$u_t = \Delta u + f(u) \tag{2.1}$$

について解説する．ここで f は u の十分滑らかな関数とし，f の滑らかさ以外の具体的な性質を仮定しない．したがって，(2.1) の形で表されるかなり広いクラスの方程式について，その共通した性質について論ずることになる．なお，解は $C^{2,1}$-級，すなわち空間変数 x についてのすべての 2 階偏導関数が存在して連続で，t についての 1 階偏導関数が存在して連続な関数であると仮定する．このような解を**古典解**という．記述の煩雑さを避けるために，初期値は連続であり，各時刻において空間的に有界な解が一意的に存在し，とくに断らない限り解はすべて時間大域的であると仮定して話を進める．

まず，単独反応拡散方程式に対する比較定理について述べる．$\mathbb{R}^N$ 上の単独反応拡散方程式に対しては，初期値の大小関係がそのまま解の大小関係につながるという性質が成り立つ．これは，境界をもつ領域において，適当な

境界条件を課した場合にも成り立ち，単独反応拡散方程式が備える顕著な性質の1つである．一般に，このような性質を備える系のことを**順序保存系**という．比較定理は使い方によってはきわめて便利で強力な数学的手法であり，解の性質や挙動についていろいろな情報を引き出すことができる．

初期値問題

$$\begin{cases} u_t = \Delta u + f(u) & (x \in \mathbb{R}^N,\ t > 0), \\ u(x,0) = u_0(x) & (x \in \mathbb{R}^N) \end{cases} \quad (2.2)$$

を考える．この問題の解 $u(x,t)$ と，初期値を $\tilde{u}_0(x)$ に置き換えたときの解 $\tilde{u}(x,t)$ を比較しよう．次の定理は比較定理の一例である．

定理 2.1（比較定理） 初期値が $\mathbb{R}^N$ 上で $\tilde{u}_0(x) \geq u_0(x)$ および $\tilde{u}_0(x) \not\equiv u_0(x)$ を満たせば，(2.2) の解はすべての $x \in \mathbb{R}^N$ と $t > 0$ に対して $\tilde{u}(x,t) > u(x,t)$ を満たす．

比較定理の簡単な応用として，空間的に一様な解と比較してみよう．いま，初期値 $u_0(x)$ に対して

$$m_0 \leq \inf_{x \in \mathbb{R}^N} u_0(x)$$

となる数 m_0 をとり，$m(t)$ を常微分方程式

$$m_t = f(m), \quad m(0) = m_0$$

の解とすると，定理 2.1 より，

$$u(x,t) \geq m(t) \quad (x \in \mathbb{R}^N,\ t > 0)$$

が成り立つ．とくに，$f(0) = 0$ の場合には，初期値が $u_0(x) \geq 0,\ u_0(x) \not\equiv 0$ を満たせば，解はすべての $t > 0$ に対して正の値をとる．

比較定理の意味を理解することは容易である．いま，十分小さい時間 $t > 0$ に対しては $\tilde{u}(x,t) > u(x,t)$ が成り立っていると仮定し，ある時刻 $t_0 > 0$ において解 u が $\tilde{u}$ に点 x_0 で追いついたとしよう．このような状況を考えると，図 2.1 の左図のようになっているはずである．ところが，$(x,t) = (x_0, t_0)$ と

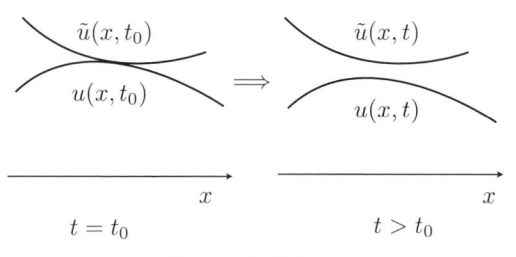

図 **2.1** 比較定理.

なる点では $\Delta\tilde{u} > \Delta u$ および $f(\tilde{u}) = f(u)$ が成り立っている．したがってその点で

$$\tilde{u}_t = \Delta\tilde{u} + f(\tilde{u}) > \Delta u + f(u) = u_t$$

を満たすから，u は $\tilde{u}$ を追い越すことができない[1]．

以上のような荒い議論では説明できないような微妙な状況はいろいろあって[2]，定理 2.1 の厳密な証明には線形放物型偏微分方程式に対する最大値原理（付録 A.4 項の定理 A.1）が必要である．

定理 2.1 の証明 方程式 (2.2) の 2 つの解に対し，

$$v(x,t) := \tilde{u}(x,t) - u(x,t)$$

とおけば，仮定より，$t = 0$ で $v(x,0) \geq 0$, $v(x,0) \not\equiv 0$ が成り立つ．また $v(x,t)$ は次の形の方程式を満たしている．

$$v_t = \Delta v + c(x,t)v \qquad (x \in \mathbb{R}^N,\ t > 0).$$

ここで $c(x,t)$ は

$$c(x,t) := \begin{cases} \dfrac{f(\tilde{u}(x,t)) - f(u(x,t))}{\tilde{u}(x,t) - u(x,t)} & (\tilde{u}(x,t) \neq u(x,t)), \\ f'(u(x,t)) & (\tilde{u}(x,t) = u(x,t)) \end{cases} \qquad (2.3)$$

---

[1] これは反応拡散方程式のように時間について 1 階の偏微分方程式に特有の性質であり，波動方程式のように時間について 2 階の偏微分方程式では成立しない．

[2] たとえば，初期値で等号が成り立つような点があったり，無限遠での差が 0 に近づくなどの状況はこの議論では説明できない．

で与えられる (x,t) の連続関数である．すると，線形放物型偏微分方程式に関する最大値原理（付録 A.4 の定理 A.1）が適用できて，$t>0$ のとき $x\in\mathbb{R}^N$ に対して $v(x,t)>0$ が成り立つ．これより，定理 2.1 が示された． ■

同様の比較定理は滑らかな境界をもつ有界あるいは非有界な領域 Ω において，反射壁境界条件を課した場合にも成立する．次の初期値境界値問題を考えよう．

$$\begin{cases} u_t = \Delta u + f(u) & (x\in\Omega,\ t>0), \\ \dfrac{\partial}{\partial\nu}u = 0 & (x\in\partial\Omega,\ t>0), \\ u(x,0) = u_0(x) & (x\in\Omega). \end{cases} \quad (2.4)$$

この問題の解を $u(x,t)$，初期値を $\tilde{u}_0(x)$ に置き換えたときの解を $\tilde{u}(x,t)$ とすると，全領域の場合と同様に，初期値が Ω 上で $\tilde{u}_0(x) \geq u_0(x)$ かつ $\tilde{u}_0(x) \not\equiv u_0(x)$ を満たせば，(2.4) の解はすべての $x\in\Omega$ と $t>0$ に対して $\tilde{u}(x,t) > u(x,t)$ を満たす．証明もほぼ同様で，$v(x,t) := \tilde{u}(x,t) - u(x,t)$ が次の形の方程式を満たしていることに注意すればよい．

$$\begin{cases} v_t = \Delta v + c(x,t)v & (x\in\Omega,\ t>0), \\ \dfrac{\partial}{\partial\nu}v = 0 & (x\in\partial\Omega,\ t>0), \\ v(x,0) \geq 0 & (x\in\Omega). \end{cases}$$

比較定理はより一般の放物型偏微分方程式についても成り立つ．たとえば，ラプラス作用素を一般の楕円型作用素に変えてもよく，また反応項を $f = f(u,x,t)$ の形にしても成立する．さらに，反射壁境界条件の代わりに，ディリクレ境界条件

$$u(x,t) = b(x) \quad (x\in\partial\Omega,\ t>0)$$

（ただし $b(x)$ は与えられた $\partial\Omega$ 上の連続関数）を課した場合にも成立する．

さて，上で述べた比較定理の証明は線形放物型偏微分方程式の解 v に関する最大値原理にもとづいていたが，方程式を不等式

$$v_t \geq \Delta v + c(x,t)v$$

で置き換え，また境界のある領域のときには，境界で条件

$$\frac{\partial}{\partial \nu}v(x,t) \leq 0, \qquad v(x,t) \geq 0, \qquad \frac{\partial}{\partial \nu}v(x,t) + \beta v(x,t) \geq 0$$

のいずれかを仮定すると最大値原理が成り立つ．したがって，$u, \tilde{u}$ を方程式 (2.4) の解ではなく，適当な不等式を満たす関数で置き換えても比較定理が成り立つ．

そこで次のような定義を導入しよう．単独反応拡散方程式 (2.1) に対し，関数 $u^+(x,t)$ が $t > 0$ において

$$u_t^+ \geq \Delta u^+ + f(u^+) \qquad (x \in \Omega)$$

を満たし，また $x \in \partial\Omega, t > 0$ において

$$\frac{\partial}{\partial \nu}u^+(x,t) \leq 0 \qquad (\text{反射壁境界条件の場合}),$$
$$u^+(x,t) \geq b(x) \qquad (\text{ディリクレ境界条件の場合})$$

満たすとき[3]，$u^+(x,t)$ を**優解**という．また，u^- がすべて逆向きの不等式を満たすとき，$u^-(x,t)$ を**劣解**という．すると比較定理の証明と同じ方法により，優解と劣解が

$$u^-(x,0) \leq u^+(x,0) \qquad (x \in \Omega)$$

を満たせば，

$$u^-(x,t) \leq u(x,t) \leq u^+(x,t) \qquad (x \in \Omega)$$

がすべての $t > 0$ について成り立つ．このように，解との比較に用いられることから，優解と劣解のことを**比較関数**と呼ぶ．

定義から (2.1) の解自体は優解であり，また劣解でもあることに注意しよう．優解および劣解は不等式を用いて定義されているので，優解と劣解を具体的に構成することができれば，解の挙動についての情報が得られることになる．

---

[3] もちろん，$\Omega = \mathbb{R}^N$ の場合には境界での条件は不要である．

2.1.2 交点数とラップ数

1次元領域における単独反応拡散方程式には,高次元領域の問題にはみられない特別な性質がある.それは,交点数とラップ数の時間的な非増加性である. $\mathbb{R}$ 上の関数 U に対し,その零点の個数を $z[U]$ で表そう. U と $\tilde{U}$ に対し, $z[\tilde{U} - U]$ を U と $\tilde{U}$ の**交点数**という.また U が微分可能のとき, U の極大点と極小点の数 $z[U_x]$ を U の**ラップ数**[4]という.

まず単独反応拡散方程式

$$u_t = u_{xx} + f(u) \qquad (x \in \mathbb{R}) \tag{2.5}$$

に対し,2つの解の交点数について次の定理が成り立つ.

定理 2.2(交点数の非増加性) $u, \tilde{u}$ を (2.5) の相異なる解とすると, $z[\tilde{u}-u]$ は時間 t について非増加である.

証明 2つの解の差 $v(x,t) := \tilde{u}(x,t) - u(x,t)$ は線形偏微分方程式

$$v_t = v_{xx} + c(x,t)v \qquad (x \in \mathbb{R}) \tag{2.6}$$

を満たしている.ただし, $c(x,t)$ は (2.3) で定義された (x,t) の連続関数である.この形の放物型偏微分方程式に対する**零点数非増加性**(付録 A.4 項の定理 A.3)により, v の零点数 $z[v] = z[\tilde{u}-u]$ は時間 t について非増加である.したがって, u と $\tilde{u}$ の交点数は t について非増加となる[5](図 2.2 参照). ∎

とくに,反応項が $f(0) = 0$ を満たしている場合には,自明解との交点数を考えることにより,解 u の零点の個数は時間 t について非増加となる.

次に,方程式 (2.5) の解のラップ数 $z[u_x]$ について次の定理が成り立つ.

定理 2.3(ラップ数の非増加性) 方程式 (2.5) のラップ数は,時間 $t > 0$ について非増加である.

---

[4] U のグラフを U-軸に射影すると,その像は極大点あるいは極小点で折れ曲がって重なることから, $z[U_x]$ をラップ数と呼ぶ [167].

[5] 交点数の減少は,2個以上の交点が衝突したときにのみ生じる.

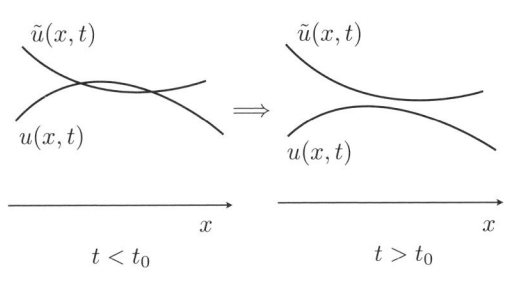

図 **2.2**　交点数の減少.

証明　方程式 (2.5) を x で偏微分すれば，解の偏導関数 $v = u_x$ は

$$v_t = v_{xx} + f'(u(x,t))v$$

を満たすことがわかる．そこで $c(x,t) := f'(u(x,t))$ として (2.6) の解の零点数非増加性を用いると，$z[v] = z[u_x]$ は t の非増加関数となる．よってラップ数は時間的に非増加である．なお，ラップ数の減少は，2個以上の臨界点 ($u_x(x,t) = 0$ となる x) が衝突したときに生じる．　∎

　交点数およびラップ数の時間的な非増加性は，半無限区間あるいは有限区間において，反射壁境界条件を課しても成立する．これをみるために，まず半無限区間 $[a, \infty)$ 上の反応拡散方程式を考える．もし $x = a$ において反射壁条件を課せば，$[a, \infty)$ 上の解 $u(x,t)$ は $x = a$ について偶対称に定義域を拡張できる．つまり，$\mathbb{R}$ 上の関数 $u(x,t)$ を

$$u(x,t) = \begin{cases} u(2a - x, t) & (-\infty < x < a), \\ u(x,t) & (a \leq x < +\infty) \end{cases}$$

と与えると，これは方程式 (2.5) を満たしている．これを定義域の**偶拡張**という．偶拡張された解は $x = a$ について偶対称な関数となり，つねに $x = a$ で $u_x(x,t) = 0$ を満たす．

　偶拡張された2つの解 u と $\tilde{u}$ の交点は $x = a$ について対称に現れるので，交点数非増加性（定理2.2）により，交点が $x = a$ に到達すると衝突して対消滅する．これを元の半無限区間 $[a, \infty)$ における問題で考えると，交点が境界

$x = a$ に到達したときに消えることになる．同様に，1つの解 $u(x, t)$ のラップ数を考えると，偶拡張された解 $u(x,t)$ の極値は $x = a$ について対称に現れるから，極値をとる点が $x = a$ で衝突したときにラップ数が減る．

有限区間 $[a, b]$ においても，同様の議論が行える．すなわち，境界 $x = a, b$ において反射壁条件を仮定すると，定義域を左右に繰り返し拡張することにより，$\mathbb{R}$ 上の方程式の解とみなせるようになる．これに交点数非増加性を適用すると，2つの解の交点が区間の境界から消滅することはあっても，境界から交点が現れることはない．また，解のラップ数非増加性（定理 2.3）を適用すると，極値が境界 $x = a$ あるいは $x = b$ にぶつかるときにラップ数が減少することがわかる．反射壁境界条件下では，極値をとる点が区間の境界から消滅することはあっても，境界から極値が現れることはない．

ラップ数の時間的非増加性は，解の形状が徐々に単純なものになっていくことを意味している．このことを用いると，解の漸近挙動についてくわしい情報を引き出すことができる [68]．たとえば，有界区間上の単独反応拡散方程式 (2.1) に対して反射壁条件を課すと，解のラップ数は時間について非増加であるから，ω-極限点のラップ数は初期値のそれより小さくなければならない．

2.1.3 エネルギー

関数空間 $H^1(\Omega)$ を

$$\int_\Omega \left(|\nabla U|^2 + U^2 \right) dx < \infty$$

を満たす関数 $U : \Omega \to \mathbb{R}$ の集合とし，$U \in H^1(\Omega)$ のノルムを

$$\|U\|_{H_1(\Omega)} := \left\{ \int_\Omega \left(|\nabla U|^2 + U^2 \right) dx \right\}^{1/2}$$

で定義する．このノルムについて，$H^1(\Omega)$ はバナッハ空間となる．関数 $F(u)$ を

$$F(u) := \int_0^u f(t) dt$$

で定義し，$H^1(\Omega)$ 上の汎関数

$$E[U] := \int_\Omega \Big\{\frac{1}{2}|\nabla U|^2 - F(U)\Big\}dx$$

を導入する．

$\varphi \in H^1(\Omega)$ が任意の $U \in H^1(\Omega)$ に対して

$$E[\varphi + \varepsilon U] = E[\varphi] + o(\varepsilon) \qquad (\varepsilon \to 0)$$

を満たす[6]とき，φ を汎関数 $E[U]$ の**停留点**と呼ぶ．$E[\varphi+\varepsilon U]$ を ε について展開すると，

$$\begin{aligned}E[\varphi + \varepsilon U] &= \int_\Omega \Big\{\frac{1}{2}|\nabla\varphi + \varepsilon\nabla U|^2 - F(\varphi+\varepsilon U)\Big\}dx \\ &= \int_\Omega \Big\{\frac{1}{2}|\nabla\varphi|^2 - F(\varphi)\Big\}dx + \varepsilon \int_\Omega \Big\{\nabla\varphi\cdot\nabla U - f(\varphi)U\Big\}dx \\ &\quad + o(\varepsilon)\end{aligned}$$

となる．したがって，グリーンの定理より，停留点 φ はすべての $U \in H^1(\Omega)$ に対して

$$\int_\Omega \{\nabla\varphi\cdot\nabla U - f(\varphi)U\}dx = \int_{\partial\Omega}\frac{\partial}{\partial\nu}\varphi\cdot U\,dS - \int_\Omega \{\Delta\varphi + f(\varphi)\}U\,dx = 0$$

を満たしている．ただし，dS は $\partial\Omega$ の面積要素である．U は任意であるから，φ が E の停留点であるための必要十分条件は，φ が

$$\begin{cases}\Delta\varphi + f(\varphi) = 0 & (x \in \Omega), \\ \dfrac{\partial}{\partial\nu}\varphi = 0 & (x \in \partial\Omega)\end{cases} \qquad (2.7)$$

を満たすことである．$E[\varphi + \varepsilon U]$ を ε について展開したときの ε オーダーの項を**第一変分**といい，これを 0 として得られる方程式を**オイラー–ラグ**

---

[6] より強く，$\varphi \in H^1(\Omega)$ が $U \in H^1(\Omega)$ に対して

$$E[\varphi + U] = E[\varphi] + o(\|U\|_{H_1(\Omega)}) \qquad (\|U\|_{H_1(\Omega)} \to 0)$$

を満たす，という条件を課すこともある．

ランジュ方程式と呼ぶ．すなわち，方程式 (2.7) は汎関数 $E[U]$ のオイラー–ラグランジュ方程式である．

いま，汎関数 E がある φ で極小値をとったと仮定しよう．よりくわしくいえば，ある $\delta > 0$ が存在して，$\|U\|_{H^1(\Omega)} < \delta$ を満たす $U \in H^1(\Omega)$, $U \not\equiv 0$ に対して

$$E[\varphi + U] > E[\varphi] \tag{2.8}$$

が成り立つとする．このような φ を汎関数 $E[U]$ の **局所最小化解** という．局所最小化解は E の停留点でもある．すべての $U \in H^1(\Omega)$, $U \not\equiv 0$ に対して (2.8) が成り立つとき，φ を**大域的最小化解**という．

Ω を $\mathbb{R}^N$ 内の有界領域とし，単独反応拡散方程式に対して反射壁境界条件を課した問題

$$\begin{cases} u_t = \Delta u + f(u) & (x \in \Omega), \\ \dfrac{\partial}{\partial \nu} u = 0 & (x \in \partial \Omega) \end{cases} \tag{2.9}$$

を考える[7]．(2.7) より，$E[U]$ の停留点はこの方程式の定常解である．$E[u(\cdot,t)]$ を (2.9) の解のエネルギーとみなし，このエネルギーの時間変化を計算してみよう．反応拡散方程式の解の滑らかさより，微分と積分の順序が交換できるので，

$$\begin{aligned}\frac{d}{dt} E[u(\cdot,t)] &= \frac{d}{dt} \int_\Omega \left\{ \frac{1}{2} |\nabla u|^2 - F(u) \right\} dx \\ &= \int_\Omega \{ \nabla u \cdot \nabla u_t - f(u) u_t \} dx\end{aligned}$$

を得る．ここで

$$\int_\Omega \nabla u \cdot \nabla u_t \, dx = \int_{\partial \Omega} u_t \frac{\partial}{\partial \nu} u \, dS - \int_\Omega u_t \Delta u \, dx$$

であるから，右辺第 1 項が境界条件から 0 になることを用いると

$$\frac{d}{dt} E[u(\cdot,t)] = - \int_\Omega \{\Delta u + f(u)\} u_t \, dx = - \int_\Omega {u_t}^2 \, dx$$

---

[7] 以下の議論は吸収壁境界条件 $u = 0$ の場合にも成立する．

を得る．これは，解のエネルギーは時間的に非増加であり，定常解でなければ減少することを表している．したがって，もしエネルギーが下に有界であれば，$u_t \to 0$ $(t \to \infty)$ となるから，解は定常解（あるいはその族）に近づく．

もし定常解 $u = \varphi$ が漸近安定であれば，定常解の近傍にある解のエネルギーは減少して E の極小点に近づく．したがって，(2.9) の漸近安定な定常解は $E[U]$ の局所最小化解である．逆に，不安定な定常解は E の停留点ではあるが，局所最小化解ではない．

全領域 $\mathbb{R}^N$ 上の単独反応拡散方程式

$$u_t = \Delta u + f(u) \qquad (x \in \mathbb{R}^N)$$

の場合，エネルギーが有限かどうかによって解の挙動が異なる．いま $f(0) = 0$ と仮定し，$|x| \to \infty$ のときに $u(x,t) = 0$ を満たす解を考えよう．このような解を**局在解**と呼ぶ．もし，局在解が無限遠で十分速く減衰すれば，エネルギー

$$E[u(\cdot,t)] = \int_{\mathbb{R}^N} \left\{ \frac{1}{2}|\nabla u(x,t)|^2 - F(u(x,t)) \right\} dx$$

は有限になり，このエネルギーは時間とともに減少し，有界領域の場合と同様の挙動を示す．たとえば，反応項が $f(0) = 0$, $f'(0) < 0$ を満たしているとき，自明解は指数的に安定となり，したがって局在解は原点から十分離れたところでは自明解に強く引き込まれ，ちょうど無限遠において吸収壁境界条件を課したような状況になっている．このため，有界領域上で吸収壁境界条件を課したときと類似した挙動を示す．実際，このとき，$t > 0$ について一様に有界な正値解は，自明解に収束するか，あるいはある点について球対称な正値定常解に収束する [59]．有界な局在解の漸近挙動については [197] がくわしいので参照していただきたい．

解の空間的減衰が遅く，エネルギーを定義する積分が発散するような状況では，解は定常解あるいはその族に収束するとは限らない．境界の影響を受けないため，解は有界領域の場合とやや異なった挙動を示し，実際，局所的にも定常解に収束しないような解の存在が示されている [79, 207]．

2.2 有界領域上の単独反応拡散方程式

2.2.1 定常解の存在と安定性

反応拡散方程式に対する空間的に非一様な定常解（以後，非一様定常解と呼ぶ）の存在と安定性は，生物，物理，化学などの諸分野における空間パターン形成とも関連して，きわめて重要かつ興味深い問題である．この項では，滑らかな境界をもつ有界領域上の単独反応拡散方程式に対し，非一様定常解の存在とその安定性について述べる．

単独反応拡散方程式 (2.1) の定常解 $u = \varphi(x)$ は，楕円型偏微分方程式

$$\Delta\varphi + f(\varphi) = 0 \tag{2.10}$$

と，与えられた境界条件を満たす必要がある．したがって，定常解の存在を示すには，この非線形楕円型偏微分方程式に対する（境界値）問題を解かなければいけない．非一様定常解の存在を示すのは，とくに高次元領域では容易ではないが，以下のような手法がある．

・単調法

比較関数を構成し，その間に解があることを示す方法である．具体的には Ω 上で $u^-(x) \leq u^+(x)$ を満たす時間に依存しない優解 $u^+(x)$ と劣解 $u^-(x)$ があれば，

$$u^-(x) \leq \varphi(x) \leq u^+(x) \qquad (x \in \Omega)$$

を満たす定常解が少なくとも 1 つ存在する．実際，$u^-(x)$ を初期値とする解は t について単調に増加し，また $u^+(x)$ を超えないことから上に有界である．したがって解はある関数に収束し，これが求める定常解となる [212]．

方程式 (2.10) を解くのに比べると，不等式を満たす優解と劣解をみつければよいので，問題によっては容易に比較関数をみつけることができる場合もあるし，また，工夫次第では複雑な空間構造をもつ解の存在を示すこともで

きる．ただし，この方法によってみつかるのは安定な解に限るので，不安定な解の存在を示すためには適用できない．

・変分法による方法

定常解を汎関数 $E[U]$ の停留点として求める方法を**変分法**という．単独反応拡散方程式の解に対するエネルギーは時間 t について単調減少するので，エネルギーに下限があれば，少なくとも1つの $E[U]$ の停留点が存在し，したがって定常解が存在する．とくに，$E[U]$ の極小点として得られる定常解は安定となる．鞍点となっているような定常解を求めることも変分法で可能であり，この場合は不安定な定常解がみつかる．汎関数 $E[U]$ の鞍点の存在を示すためには解析的に精密な議論が必要となるが，一方，解の形状についての情報を引き出すこともできる．変分法一般については [19] がくわしいので参照していただきたい．

・分岐理論による方法

係数や反応項がパラメータに依存する反応拡散方程式を考え，パラメータの値を指定するごとに定常解が存在したと仮定する．定常解がパラメータの値に滑らかに依存するとき，このような集合を**パラメータ族**という．定常解のパラメータ族の存在がわかっているとき，パラメータの変化にともなってパラメータ族とは別の定常解が枝分かれすることがある．これを定常解の**分岐**という．たとえば，すべてのパラメータ値に対して自明解が存在するとき，自明解から分岐する解として非自明な定常解をみつけることができる．この方法は定常解における線形化作用素解析が必要であるが，自明解からの分岐の場合は比較的簡単にくわしい情報が得られるので，分岐理論的手法は確かに有効な方法である．ただし，得られる定常解は自明解の近くの小振幅の定常解に限られ，自明解から離れた定常解の存在を示すには別の議論が必要となる．

非自明な定常解の族からの分岐は**高次分岐**と呼ばれ，とくに自明解から分岐した解からさらに分岐することを**2次分岐**という．高次分岐によってより複雑な空間構造をもった定常解が現れるが，非自明な定常解に対する線形化

作用素の性質を導くことは一般に容易ではなく，限られた例でしか数学的に厳密に証明できない．

分岐理論は偏微分方程式に限らず，非線形方程式全般について適用できる．常微分方程式に対する分岐理論については [71] がくわしいので参照していただきたい．

・構成的方法

近似解を具体的に構成し，その近傍に真の解が存在することを示す方法である．近似解の構成は，いくつかのパーツを組み合わせて構成する方法が有力である．たとえば，スパイク状の構造をもつ関数をパーツとして空間上に配置し，それを重ね合わせたような形の近似解をもとに定常解の存在を示すなどの手法をとる [114]．実際に近似解の近くに定常解が存在することを示すには精密な解析が必要となる．

拡散係数が十分小さい場合，拡散を無視した方程式の解で近似される部分と，それらを結ぶ遷移層の部分に分かれる．遷移層の近傍では拡散の効果を無視することができないため，近似解から真の解を構成するには特別な技法が必要となる．このように，極限的には方程式が退化するような状況において解を構成する方法は**特異摂動法**と呼ばれ，空間構造に非一様な解の存在を示すのに強力な手法となる [133, 149]．

方程式 (2.9) の定常解 $u = \varphi(x)$ の存在が示されたとき，あるいは存在を仮定したとき，この定常解の安定性を示すための方法としては，以下のようなものがある．

・比較関数による方法

定常解 $\varphi(x)$ が与えられたとき，これを適当な優解と劣解で上と下から挟み込む方法である．たとえば，優解 $u^+(x,t)$ と劣解 $u^-(x,t)$ で，

$$u^-(x,t) < \varphi(x) < u^+(x,t) \qquad (x \in \Omega,\ t > 0)$$

および

$$\sup_{x \in \Omega} |u^{\pm}(x,t) - \varphi(x)| \to 0 \qquad (t \to \infty)$$

を満たすものが存在すれば，定常解 $\varphi(x)$ は漸近安定であることが示される．

・リアプノフの方法

定常解の近傍で定義された適当な汎関数を構成し，この汎関数の性質から解の挙動を調べるというものである．たとえば，汎関数 $E[u(x,t)]$ の値が t について単調に減少し，定常解がこの汎関数の極小点であれば，この定常解は安定である．このような汎関数のことを**リアプノフ関数**といい，リアプノフ関数を構成することによって安定性を示す方法を**リアプノフの直接法**という．

・固有値解析

定常解のまわりで線形化して得られる作用素のスペクトル[8]を調べることにより，解の安定性を調べる方法である．固有値問題については，付録 B.1 項にその性質をまとめておいたので，参考にしていただきたい．固有値解析は，安定性を調べる上で，系統的で一般性のある方法である．次項で，定常解に対する固有値解析についてくわしく述べる．

2.2.2　定常解に対する固有値解析

単独反応拡散方程式 (2.9) の定常解 $u = \varphi(x)$ は (2.7) を満たしている．この定常解に対する線形化固有値問題

$$\begin{cases} \lambda \Phi = \Delta \Phi + f'(\varphi(x))\Phi & (x \in \Omega), \\ \dfrac{\partial}{\partial \nu} \Phi = 0 & (x \in \partial \Omega) \end{cases} \tag{2.11}$$

を考えよう．上式の右辺に現れる作用素は**自己随伴作用素**である（たとえば [28, 38, 78] 参照）．そのため，(2.11) は自己随伴固有値問題と呼ばれ，いくつかのよい性質をもっている．たとえば，すべての固有値は実数でその中に最大のものが存在する．また，最大固有値は変分原理によって特徴付けられ，

---

[8] スペクトルとは，行列に対する固有値の概念の一般化である．

最大固有値に対応する固有関数は符号を変えないなどの性質を備えている（付録 B.1 項参照）．

次の定理は，定常解の安定性が最大固有値の符号によって判定できることを主張している．

定理 2.4 反応拡散方程式 (2.9) の定常解 $u = \varphi(x)$ における線形化固有値問題 (2.11) の最大固有値を λ_0 とすると，安定性について以下が成り立つ．

(i) $\lambda_0 > 0$ ならば定常解 $u = \varphi(x)$ は不安定である．

(ii) $\lambda_0 < 0$ ならば定常解 $u = \varphi(x)$ は指数的に安定である．

証明 比較定理を用いて証明する[9]．最大固有値 λ_0 に対応する固有関数は $\overline{\Omega}$ で符号を変えない（付録 B.1 項の定理 B.1 参照）．したがって固有関数を $\Phi_0(x)$ とすると，$\overline{\Omega}$ 上で $\Phi_0(x) > 0$ としてよい．そこで，$\lambda_0 < 0$ のときに

$$u^+(x,t) := \varphi(x) + \varepsilon e^{\lambda_0 t/2} \Phi_0(x)$$

とおけば，

$$\begin{aligned}
u_t^+ &- \Delta u^+ - f(u^+) \\
&= \varepsilon \frac{\lambda_0}{2} e^{\lambda_0 t/2} \Phi_0 - \Delta(\varphi + \varepsilon e^{\lambda_0 t/2} \Phi_0) - f(\varphi + \varepsilon e^{\lambda_0 t/2} \Phi_0) \\
&= -\Delta \varphi - f(\varphi) + \varepsilon e^{\lambda_0 t/2} \Big\{ \frac{\lambda_0}{2} \Phi_0 - \Delta \Phi_0 - f'(\varphi) \Phi_0 \Big\} + o(\varepsilon e^{\lambda_0 t/2}) \\
&= -\frac{\lambda_0}{2} \varepsilon e^{\lambda_0 t/2} \Phi_0 + o(\varepsilon e^{\lambda_0 t/2})
\end{aligned}$$

となり，十分小さい $\varepsilon > 0$ に対して u^+ は優解になる．同様に

$$u^-(x,t) := \varphi(x) - \varepsilon e^{\lambda_0 t/2} \Phi_0(x)$$

は劣解となるから，反応拡散方程式 (2.9) に対する初期値 $u(x,0)$ が

---

[9] 固有値を用いた安定性の判定法は多成分反応拡散方程式についても適用できるが，その証明はかなり面倒である [124, 146]．単独反応拡散方程式の場合には，比較定理を用いて簡単に証明できる．

$$\varphi(x) - \varepsilon\Phi_0(x) < u(x,0) < \varphi(x) + \varepsilon\Phi_0(x) \qquad (x \in \Omega)$$

を満たせば，解は

$$|u(x,t) - \varphi(x)| \leq \varepsilon e^{\lambda_0 t/2}\Phi_0(x) \qquad (x \in \Omega,\ t > 0)$$

を満たす．$\lambda_0 < 0$ であるから，これは定常解 $u = \varphi(x)$ が指数安定であることを表している．

最大固有値が $\lambda_0 > 0$ を満たす場合には，

$$u^-(x,t) := \varphi(x) + \varepsilon e^{\lambda_0 t/2}\Phi_0(x)$$

が劣解となることを用いると，初期値が

$$u(x,0) \geq \varphi(x) + \varepsilon\Phi_0(x) \qquad (x \in \Omega)$$

を満たせば，解は $\varphi(x)$ から離れていくことが示され，したがって定常解 $u = \varphi(x)$ は不安定である． ∎

非一様定常解の安定性は，領域の形状と深く関わっている．たとえば領域 Ω が有界凸集合のとき，(2.9) の非一様定常解は必ず不安定となること，逆にいえば，安定な定常解は空間的に一様なものに限られることを示そう．

定理 2.5 ([62, 166])　Ω を滑らかな境界をもつ凸領域とする．このとき，(2.9) の非一様定常解は不安定である．

証明　変分原理により，最大固有値は

$$\lambda_0 = \sup_{U \in H^1(\Omega),\ U \neq 0} \frac{\int_\Omega \{-|\nabla U|^2 + f'(\varphi)U^2\}dx}{\int_\Omega U^2 dx}$$

と特徴付けられる（付録 B.1 項の定理 B.1 参照）．この式の右辺に現れる分数式を**レイリー商**という．レイリー商の分子を

$$J[U] := \int_\Omega \{-|\nabla U|^2 + f'(\varphi)U^2\}dx$$

とおく．もしある U に対して $J[U] > 0$ を満たせば，変分原理より $\lambda_0 > 0$ となり，定常解 $u = \varphi(x)$ は不安定であることが示される．

そこで，
$$U_i := \frac{\partial}{\partial x_i}\varphi \qquad (i = 1, 2, \ldots, N)$$
とおいて $J[U]$ に代入してみると，
$$\begin{aligned}
J[U_i] &= \int_\Omega \bigl\{ -|\nabla U_i|^2 + f'(\varphi){U_i}^2 \bigr\} dx \\
&= -\int_{\partial\Omega} U_i \frac{\partial}{\partial \nu} U_i dS + \int_\Omega \bigl\{ U_i \Delta U_i + f'(\varphi){U_i}^2 \bigr\} dx \\
&= -\frac{1}{2}\int_{\partial\Omega} \frac{\partial}{\partial \nu}\bigl({U_i}^2\bigr) dS + \int_\Omega \bigl\{ \Delta U_i + f'(\varphi)U_i \bigr\} U_i dx
\end{aligned}$$
である．ここで，(2.10) を x_i で偏微分して
$$\Delta U_i + f'(\varphi)U_i = 0$$
となることを用いると，
$$\sum_{i=1}^N J[U_i] = -\sum_{i=1}^N \frac{1}{2}\int_{\partial\Omega} \frac{\partial}{\partial \nu}\bigl({U_i}^2\bigr) dS = -\frac{1}{2}\int_{\partial\Omega} \frac{\partial}{\partial \nu}\bigl(|\nabla \varphi|^2\bigr) dS$$
が得られる．$\varphi(x)$ は反射壁境界条件を満たすから，$\varphi(x)$ の等高線は $\partial\Omega$ と境界で直交する．一方，領域 Ω の凸性より，等高線の密度は境界から内側に入ると高くなるから，
$$\frac{\partial}{\partial \nu}\bigl(|\nabla \varphi|^2\bigr) \leq 0$$
が成り立つ（図 2.3 参照）．したがって

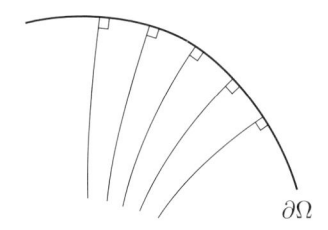

図 **2.3** 凸領域における定常解の等高線．

$$\sum_{i=1}^{N} J[U_i] \geq 0$$

であり，ある i に対して $J[U_i] \geq 0$ でなければならないから，変分原理より $\lambda_0 \geq 0$ が得られる．

もし $\lambda_0 = 0$ とすると，レイリー商の上限は固有関数によってのみ達成されることから，U_i は固有関数である．ところが，U_i は境界上のある点において 0 となるから固有関数ではありえない．したがって最大固有値は 0 ではない．よって $\lambda_0 > 0$ が得られ，非一様定常解の不安定性が証明された． ∎

定理 2.5 より，凸領域上の単独反応拡散方程式では，安定な空間パターンが形成されないということになる．実際，空間的に一様な定常解が不安定化し，空間パターンが生じるような現象は単独反応拡散方程式によるモデルでは説明できず，4.3 節で述べるように，多成分反応拡散系にみられるチューリング不安定性の考え方が必要となる．

定理 2.5 において領域の凸性は本質的である．一般に凸領域における安定な解の空間的構造は単純なものになる傾向があり，同様の結果は $\mathbb{R}^N$ 内の凸領域に限らず，より一般に凸な多様体上でも成立する．いま M をリーマン多様体とし，この上で方程式

$$u_t = \Delta u + f(u) \qquad (x \in M)$$

を考える．ただし Δ は M 上の**ラプラス–ベルトラミ作用素**である．リーマン多様体とは座標の入った曲面のことであり，ラプラス–ベルトラミ作用素は曲がった空間におけるラプラス作用素に対応する．曲面上の拡散過程はラプラス–ベルトラミ作用素を用いた多様体上の偏微分方程式で記述できる．閉じた多様体上の反応拡散方程式の非一様定常解の安定性は多様体の凸性に依存する．たとえば（球面のように）凸な多様体上の反応拡散方程式に対し，非一様定常解は必ず不安定となることが示されている [132, 209]．

また，時間的に周期的な反応項

$$f = f(u, t), \qquad f(u, t + T) \equiv f(u, t)$$

をもつ反応拡散方程式

$$u_t = \Delta u + f(u, t) \tag{2.12}$$

についても同様の性質が成り立つ．この方程式に対しては，定常解ではなく時間周期的な解の存在と安定性を考えることになるが，実はこの場合にも，領域 Ω が凸であれば，安定な周期解は空間的に一様なものに限るという性質がある [125]．ただし，証明を楕円型偏微分方程式に対する固有値問題に帰着できないため，異なる手法が必要である．

なお，方程式 (2.12) の空間的に一様な周期解の最小周期は f の周期と一致するが，反応項の選び方によっては，空間的に非一様な周期解で，その周期が方程式の周期より長い劣調和解が存在することがある [77, 198, 199]．

それでは，Ω が凸でない有界領域のときにはどうなるだろうか．凸でない領域の例として**ダンベル型領域**があるが，これは図 2.4 のように，2 つの有界領域を細いチャネルで接合したような領域のことである．チャネルを細くした極限では，ダンベル型領域上の問題は分離した 2 つの領域上の問題に分解され，このとき反応項によっては，それぞれの領域において異なる安定な一様定常解が存在することがある．このような状況のときに，2 つの領域を十分細いチャネルで結べば，2 つの有界領域の間には非常に弱い相互作用しか働かず，解はそれぞれ元の安定な定数定常解の近くにとどまり，チャネルにおいてこの 2 つの安定状態を遷移するような安定状態が現れると予想される．実はこのことは数学的にも厳密に証明できて，ダンベル型領域あるいはそれに類する領域において，反応項 $f(u)$ をうまく選ぶことにより，(2.9) に対す

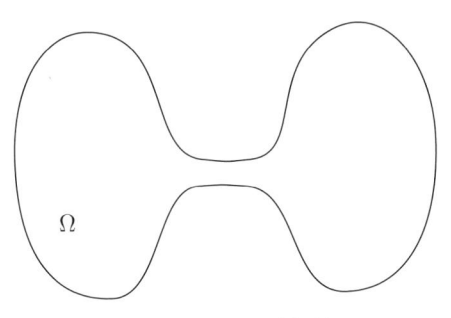

図 **2.4** ダンベル型領域．

る安定な非一様定常解の存在が証明されている [121, 133, 149, 166, 178].

2.2.3 定常解の近傍における解の挙動

有界領域 Ω における反応拡散方程式において，定常解が漸近安定であれば，近傍にある解は時間が経過すると，この定常解に近づいていき，逆に不安定であれば，この定常解から離れていく解が存在する．それでは一般に，定常解の近傍における解はどのように振る舞うかについて考えてみよう．

定常解 $u = \varphi(x)$ に対し，その線形化固有値問題の固有値と固有関数の対を $(\lambda_i, \Phi_i(x))$ とする．簡単のため，0 は固有値でないと仮定し，正の固有値の個数を重複度を込めて m とする．すなわち

$$\lambda_0 > \lambda_1 \geq \cdots \geq \lambda_{m-1} > 0 > \lambda_m \geq \cdots$$

であると仮定する．このとき，固有関数 Φ_i $(i = 0, 1, \ldots, m-1)$ が張る線形空間

$$T^u := \left\{ \sum_{i=0}^{m-1} c_i \Phi_i : c_i \in \mathbb{R} \right\}$$

を線形化作用素の**不安定部分空間**といい，その補空間

$$T^s := \left\{ \sum_{i=m}^{\infty} c_i \Phi_i : c_i \in \mathbb{R} \right\}$$

を**安定部分空間**という．定常解近傍の解が線形化方程式の解で近似できれば，定常解は不安定部分空間の方向には不安定であり，安定部分空間の方向には安定であるということになる（付録 B.2 項参照）．

$u = \varphi(x)$ を定常解とし，初期値 u_0 に対する解を u とする．定常解に対し，次のような初期値の集合を考える．

$$W^u := \{u_0 : u(x,t) \to \varphi(x) \ (t \to -\infty)\},$$
$$W^s := \{u_0 : u(x,t) \to \varphi(x) \ (t \to +\infty)\}.$$

この集合は関数空間 $C^0(\Omega)$ の中で φ を含む多様体をなし，W^u を**不安定多様体**，W^s を**安定多様体**という．解がある時刻においてこれらの多様体上に

あれば，実はすべての時刻において同じ多様体の上にあることは定義から明らかであろう．定常解の不安定次元が m ならば，不安定多様体 W^u は m 次元の多様体であり，T^u は W^u の φ における接空間とみなせる [124]．不安定多様体は有限次元であり，そのため不安定多様体上の解は無限次元関数空間の中では特殊な解であるといえる．とくに，定常解が安定ならば，不安定多様体は定義から 1 点 $\{\varphi(x)\}$ のみからなり，実質的には存在しない．一方，安定多様体 W^s は一般には無限次元の多様体となり，安定多様体上の解がもつ性質を明らかにすることは解の漸近挙動を調べる上で重要となる．

以上の説明は，有界領域 Ω 上の定常解に対しての不安定多様体および安定多様体に関するものであるが，$\mathbb{R}^N$ 上の定常解や進行波解についても不安定多様体および安定多様体は同様に定義される．ただ，第 1 章で説明したように，空間方向あるいは時間方向のシフトについての自由度を忘れてはならない．たとえば進行波解の場合，空間的なシフトの自由度から進行波解のなす族は関数空間の中で 1 次元部分多様体とみなすことができ，進行波解に対する安定多様体はこの多様体に近づく解の集合として定義される．

2.3 有限区間上の単独反応拡散方程式

2.3.1 k-モード定常解の存在

区間上の単独反応拡散方程式に対しては，空間が 1 次元であることによる特殊な状況が生じ，高次元の場合よりくわしい解析が可能となる．この項では，区間 $[0, L]$ 上の単独反応拡散方程式

$$\begin{cases} u_t = u_{xx} + f(u) & (0 < x < L), \\ u_x(0, t) = 0 = u_x(L, t) \end{cases} \tag{2.13}$$

について考えることにする．

方程式 (2.13) の定常解 $u = \varphi(x)$ は

$$\begin{cases} \varphi_{xx}(x) + f(\varphi(x)) = 0 & (0 < x < L), \\ \varphi_x(0) = 0 = \varphi_x(L) \end{cases} \tag{2.14}$$

を満たしている．定常解の存在を示すには，この非線形境界値問題を解かなければいけない．そこで α をパラメータとし，補助的な初期値問題

$$\begin{cases} v_{xx} + f(v) = 0 & (x > 0), \\ v(0) = \alpha, \quad v_x(0) = 0 \end{cases} \tag{2.15}$$

を考え，その解を $v = v(x;\alpha)$ と表す．もし $v(x;\alpha)$ が

$$v_x(L;\alpha) = 0 \tag{2.16}$$

を満たせば $\varphi(x) = v(x;\alpha)$ は (2.14) を満たし，したがって $u = v(x;\alpha)$ は (2.13) の定常解となる．このようにして1次元非線形境界値問題 (2.14) を解く方法を**シューティング法**という．

まず (2.15) の単調減少する解で (2.16) を満たすものを探そう．$x > 0$ が十分小さいときに単調に減少するためには，$v_{xx} = -f(v)$ より，少なくとも $f(\alpha) > 0$ が必要である[10]．(2.15) の方程式に v_x をかけて $[0,x]$ で積分し，初期条件を用いると，恒等式

$$\frac{1}{2}v_x{}^2 + F(v) \equiv F(\alpha) \qquad (x > 0) \tag{2.17}$$

を得る．もし，

$$F(v) < F(\alpha) \quad (\beta < v < \alpha), \qquad F(\beta) = F(\alpha), \qquad F'(\beta) = f(\beta) < 0$$

を満たすような $\beta \in (-\infty, \alpha)$ が存在すれば，(2.17) より，$\beta < v < \alpha$ の範囲では $v_x \neq 0$ である（図 2.5 参照）．したがって，$v(x;\alpha)$ は $v > \beta$ である限りは単調に減少し，ある $\xi(\alpha) > 0$ に対して

$$v_x(x;\alpha) < 0 \quad (0 < x < \xi(\alpha)), \qquad v(\xi(\alpha);\alpha) = \beta, \qquad v_x(\xi(\alpha);\alpha) = 0$$

---

10) $f(\alpha) < 0$ のときは v は単調増加関数となり，以下ほぼ同様の議論となる．

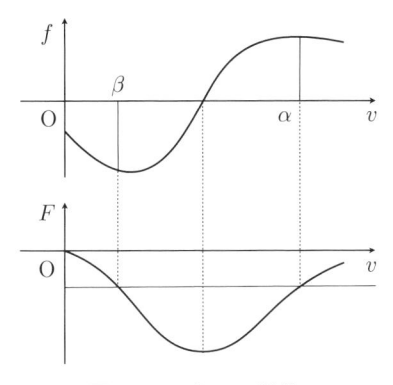

図 2.5 α と β の関係.

が成り立つ.ここで,

$$\xi(\alpha) = \int_0^{\xi(\alpha)} dx = -\int_\beta^\alpha \frac{1}{dv/dx} dv$$

であるから,恒等式 (2.17) より,

$$\xi(\alpha) = \int_\beta^\alpha \frac{1}{\sqrt{2\{F(\alpha)-F(v)\}}} dv \qquad (2.18)$$

である.したがって,$\xi(\alpha) = L$ を満たす α に対して条件 (2.16) が成り立ち,このとき $\varphi(x) = v(x;\alpha)$ は (2.14) を満たす.

 以上の議論は,単調増加する解や,単調でない解の存在にも容易に拡張できる.初期値問題 (2.15) の解 $v(x;\alpha)$ は $x = \xi(\alpha)$ について偶対称である.解を折り返すように偶拡張していけば,$x = \xi(\alpha), 2\xi(\alpha), 3\xi(\alpha),\ldots$ について偶対称であることがわかる.そこで,もしある $k \in \mathbb{N}$($\mathbb{N}$ は自然数の集合を表す)と α_k に対し,$\xi(\alpha_k) = L/k$ が成り立てば,$\varphi(x) = v(x;\alpha_k)$ は条件 (2.16) を満たし,(2.14) の解となる.またこのとき,$\varphi(x) = v(x;\alpha_k)$ は $(0, L)$ 内に $k-1$ 個の臨界点をもつ.このような解は k-対称であるといい,k-対称な定常解のことを **k-モード定常解**という(図 2.6 参照).

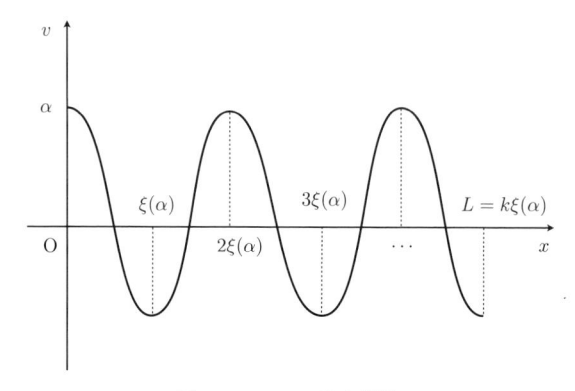

図 2.6 k-モード定常解.

2.3.2 k-モード定常解に対する固有値解析

方程式 (2.13) の k-モード定常解 $u = \varphi(x)$ の安定性について調べるために，線形化固有値問題

$$\begin{cases} \lambda \Phi = \Phi_{xx} + f'(\varphi(x))\Phi & (0 < x < L), \\ \Phi_x(0) = 0 = \Phi_x(L) \end{cases} \quad (2.19)$$

を考える．これは**ストゥルム–リュウビル型固有値問題**であり，以下のような性質をもっている（付録 B.3 項参照）．

(i) 固有値はすべて実数で単純であり，大きさの順に並べると $\lambda_0 > \lambda_1 > \lambda_2 > \cdots \to -\infty$ となる．

(ii) 対応する固有関数を $\Phi_0, \Phi_1, \Phi_2, \ldots$ とすると，$\Phi_j (j = 1, 2, \ldots)$ は $(0, L)$ 内にちょうど j 個の零点をもつ．

これらの性質を使うと，k-モード定常解の線形化固有値問題について次の定理が得られる．

定理 2.6 $u = \varphi(x) := v(x; \alpha_k)$ を (2.13) の k-モード定常解とし，$\xi(\alpha)$ を (2.18) で定義する．このとき，線形化固有値問題 (2.19) に対して以下が成り立つ．

(i) $\xi'(\alpha_k)$ が $f(\alpha_k)$ と同符号ならば $\lambda_{k-1} > 0 > \lambda_k$ を満たす.

(ii) $\xi'(\alpha_k) = 0$ ならば $\lambda_k = 0$ を満たす.

(iii) $\xi'(\alpha_k)$ が $f(\alpha_k)$ と異符号ならば $\lambda_k > 0 > \lambda_{k+1}$ を満たす.

証明 $f(\alpha_k) > 0$ の場合を考える($f(\alpha_k) < 0$ の場合の証明は同様にして得られる).このとき,$\xi_k = \xi(\alpha_k) := L/k$ とおくと,$\varphi(x)$ は $(0, \xi_k)$ で単調に減少する.

初期値問題
$$\begin{cases} \lambda U = U_{xx} + f'(\varphi(x))U & (x > 0), \\ U(0) = 1, \quad U_x(0) = 0 \end{cases}$$
の解を $U(x; \lambda)$ とし,U にプリュッファー変換(付録 B.3 項参照)
$$(U, U_x) = (\rho \sin\theta, \rho \cos\theta)$$
を施すと,$\theta = \theta(x; \lambda)$ は
$$\begin{cases} \theta_x = \cos^2\theta + \{f'(\varphi(x)) - \lambda\}\sin^2\theta, \\ \theta(0; \lambda) = \pi/2 \end{cases}$$
を満たす.ストゥルムの比較定理(付録 B.3 項の定理 B.3)より,$\theta(x; \lambda)$ は λ について単調減少であることがわかる.

一方,
$$U^\pm(x) := \pm\varphi_x(x)$$
とおけば,(2.14) を x で微分することにより,
$$\begin{cases} U^\pm_{xx}(x) + f'(\varphi(x))U^\pm = 0 & (0 < x < L), \\ U^\pm(0) = 0, \quad U^\pm_x(0) = \pm f(\alpha_k) \end{cases}$$
を得る.さらに
$$(U^\pm, U^\pm_x) = (\rho^\pm \sin\theta^\pm, \rho^\pm \cos\theta^\pm)$$

とプリュッファー変換すると，$f(\alpha_k) > 0$ より，$\theta^\pm$ は

$$\begin{cases} \theta_x^\pm = \cos^2 \theta^\pm + f'(\varphi(x)) \sin^2 \theta^\pm, \\ \theta^-(j\xi) = j\pi, \qquad \theta^+(j\xi) = (j+1)\pi \qquad (j = 0, 1, \ldots, k) \end{cases}$$

を満たし，また明らかに $\theta^+(x) \equiv \theta^-(x) + \pi$ である．

さて，$\lambda = 0$ としてみよう．すると U は

$$U(x; 0) =: \left. \frac{\partial}{\partial \alpha} v(x; \alpha) \right|_{\alpha = \alpha_k}$$

で与えられることに注意する．実際，$v(x; \alpha)$ は α について微分可能であり ([74, Chap. 1, Sec. 7, Theorem 7.2] 参照)，(2.15) を α で微分して $\alpha = \alpha_k$ とおけば，

$$\begin{cases} U_{xx} + f'(\varphi(x))U = 0 \qquad (0 < x < L), \\ U(0) = 1, \qquad U_x(0) = 0 \end{cases}$$

が得られる．再びストゥルムの比較定理を用いると

$$\theta^-(x) < \theta(x; 0) < \theta^+(x) = \theta^-(x) + \pi \qquad (x > 0) \qquad (2.20)$$

が成り立つ．これより，$U(x; 0)$ は区間 $(j\xi_k, (j+1)\xi_k)$ $(j = 0, 1, \ldots, k-1)$ 内にちょうど 1 個ずつ零点をもつことがわかる．とくに，(2.20) で $x = L$ とおくと $k\pi < \theta(L; 0) < (k+1)\pi$ である．また，

$$\theta(L; \lambda_{k-1}) = \left(k - \frac{1}{2} \right) \pi, \qquad \theta(L; \lambda_{k+1}) = \left(k + \frac{1}{2} \right) \pi$$

および，$\theta(L; \lambda)$ が λ について単調減少であることから，$\lambda_{k-1} > 0 > \lambda_{k+1}$ が導かれる．

固有値 λ_k の符号は次のようにして定めることができる．まず，$v_x(\xi(\alpha); \alpha) = 0$ を α で微分すると

$$\xi'(\alpha) v_{xx}(\xi(\alpha); \alpha) + (v_\alpha)_x(\xi(\alpha); \alpha) = 0$$

である．ここで $\alpha = \alpha_k$ とおいて

$$v_{xx}(\xi_k;\alpha_k) = \varphi_{xx}(\xi_k), \qquad (v_\alpha)_x(\xi_k;\alpha_k) = U_x(\xi_k;0)$$

を用いると，

$$\xi'(\alpha_k)\varphi_{xx}(\xi_k) + U_x(\xi_k;0) = 0$$

を得る．したがって，$\varphi_{xx}(\xi_k) = -f(\beta) > 0$ より，$U_x(\xi_k;0)$ と $\xi'(\alpha_k)$ の符号は同じである．

以上のことから，$\xi'(\alpha_k) > 0$ ならば $3\pi/2 < \theta(\xi_k) < 2\pi$ であり，したがって，ある $\lambda^* > 0$ に対して $\theta(\xi_k;\lambda^*) = 3\pi/2$ が成り立つ．同様に，$\xi'(\alpha) < 0$ ならば $\pi < \theta(\xi_k) < 3\pi/2$ であり，したがって，ある $\lambda^* < 0$ に対して $\theta(\xi_k;\lambda^*) = 3\pi/2$ が成り立つ．このとき，$U(x;\lambda^*)$ は k-対称になるから，$U(x;\lambda^*)$ は固有値 λ^* に対応する固有関数となる．また，$U(x;\lambda^*)$ が $(0,L)$ 内にちょうど k 個の零点をもつことから $\lambda^* = \lambda_k$ である．よって λ_k の符号は $\xi'(\alpha_k)$ と同じであることが示された． ∎

定理 2.6 より，(2.13) の k-モード定常解の不安定次元は k あるいは $k+1$ である．とくに，非一様定常解は必ず不安定となる [63]．一般に，他の境界条件においても，区間内で複数の極値をとる定常解は，必ず不安定であることが示される [162]．言い換えれば，区間上の単独反応拡散方程式に対しては，安定な定常解は定数解，単調な定常解，あるいは単峰性の定常解に限られ，より複雑な空間パターンは必ず不安定となる．

2.3.3 空間的に非一様な方程式

単独反応拡散方程式が安定な非一様定常解をもつためには，方程式に空間的非一様性を導入する必要がある．空間的な非一様性の入れ方はいろいろあるが，たとえば拡散係数が場所 x に依存する次のような方程式が考えられる．

$$\begin{cases} u_t = (d^2(x)u_x)_x + f(u) & (0 < x < L), \\ u_x(0,t) = 0 = u_x(L,t). \end{cases} \tag{2.21}$$

この形の方程式に対し，定理 2.6 を拡張する試みは [103, 232] でなされていて，定理 2.6 は以下のように拡張できることが示されている．

(i) すべての $x \in (0, L)$ に対して $d_{xx}(x) \leq 0$ が成り立てば，(2.21) の非一様定常解は必ず不安定となる．

(ii) ある $x \in (0, L)$ に対して $d_{xx}(x) > 0$ が成り立てば，(2.21) が安定な非一様定常解をもつような f が存在する．

要するに，$d(x)$ の凸性が非一様定常解の安定性と密接に関わっているということである．またとくに $d(x) \equiv 1$ の場合が定理 2.6 に相当する．

このことをみるために，(2.21) の非一様定常解を $u = \varphi(x)$ とし，線形化固有値問題

$$\begin{cases} \lambda \Phi = (d^2(x)\Phi_x)_x + f'(\varphi)\Phi & (0 < x < L), \\ \Phi_x(0) = 0 = \Phi_x(L) \end{cases}$$

を考える．この固有値問題の性質を調べるために，線形作用素

$$\mathcal{L}[U] := (d^2(x)U_x)_x + f'(\varphi)U$$

を導入する．$d^2(x) = 1$ の場合，$\mathcal{L}[\varphi_x] = 0$ であることを利用して不安定性を示したことを思い出そう．空間的に非一様な系の場合には同じ等式は成立しない．しかしながら，(2.21) の場合には，定常解 $\varphi(x)$ が満たす方程式

$$(d^2(x)\varphi_x)_x + f(\varphi) = 0 \qquad (0 < x < L)$$

を微分すると

$$(d^2(x)\varphi_x)_{xx} + f'(\varphi)\varphi_x = 0 \qquad (0 < x < L)$$

となり，これを用いると

$$\begin{aligned}\mathcal{L}[d(x)\varphi_x] &= \{d^2(x)(d(x)\varphi_x)_x\}_x + f'(\varphi)d(x)\varphi_x \\ &= \{d^2(x)(d(x)\varphi_x)_x\}_x - d(x)\{d^2(x)\varphi_x\}_{xx} \\ &= -d^2(x)d_{xx}(x)\varphi_x\end{aligned}$$

が導かれる．ここで $(0, L)$ において $d_{xx} \leq 0$ を仮定すると，定理 2.6 と同様の方法で最大固有値が正となることが示され，したがって非一様定常解は不安定である．

上の議論で，$d(x)$ の凸性は本質的であり，もしある点で $d_{xx}(x) > 0$ が成り立てば，f をうまく選ぶことにより，安定な非一様定常解が存在することが示されるが，証明の詳細は [232] を参照していただきたい．なお，より具体的な方程式に対して，空間的非一様性と安定な非一様定常解の存在との関係について調べたものとして，[49, 69, 97, 103, 173, 185] がある．また，関連する分岐理論的考察については [119] がある．

空間的な非一様性をもつ他の問題としては，

$$\begin{cases} u_t = \dfrac{1}{d(x)}\{d(x)u_x\}_x + f(u) & (0 < x < L), \\ u_x(0, t) = 0 = u_x(L, t) \end{cases} \tag{2.22}$$

がある．この方程式は，断面積が $d(x)$ の細い領域における反応拡散方程式の極限として得られる[11]が，この定常解における線形化固有値問題は

$$\begin{cases} \lambda d(x)\Phi = \{d(x)\Phi_x\}_x + d(x)f'(\varphi)\Phi & (0 < x < L), \\ \Phi_x(0) = 0 = \Phi_x(L) \end{cases}$$

となり，これもストゥルム–リュウビル型固有値問題である．

---

11) 方程式の導出については 4.2.3 項を参照のこと．実は (2.22) は適当な変数変換によって (2.21) の形に書き直せる．

第3章
さまざまな単独反応拡散方程式

3.1 藤田方程式

3.1.1 解の爆発

この節では，単独反応拡散方程式

$$u_t = \Delta u + |u|^{p-1} u \tag{3.1}$$

を考える．ここで指数 p は $p > 1$ を満たすものとする．この形の反応拡散方程式は**藤田方程式**と呼ばれている．藤田方程式の反応項は未知変数 u のべき乗の形をしており，非線形方程式としてはもっとも簡単なものの1つである．

藤田方程式の拡散項を無視した常微分方程式に対する初期値問題

$$u_t = |u|^{p-1} u, \quad u(0) = \alpha > 0 \tag{3.2}$$

を考えると，その解は求積法によって容易に

$$u(t) = \left\{ \frac{1}{\alpha^{p-1}} - (p-1)t \right\}^{-1/(p-1)}$$

と求められ，これより解は有限の時刻 $t = 1/\{(p-1)\alpha^{p-1}\}$ で無限大に発散することがわかる（図 3.1 参照）．拡散のある方程式 (3.1) においても，初期

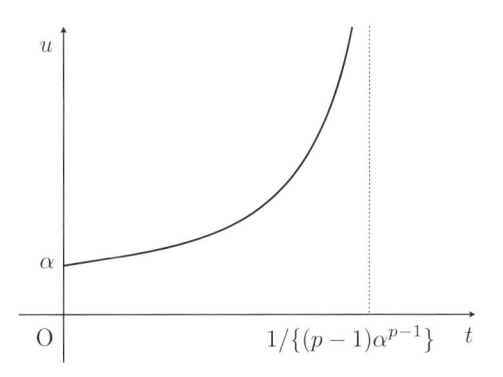

図 **3.1** 初期値問題 (3.2) の解の爆発.

値によっては有限時間で解の L^∞-ノルムが無限大に発散することがあり，この場合には古典解としてはそれ以上延長できない．このような現象を解の**爆発**といい，いわゆる優線形[1])の方程式にみられる顕著な現象で，非線形方程式における特異性発現の 1 つの例である．方程式 (3.1) についても，解の L^∞-ノルムが有限時間で無限大に発散することを爆発という．

Ω を $\mathbb{R}^N$ 内の有界領域とし，反射壁境界条件のもとでの初期値問題

$$\begin{cases} u_t = \Delta u + |u|^{p-1}u & (x \in \Omega,\ t > 0), \\ \dfrac{\partial}{\partial \nu} u = 0 & (x \in \partial\Omega,\ t > 0), \\ u(x,0) = u_0(x) & (x \in \Omega) \end{cases} \quad (3.3)$$

を考えよう．もし初期値が $u_0(x) \geq 0$, $u_0(x) \not\equiv 0$ を満たせば，最大値原理により，$t > 0$ に対して解は $\overline{\Omega}$ 上で正の値をとる．そこで空間的に一様な解（すなわち (3.2) の解）と比較すれば，この正値解は有限時間で爆発することがわかる．言い換えれば，(3.3) の正値大域解は存在しない．なお，初期値 $u_0(x)$ が符号変化する場合には，解は爆発するとは限らない．

それでは，吸収壁境界条件を課した系

---

1) $f(u)/u$ が単調増加のとき $f(u)$ は優線形といい，逆に単調減少の場合は劣線形という．

3.1 藤田方程式

$$\begin{cases} u_t = \Delta u + |u|^{p-1}u & (x \in \Omega,\ t > 0), \\ u = 0 & (x \in \partial\Omega,\ t > 0), \\ u(x,0) = u_0(x) & (x \in \Omega) \end{cases} \tag{3.4}$$

はどうであろうか．この場合，境界条件は解を 0 に近づけようとする働きがあり，自明解 $u \equiv 0$ は漸近安定となる．実際，自明解に対する線形化固有値問題の最大固有値が負であることは容易に示される．したがって，初期値 $u_0(x)$ が十分小さければ，(3.4) の解は $t \to \infty$ のときに自明解に収束し，解の爆発は生じない．

初期値 $u_0(x)$ が十分大きいと仮定すると，拡散が解の（変動の）大きさに比例した効果をもつのに対し，非線形項は p 乗のオーダーの効果をもつ．したがって，初期値が大きいと反応項のほうが支配的になり，(3.3) および (3.4) の解は爆発すると推測される．

これを以下のようにして数学的に定式化する．まず，領域 Ω で定義された関数 u に対し，L^q-ノルム $(q \geq 1)$ を

$$\|u(\cdot)\|_{L^q(\Omega)} := \Big\{\int_\Omega |u(x,t)|^q dx\Big\}^{1/q}$$

で定義し，L^q-ノルムが有限の関数の集合を $L^q(\Omega)$ で表す．$u \in H^1(\Omega) \cap L^{p+1}(\Omega)$ に対し，エネルギー

$$E[u] := \int_\Omega \Big\{\frac{1}{2}|\nabla u|^2 - \frac{1}{p+1}|u|^{p+1}\Big\}dx$$

を考える．ただし，∇ は x についての勾配作用素である．すると，(3.3) あるいは (3.4) の解に対し，

$$\begin{aligned}\frac{d}{dt}E[u(\cdot,t)] &= \int_\Omega \{\nabla u \cdot \nabla u_t - |u|^{p-1}u u_t\}dx \\ &= -\int_\Omega \{\Delta u + |u|^{p-1}u\}u_t dx \\ &= -\int_\Omega {u_t}^2\, dx\end{aligned}$$

が成り立ち，定常解でない限りエネルギーはつねに減少する．もし，初期時刻においてこのエネルギーが負であれば，解は爆発することを示そう．

定理 3.1 ([222])　初期値 $u_0(x) \in H^1(\Omega) \cap L^{p+1}(\Omega)$ に対するエネルギー $E[u_0(\cdot)]$ が負ならば, (3.3) あるいは (3.4) の解は有限時間で爆発する.

証明　まず, 解のエネルギーは時間 t の非増加関数であるから, すべての $t > 0$ に対して (3.3) あるいは (3.4) の解は

$$E[u(\cdot,t)] \leq E[u_0(\cdot)] < 0$$

を満たすことに注意する. 以下では, 解 u がすべての $t > 0$ に対して有界であると仮定して矛盾を導く.

証明の鍵は非線形項の凸性にもとづくイェンセンの不等式を用いることにある. イェンセンの不等式とは, $g(v)$ を v の凸関数としたとき,

$$\overline{v} := \frac{1}{|\Omega|}\int_\Omega v(x)dx, \quad \overline{g(v)} := \frac{1}{|\Omega|}\int_\Omega g(v(x))dx, \quad |\Omega| := \int_\Omega dx$$

に対して

$$\overline{g(v)} \geq g(\overline{v})$$

が成り立つというものである. とくに, $g(v) = |v|^{(p+1)/2}$, $v = u^2$ に対してイェンセンの不等式を適用すると

$$\int_\Omega |u(x,t)|^{p+1}dx \geq |\Omega|^{-(p-1)/2}\left\{\int_\Omega u(x,t)^2 dx\right\}^{(p+1)/2}$$

を得る. これを用いると,

$$e(t) := \|u(\cdot,t)\|_{L^2(\Omega)}^2 = \int_\Omega u(x,t)^2 dx$$

に対して

$$\begin{aligned}\frac{1}{2}\frac{d}{dt}e(t) &= \frac{1}{2}\frac{d}{dt}\int_\Omega u(x,t)^2 dx \\ &= -\int_\Omega |\nabla u|^2 dx + \int_\Omega |u|^{p+1}dx \\ &= -2E[u(\cdot,t)] + \frac{p-1}{p+1}\int_\Omega |u(x,t)|^{p+1}dx \\ &\geq -2E[u(\cdot,t)] + \frac{p-1}{p+1}|\Omega|^{-(p-1)/2}\left\{\int_\Omega u(x,t)^2 dx\right\}^{(p+1)/2} \\ &\geq -2E[u_0(\cdot)] + \frac{p-1}{p+1}|\Omega|^{-(p-1)/2}e(t)^{(p+1)/2}\end{aligned}$$

を得る．よって，ある正定数 $C > 0$ が存在して

$$\frac{d}{dt}e(t) > Ce(t)^{(p+1)/2} \qquad (t > 0)$$

が成り立つ．両辺を $e(t)^{(p+1)/2}$ で割って $[0, t]$ で積分すれば

$$\frac{2}{p-1}\{e(0)^{-(p-1)/2} - e(t)^{-(p-1)/2}\} > Ct$$

を得る．$e(0) > 0$ であるから，ある $T \in (0, \infty)$ において $e(t) \to \infty$ $(t \to T-0)$ が成り立ち，解 $u(x, t)$ が有界であることに矛盾する．よって (3.3) あるいは (3.4) の解は，有限時間で爆発することが示された． ∎

$\mu > 0$ をパラメータ，$\varphi \in H^1(\Omega) \cap L^{p+1}(\Omega)$ を固定された任意の関数とし，初期値 $u_0(x) = \mu\varphi(x)$ に対するエネルギーを計算してみると，

$$E[\mu\varphi(\cdot)] = \frac{\mu^2}{2}\int_\Omega |\nabla\varphi(x)|^2 dx - \frac{\mu^{p+1}}{p+1}\int_\Omega |\varphi(x)|^{p+1} dx$$

である．したがって，$\|\varphi\|_{L^{p+1}(\Omega)} > 0$ のとき，$\mu > 0$ を十分大きくとるとエネルギーは負となり，定理 3.1 より (3.3) あるいは (3.4) の解は爆発する．よりくわしくいえば，φ と p, N に依存して定まるある値 $\mu_0 > 0$ が存在して，$u_0(x) = \mu\varphi(x)$ を初期値とする (3.3) の解は，$\mu > \mu_0$ のとき爆発する．これは (3.4) についても同じである．

定理 3.1 は解が爆発するための 1 つの十分条件を与えたものであるが，藤田方程式の解の爆発については，以下のような問題が重要である．

- **爆発の条件**：初期値やパラメータ，領域などがどのような条件を満たせば解は爆発するか．

- **爆発時刻**：どの時刻で爆発するか．

- **爆発集合**：空間上のどの点で無限大に発散するか．

- **爆発のレート**：爆発するとき，解はどのような速さで無限大に発散するか．

- **爆発プロファイル**：爆発時刻において，解はどのような形状をしているか．

これらの問題については膨大な研究がなされている．くわしくは文献 [21, 42, 203] を参照していただきたい．

3.1.2 藤田指数

領域を $\mathbb{R}^N$ 全体とし，初期値問題

$$\begin{cases} u_t = \Delta u + u^p & (x \in \mathbb{R}^N,\ t > 0), \\ u(x,0) = u_0(x) & (x \in \mathbb{R}^N) \end{cases} \tag{3.5}$$

を考える．ここで初期値 $u_0(x)$ は $\mathbb{R}^N$ において連続で，$u_0(x) \geq 0,\ u_0(x) \not\equiv 0$ を満たすと仮定する．このとき，最大値原理より解は $t > 0$ に対して正となるから，反応項を $|u|^{p-1}u$ ではなく，u^p と表してある．

次の定理は，指数 p によって，解の構造が変わることを示している．

定理 3.2 ([101])　方程式 (3.5) の正値解に対し，以下が成り立つ．

(i) $1 < p < 1 + 2/N$ とすると，すべての解は有限時間で爆発する．

(ii) $p > 1 + 2/N$ とすると，ある初期値に対して解は時間大域的に存在する．

証明　比較定理を用いて証明する．まず，熱方程式に対する初期値問題

$$\begin{cases} U_t = \Delta U & (x \in \mathbb{R}^N,\ t > 0), \\ U(x,0) = U_0(x) & (x \in \mathbb{R}^N) \end{cases} \tag{3.6}$$

を考える．ただし，初期値 $U_0(x)$ は非負の連続関数で，ある有界領域 $\Omega \subset \mathbb{R}^N$ に対して

$$U_0(x) \begin{cases} > 0 & (x \in \Omega), \\ = 0 & (x \notin \Omega) \end{cases} \tag{3.7}$$

を満たすように選ぶ．このとき，(3.6) の解は熱核

$$G(x,y,t) := \frac{1}{(4\pi t)^{N/2}} \exp\left(-\frac{|x-y|^2}{4t}\right)$$

を用いて

$$U(x,t) = \int_\Omega G(x,y,t) U_0(y) dy$$

と表すことができる．すると，任意の (x,t) に対して

$$0 < U(x,t) = \int_\Omega \frac{1}{(4\pi t)^{N/2}} \exp\Big(-\frac{|x-y|^2}{4t}\Big) U_0(y) dy$$
$$\leq \frac{1}{(4\pi t)^{N/2}} \int_\Omega U_0(y) dy$$

が成り立つ．逆に，任意の $x, y \in \Omega$ に対し，t を十分大きくとれば

$$\exp\Big(-\frac{|x-y|^2}{4t}\Big) > \frac{1}{2}$$

が成り立つから，このような (x,t) に対して

$$U(x,t) = \int_\Omega \frac{1}{(4\pi t)^{N/2}} \exp\Big(-\frac{|x-y|^2}{4t}\Big) U_0(y) dy$$
$$\geq \frac{1}{2} \cdot \frac{1}{(4\pi t)^{N/2}} \int_\Omega U_0(y) dy$$

と評価できる．以上より，

$$m(t) := \sup_{x \in \mathbb{R}^N} |U(x,t)|$$

とおくと，ある正の定数 $C_1, C_2 > 0$ が存在して，

$$C_1 (t+1)^{-N/2} \leq m(t) \leq C_2 (t+1)^{-N/2} \qquad (t \geq 0) \tag{3.8}$$

が成り立つ．

この U を用いて，劣解を以下のように構成する．常微分方程式

$$\begin{cases} \dfrac{dz}{dt} = z^p & (t > 0), \\ z(0) = \alpha > 0 \end{cases}$$

の解を $z = z(t; \alpha)$ と表すことにすると，(3.2) より

$$z(t; \alpha) = \Big\{\alpha^{-(p-1)} - (p-1)t\Big\}^{-1/(p-1)}$$

である．これを α で微分すると

$$z_\alpha = \alpha^{-p}\left\{\alpha^{-(p-1)} - (p-1)t\right\}^{-p/(p-1)} = \alpha^{-p}z^p > 0$$

および

$$z_{\alpha\alpha} = -p\alpha^{-p-1}z^p + p\alpha^{-p}z^{p-1}z_\alpha = p\alpha^{-2p}z^p(-\alpha^{p-1} + z^{p-1}) > 0$$

が得られる．そこで

$$u^-(x,t) := z(t; U(x,t)) = \left\{U^{-(p-1)} - (p-1)t\right\}^{-1/(p-1)} \tag{3.9}$$

とおくと，$u^-(x,t)$ は

$$\begin{aligned}
u_t^-&(x,t) - \Delta u^-(x,t) - u^-(x,t)^p \\
&= z_t(t;U) + z_\alpha(t;U)U_t - z_{\alpha\alpha}(t;U)|\nabla U|^2 - z_\alpha(t;U)\Delta U - z(t;U)^p \\
&= -z_{\alpha\alpha}(t;U)|\nabla U|^2 \\
&\leq 0
\end{aligned}$$

を満たし，劣解となる．

ここで $1 < p < 1 + 2/N$ と仮定しよう．比較定理より，$U_0(x)$ を (3.7) および $U_0(x) \leq u_0(x)$ $(x \in \mathbb{R}^N)$ を満たすように選べば，(3.5) の解は（存在する限り）$u(x,t) > u^-(x,t)$ を満たす．一方，(3.8) より

$$\begin{aligned}
\inf_{x\in\mathbb{R}^N} U(x,t)^{-(p-1)} &= m(t)^{-(p-1)} \\
&\leq \left\{C_1(t+1)^{-N/2}\right\}^{-(p-1)} \\
&= C_1^{-(p-1)}(t+1)^{(p-1)N/2}
\end{aligned}$$

であり，$(p-1)N/2 < 1$ であるから，ある (x_0, t_0) において

$$U(x_0,t_0)^{-(p-1)} = (p-1)t_0$$

が成り立つ．したがって，(3.9) より $\|u^-(\cdot,t)\|_{L^\infty}$ は有限時間で無限大に発散する．よって (3.5) の正値解が必ず爆発することが示された．

次に，$p > 1 + 2/N$ と仮定すると，(3.8) より $m(t)^{p-1}$ は $[0, \infty)$ で可積分となるので，関数 $h(t)$ を

$$h(t) := \left\{ (p-1) \int_t^\infty m(s)^{p-1} ds \right\}^{-1/(p-1)} \quad (t \geq 0)$$

で定義し，

$$u^+(x, t) := h(t) U(x, t)$$

とおく．すると $u^+(x, t)$ は $t \in [0, \infty)$ に対して定義され，

$$\begin{aligned}
u_t^+(x,t) &- \Delta u^+(x,t) - u^+(x,t)^p \\
&= h_t U + h U_t - h \Delta U - h^p U^p \\
&= \left\{ (p-1) \int_t^\infty m(s)^{p-1} ds \right\}^{-1/(p-1)-1} m^{p-1} U - h^p U^p \\
&= h^p \left(m^{p-1} - U^{p-1} \right) U \\
&\geq 0
\end{aligned}$$

を満たすから優解である．したがって，初期値 $u_0(x) = u^+(x, 0)$ に対する (3.5) の解は，比較定理により

$$0 \leq u(x,t) \leq u^+(x,t) = h(t) U(x,t) \leq h(t) m(t) < \infty \quad (t > 0)$$

を満たす．よってこの解はすべての $t > 0$ に対して有界となり，正値時間大域解の存在が示された．■

定理 3.2 に現れる指数

$$p_F := \frac{N+2}{N}$$

は**藤田指数**[2]と呼ばれている．定理 3.2 の興味深い点は，方程式は指数 p に連続的に依存しているにもかかわらず，藤田指数 $p_F := (N+2)/N$ を境として，正値解全体の構造が劇的に変化することである．藤田指数のように，解

---

[2] 指数がちょうど藤田指数に等しい場合 $p = p_F$ についても，上の証明を少し修正すれば，正値解が必ず爆発することを示すことができる．

の構造が定性的に変化するような p の値を**臨界指数**といい，後に述べるように，藤田指数以外にも，いくつかの臨界指数が知られている．藤田方程式は見かけの単純さにもかかわらず，実は驚くほど豊かな数学的構造を備えているのである．

ここで定理 3.2 に関する注意をいくつか与えておこう．藤田指数が次元 N と関係していることについては，次のように考えると理解できるであろう．いま，温度が 0 の媒体を考え，媒体の一部を少しだけ加熱したとしよう．その付近以外では温度は 0 に近いままだから，反応項による熱の発生はあまり大きくない．一方，加熱した点の近くで発生した熱は拡散によって周囲に広がっていくが，次元が高いほど熱の逃げる方向が多いので拡散の効果は大きい．したがって，次元が高いほど爆発が起こりにくくなり，その結果，爆発の臨界指数は小さくなる．

次に，p が大きいほど非線形性が強まり，解の爆発が生じやすくなるかというとそうではなく，p が大きいほうが解が大域的に存在するチャンスが大きくなることに注意しよう．爆発という現象が非線形方程式に特有のものであることを考えると，これは直観と反していて奇妙な感じを受けるかもしれない．これは，すべての正値解が爆発するためには u が小さいときの挙動が重要[3]であるが，$0 \leq u < 1$ のときには p が大きいほど u^p の値が小さくなり，反応項の働きが小さくなることに気づけば納得できるであろう．

最後に，定理 3.2 は正値解に対してのみ意味をもち，符号変化する解には単純には適用できないことに注意しよう．なぜならば，もし符号変化する解も考慮に入れると，すべての $p > 1$ に対して非自明な大域解が存在するからである．これは次のようにして示される．まず，常微分方程式の初期値問題

$$\begin{cases} \tilde{\varphi}_{xx}(x) + |\tilde{\varphi}(x)|^{p-1}\tilde{\varphi}(x) = 0 & (x \in \mathbb{R}), \\ \tilde{\varphi}(0) = a > 0, \quad \tilde{\varphi}_x(0) = 0 \end{cases}$$

を考えると，$\tilde{\varphi}(x) > 0$ ならば上に凸であるから，$\tilde{\varphi}(l) = 0$ となる $l > 0$ が存在する．$\tilde{\varphi}(x)$ は $x = 0$ について偶対称であり，$x = l$ について奇対称

---

[3] 小さい初期値に対する解が爆発すれば，比較定理により，それより大きい解はすべて爆発する．

となるから，$\tilde{\varphi}(x)$ は周期 $4l$ の周期関数となる．このとき，たとえば $x = (x_1, x_2, \ldots, x_N) \in \mathbb{R}^N$ に対して x_1 方向のみに依存する解を $u = \tilde{\varphi}(x_1)$ とおくと，これは $\mathbb{R}^N$ 上の方程式 (3.1) の定常解となり，したがって大域解である．

3.1.3　正値定常解の存在と安定性

有界領域 Ω における藤田方程式の正値定常解について考えてみよう．まず，反射壁境界条件を仮定すると，すでに述べたように正値解は必ず爆発し，したがって正値定常解は存在しない．次に，吸収壁境界条件を課した系

$$\begin{cases} u_t = \Delta u + u^p & (x \in \Omega), \\ u = 0 & (x \in \partial\Omega) \end{cases} \tag{3.10}$$

を考えよう．定常解を $u = \varphi(x)$ とすると，$\varphi(x)$ は楕円型偏微分方程式に対する境界値問題

$$\begin{cases} \Delta\varphi + \varphi^p = 0 & (x \in \Omega), \\ \varphi = 0 & (x \in \partial\Omega) \end{cases} \tag{3.11}$$

を満たしていなければならない．

ここで現れた非線形楕円型偏微分方程式は**レイン–エムデン方程式**と呼ばれ，天体物理学において星の密度分布を記述するモデル方程式である．この問題に対してはソボレフ指数

$$p_S := \begin{cases} \dfrac{N+2}{N-2} & (N > 2), \\ \infty & (N \leq 2) \end{cases} \tag{3.12}$$

が決定的な役割を果たし，(3.11) に正値解が存在するための条件は次のように与えられる．

定理 3.3　境界値問題 (3.11) の正値解の存在について以下が成り立つ．

(i) $N = 1, 2$ のとき，すべての $p > 1$ に対して少なくとも 1 個の正値解が存在する．

(ii) $N \geq 3$ のとき,$1 < p < p_S$ ならば少なくとも 1 個の正値解が存在する.

(iii) $N \geq 3$ で $p \geq p_S$ のとき,Ω が星形領域であれば正値解は存在しない.

ここで**星形領域**とは,この領域内のある点 $a \in \Omega$ に対し,この点と境界上の任意の点 $b \in \partial\Omega$ を結ぶ線分が必ず Ω に含まれる領域のことである.なお,Ω が凸であれば,a として Ω 内のどの点を選んでも必ずこの条件を満たしている.

定理 3.3 の証明を述べる前に,(3.10) の正値定常解は,存在したとしても必ず不安定であることを示そう.正値定常解 φ に対する線形化固有値問題

$$\begin{cases} \lambda \Phi = \Delta \Phi + p\varphi^{p-1}\Phi & (x \in \Omega), \\ \Phi = 0 & (x \in \partial\Omega) \end{cases}$$

を考えると,最大固有値 λ_0 は変分原理により

$$\lambda_0 = \sup_{U \in H_0^1(\Omega), U \neq 0} \frac{\int_\Omega \{-|\nabla U|^2 + p\varphi^{p-1}U^2\}dx}{\int_\Omega U^2 dx}$$

で特徴付けられる(付録 B.1 項の定理 B.1 参照).ただし,$H_0^1(\Omega)$ は境界 $\partial\Omega$ で $U = 0$ を満たす関数 $U \in H^1(\Omega)$ の集合を表す.$U = \varphi$ とおくと,レイリー商の分子は

$$\int_\Omega \{-|\nabla \varphi|^2 + p\varphi^{p-1}\varphi^2\}dx = \int_\Omega \{\varphi \Delta \varphi + p\varphi^{p+1}\}dx$$
$$= (p-1)\int_\Omega \varphi^{p+1}dx > 0$$

を満たす.したがって,$\lambda_0 > 0$ であるから,2.2.2 項の定理 2.4 より,定常解の不安定性が示された[4].

実際,正値定常解より大きい解は爆発し,逆に小さい解は自明解に収束する.このように,$\varphi(x)$ は解の挙動を分け隔てる**セパレータ**としての役割を果たしている.

---

[4] 同様の議論により,(3.4) の自明解の漸近安定性が証明できる.

定理 3.3 の証明の概略 正値定常解は不安定であることから，その存在を示すのは簡単ではない．境界値問題 (3.11) の正値解の存在を示すには，エネルギー汎関数

$$E[u] := \int_\Omega \left\{ \frac{1}{2}|\nabla u|^2 - \frac{1}{p+1}|u|^{p+1} \right\} dx$$

の停留点を求めればよいのであるが，正値定常解は不安定であることから，局所最小化解を求める方法は適用できない．そこで次のような工夫をする．

まず，関数空間

$$X := \left\{ u \in H_0^1(\Omega) : \int_\Omega |u|^{p+1} dx = 1 \right\}$$

を導入すると，$N = 1, 2$ のとき，あるいは $N \geq 3$ で $p < p_S$ ならば，この空間内において

$$\int_\Omega |\nabla u|^2 dx$$

を最小化するものが存在する (たとえば, [16, 19] 参照)．これを ψ とおくと，よく知られたラグランジュの未定乗数法 (たとえば [90, Chapter 8, Theorem 2] 参照) により，ψ はある μ について

$$\begin{cases} \Delta \psi + \mu \psi^p = 0 & (x \in \Omega), \\ \psi = 0 & (x \in \partial\Omega) \end{cases}$$

を満たしている．X の要素は自明解を含まず，またこの ψ は非負としてよい[5]．すると最大値原理より，Ω 上で $\psi > 0$ である．最後に $\varphi := \mu^{1/(p-1)} \psi$ とおけば，φ は (3.11) を満たし，正値解の存在が示された．

一方，非存在のほうはポホザエフの恒等式を用いる．これは一般に任意の微分可能な非線形項をもつ方程式

$$\begin{cases} \Delta \varphi + f(\varphi) = 0 & (x \in \Omega), \\ \varphi = 0 & (x \in \partial\Omega) \end{cases} \quad (3.13)$$

の解に対して成り立つ恒等式で

---

[5] 符号変化する場合には ψ を $|\psi|$ で置き換えてもエネルギー汎関数の値は変わらない．

$$N\int_\Omega F(\varphi)dx - \frac{N-2}{2}\int_\Omega f(\varphi)\varphi dx = \frac{1}{2}\int_{\partial\Omega}\left(\frac{\partial}{\partial\nu}\varphi\right)^2(x\cdot\nu)dS \quad (3.14)$$

と表される. ただし,
$$F(\varphi) := \int_0^\varphi f(s)ds$$
である.

ポホザエフの恒等式は次のようにして導かれる. $\Delta\varphi$ と $f(\varphi)$ に $x\cdot\nabla\varphi$ をかけて Ω で積分すると,

$$\begin{aligned}\int_\Omega (x\cdot\nabla\varphi)\Delta\varphi dx &= \int_{\partial\Omega}(x\cdot\nabla\varphi)\frac{\partial\varphi}{\partial\nu}dS - \int_\Omega \nabla(x\cdot\nabla\varphi)\cdot\nabla\varphi dx \\ &= \frac{1}{2}\int_{\partial\Omega}\left(\frac{\partial}{\partial\nu}\varphi\right)^2(x\cdot\nu)dS + \frac{N-2}{2}\int_\Omega |\nabla\varphi|^2 dx\end{aligned}$$

および
$$\int_\Omega (x\cdot\nabla\varphi)f(\varphi)dx = \int_{\partial\Omega}(x\cdot\nu)F(\varphi)dS - N\int_\Omega F(\varphi)dx$$

が得られる. この 2 式を加えて φ が (3.13) を満たすことを用いれば, (3.14) が得られる.

とくに, $f(\varphi) = \varphi^p$ の場合には, ポホザエフの恒等式 (3.14) は

$$\left(\frac{N}{p+1} - \frac{N-2}{2}\right)\int_\Omega \varphi^{p+1}dx = \frac{1}{2}\int_{\partial\Omega}\left(\frac{\partial}{\partial\nu}\varphi\right)^2(x\cdot\nu)dS$$

と表されるが, $p \geq p_S$ ならば左辺は非正なのに対し, 星形領域では右辺は正の値をとる. したがって, もし (3.11) に正値解が存在すれば矛盾が導かれる. ∎

次に, $\mathbb{R}^N$ 上のレイン–エムデン方程式

$$\Delta\varphi + \varphi^p = 0 \qquad (x\in\mathbb{R}^N) \quad (3.15)$$

の正値解の存在について述べる. 方程式 (3.15) が $\mathbb{R}^N$ 上で正の値をとる解をもつとき, これを**正値全域解**という. ここではとくに, 方程式 (3.15) の球対称解, すなわち空間内の点 $x_0 \in \mathbb{R}^N$ について対称な解について考える.

球対称解を $\varphi = \varphi(r)$, $r = |x - x_0|$ と表そう．これを方程式 (3.15) に代入し，

$$\Delta\varphi(r) = \varphi_{rr} + \frac{N-1}{r}\varphi_r$$

を用いると，$\varphi(r)$ は

$$\varphi_{rr} + \frac{N-1}{r}\varphi_r + \varphi(r)^p = 0 \qquad (r > 0)$$

を満たさなければいけないことがわかる[6]．そこで，常微分方程式に対する初期値問題

$$\begin{cases} \varphi_{rr} + \dfrac{N-1}{r}\varphi_r + \varphi^p = 0 & (r > 0), \\ \varphi(0) = \alpha > 0, \qquad \varphi_r(0) = 0 \end{cases} \tag{3.16}$$

を考えて，その解を $\varphi(r;\alpha)$ と表すことにする．方程式を $(r^{N-1}\varphi_r)_r = -\varphi^p$ と書き直して積分すれば，$\varphi(r;\alpha)$ が $r > 0$ の単調減少関数であることがわかる．したがって，$u = \varphi(|x - x_0|;\alpha)$ は $x = x_0$ で極値 α をとる (3.1) の球対称定常解である．

初期値問題 (3.16) の解の構造については完全にわかっていて，ソボレフ指数 (3.12) を境として構造が異なることが知られている（証明はたとえば [144] を参照）．

(i) $N \leq 2$ のとき，すべての $p > 1$ と $\alpha > 0$ に対して $\varphi(r;\alpha)$ は有限の r で 0 となる．

(ii) $N > 2$ かつ $1 < p < p_S$ のとき，すべての $\alpha > 0$ に対して $\varphi(r;\alpha)$ は有限の r で 0 となる．

(iii) $N > 2$ かつ $p \geq p_S$ のとき，すべての $\alpha > 0$ に対して $\varphi(r;\alpha)$ は正値解となる．また，各 $\alpha > 0$ に対し，$\varphi(r;\alpha)$ は r について単調に減少し，$r \to \infty$ のとき $\varphi(r;\alpha) \to 0$ を満たす．

これより，N と p が (i) あるいは (ii) の条件を満たせば，方程式 (3.15) は

---

[6] この形に書き直したとき，N は実数値をとると考えて差し支えない．

球対称な正値全域解をもたない.実際,この場合には,球対称解に限らなくとも,(3.15) に正値全域解は存在しないことがわかっている [106].一方,(iii) の場合には(空間的シフトを除いても)無限個の正値解が存在する.

なお,レイン–エムデン方程式の非線形項の形から,(3.15) の解はスケール不変性をもつ.すなわち,$\varphi(x)$ が (3.15) の解ならば,任意の $\mu > 0$ に対して $u = \mu\varphi(\mu^{(p-1)/2}x)$ もまた (3.15) を満たす.したがって,とくに

$$\varphi(r;\alpha) \equiv \alpha\varphi(\alpha^{(p-1)/2}r;1) \qquad (\alpha > 0) \tag{3.17}$$

という関係がある.(i), (ii) の場合には,$\varphi(r;\alpha)$ は必ず零点 $r = R(\alpha)$ をもつが,これは半径 $R(\alpha)$ の球領域 Ω に対して (3.11) の解を与える.したがって,(3.17) より $R(\alpha) = \alpha^{-(1-p)/2}R(1)$ であるから,$R(\alpha)$ は α について単調に減少する.球領域においては (3.11) の正値解は必然的に球対称となる [105] ことから,球領域における (3.11) の正値解の一意性が導かれる.

最後に,$N \geq 2$, $p \geq p_S$ と仮定し,$\mathbb{R}^N$ における正値球対称定常解の構造について述べる.ここでは,ジョゼフ–ルンドグレン指数 [139] と呼ばれる**臨界指数**

$$p_{\text{JL}} = \begin{cases} \dfrac{(N-2)^2 - 4N + 8\sqrt{N-1}}{(N-2)(N-10)} & (N > 10), \\ \infty & (N \leq 10) \end{cases}$$

が重要で,この値を境に,球対称定常解の族 $\{\varphi(r;\alpha)\}$ の構造が変化する.具体的には,初期値問題 (3.16) の解は,任意の $0 < \alpha < \beta$ に対して以下の性質をもつことが明らかにされている [226](図 3.2 参照).

(i) $N > 2$ かつ $p = p_S$ のとき,$\varphi(r;\alpha)$ と $\varphi(r;\beta)$ のグラフは 1 回だけ交わる.

(ii) $N > 2$ かつ $p_S < p < p_{\text{JL}}$ のとき,$\varphi(r;\alpha)$ と $\varphi(r;\beta)$ のグラフは無限回交わる.

(iii) $N > 10$ かつ $p_{\text{JL}} \leq p$ のとき,$\varphi(r;\alpha)$ と $\varphi(r;\beta)$ のグラフは交わらない.

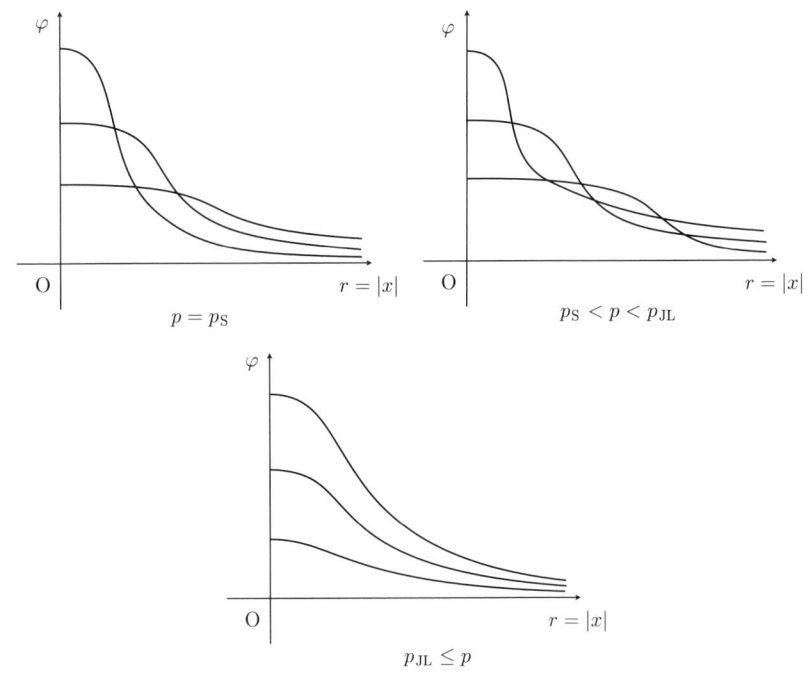

図 **3.2** 藤田方程式の球対称解の構造.

定常解の構造は安定性と直接的に関わっている．まず，(i), (ii) の場合には定常解 $u = \varphi(|x - x_0|; \alpha)$ は不安定であり，正の外乱を加えると解は爆発し，負の外乱を加えると自明解に収束する．(iii) の場合，$\varphi(r; \alpha)$ は $\alpha > 0$ について単調に増加することから，$\varepsilon \in (0, \alpha)$ に対して，初期値が

$$\varphi(|x - x_0|; \alpha - \varepsilon) \leq u_0(x) \leq \varphi(|x - x_0|; \alpha + \varepsilon) \qquad (x \in \mathbb{R}^N) \quad (3.18)$$

を満たせば，比較定理より，(3.5) の解は

$$\varphi(|x - x_0|; \alpha - \varepsilon) \leq u(x, t) \leq \varphi(|x - x_0|; \alpha + \varepsilon) \qquad (x \in \mathbb{R}^N,\ t > 0)$$

を満たす．これは，各定常解 $u = \varphi(|x - x_0|; \alpha)$ が，通常の安定性の定義よりはやや弱い意味で安定[7]であることを示している．実際，定常解はある重

---
7) 各 $\varphi(r; \alpha)$ は $r \to \infty$ のとき 0 に収束するので，初期外乱も $|x| \to \infty$ のとき 0 に減

み付き関数空間で漸近安定となることが証明できる [112, 113, 200]. 逆に，定義 1.1 の意味では安定でないことから，初期値の選び方によっては，解はきわめて複雑な挙動を示す [200, 201].

3.2 フィッシャー方程式

3.2.1 単安定性

この節では，
$$u_t = \Delta u + u(1-u) \tag{3.19}$$
の形の単独反応拡散方程式について述べる．この方程式は**フィッシャー方程式**と呼ばれ[8]，生物個体群の増殖過程，集団遺伝学，燃焼，伝染病などのモデルとなる [29].

フィッシャー方程式 (3.19) において拡散を無視すると，
$$u_t = u(1-u) \tag{3.20}$$
の形の常微分方程式が得られる．この方程式は**ロジスティック方程式**と呼ばれ，人口増加のプロセスを説明するための数理モデルとして導入されたものである．この方程式は 2 つの平衡解 $u=0$ および $u=1$ をもつが，平衡解 $u=1$ は安定であり，$u=0$ は不安定である．正の値の初期値から出た解は $t\to\infty$ のとき $u(t)\to 1$ を満たすが，これは，生物個体群が増殖し，ある一定の密度で飽和する過程を表している．ロジスティック方程式 (3.20) のように，唯一の安定な平衡解をもつ系は**単安定**であるという．

フィッシャー方程式 (3.19) についても，同様のことが成り立つ．$\mathbb{R}^N$ 上の方程式 (3.19) に対する初期値問題

衰することを仮定する必要がある．したがって，リアプノフの意味（1.3.2 項の定義 1.1 参照）では安定ではない．

8) フィッシャー方程式について最初に考察したのは Fisher [98] と Kolmogorov-Petrovsky-Piskunov [151] であり，そのため KPP 方程式と呼ばれることもある．

$$\begin{cases} u_t = \Delta u + u(1-u) & (x \in \mathbb{R}^N,\ t > 0), \\ u(x,0) = u_0(x) & (x \in \mathbb{R}^N) \end{cases} \quad (3.21)$$

を考えよう．ここで，初期値 $u_0(x)$ は連続な関数であり，ある定数 $M \geq 1$ に対して

$$0 \leq u_0(x) \leq M \quad (x \in \mathbb{R}^N) \quad (3.22)$$

を満たすとすると，(3.21) の解は大域的に存在して

$$0 \leq u(x,t) \leq M \quad (x \in \mathbb{R}^N,\ t > 0)$$

を満たす[9]．初期値 (3.21) のすべての正の解は定常解 $u=1$ に漸近することを示そう．

定理 3.4 初期値が (3.22) および，$u_0(x) \geq 0$，$u_0(x) \not\equiv 0$ を満たせば，(3.21) の解は $\mathbb{R}^N$ 内の任意の有界集合上で一様に $u(x,t) \to 1\ (t \to \infty)$ を満たす．

証明 比較定理を用いて証明する．まず，最大値原理より，(3.21) の解はすべての $x \in \mathbb{R}^N$ と $t > 0$ について $u(x,t) > 0$ を満たす．そこで，最初から $u_0(x)$ は $\mathbb{R}^N$ 上で正の値をとると仮定して一般性を失わない．

原点を中心とする N 次元単位球を B とし，B 上の固有値問題

$$\begin{cases} \lambda \Phi(x) = \Delta \Phi(x) & (x \in B), \\ \Phi(x) = 0 & (x \in \partial B) \end{cases}$$

の最大固有値を λ_0[10]，対応する正の固有関数を $\Phi_0(x)$ とする．すると，$\Phi_0(x)$ は $x=0$ について球対称である．また $x=0$ で最大値をとるが，規格化により，$\Phi_0(0) = 1$ と仮定してよい．

いま，$\varepsilon > 0$ を十分小さく選んで固定し，$t \geq 0$ について滑らかな正の関数 $a(t)$ と点 $x_0 \in \mathbb{R}^N$ に対し，

---

9) $u^-(x,t) \equiv 0$ は劣解，$u^+(x,t) \equiv M$ は優解であることから，比較定理により示される．

10) 変分原理から，λ_0 が負であることは簡単に示される．

$$u^-(x,t) := \begin{cases} a(t)\Phi_0(\varepsilon(x-x_0)) & (\varepsilon|x-x_0| < 1), \\ 0 & (\varepsilon|x-x_0| \geq 1) \end{cases}$$

とおくと，$\varepsilon|x-x_0| < 1$ のとき

$$\begin{aligned} u_t^- &- \Delta u^- - u^-(1-u^-) \\ &= a_t\Phi_0 - \varepsilon^2\lambda_0 a\Phi_0 - a\Phi_0(1-a\Phi_0) \\ &\leq (a_t - \varepsilon^2\lambda_0 a - a + a^2)\Phi_0 \end{aligned}$$

が成り立つ．そこで $a(t)$ を

$$a_t = \varepsilon^2\lambda_0 a + a - a^2 \tag{3.23}$$

および

$$0 < a(0)\Phi_0(\varepsilon(x-x_0)) \leq u_0(x) \qquad (\varepsilon|x-x_0| < 1)$$

を満たすように選ぶと，$u^-(x,t)$ は劣解になる．すると比較定理より，(3.21) の解は

$$0 < a(t)\Phi_0(\varepsilon(x-x_0)) < u(x,t) \qquad (\varepsilon|x-x_0| < 1,\ t > 0)$$

を満たし，とくに，$x = x_0$ では $u(x_0,t) \geq a(t)$ である．ここで常微分方程式 (3.23) の解は $a(t) \to 1 + \varepsilon^2\lambda_0\ (t \to \infty)$ を満たし，また $\varepsilon > 0$ は任意なので，

$$\liminf_{t \to \infty} u(x_0,t) \geq 1$$

を得る．

一方，$b(t)$ を

$$b_t = b(1-b), \qquad b(0) = M$$

の解とすると，比較定理より，

$$u(x,t) \leq b(t) \qquad (x \in \mathbb{R}^N,\ t > 0)$$

が成り立ち，また $b(t) \to 1\ (t \to \infty)$ より

図 3.3 ヘアトリガー効果.

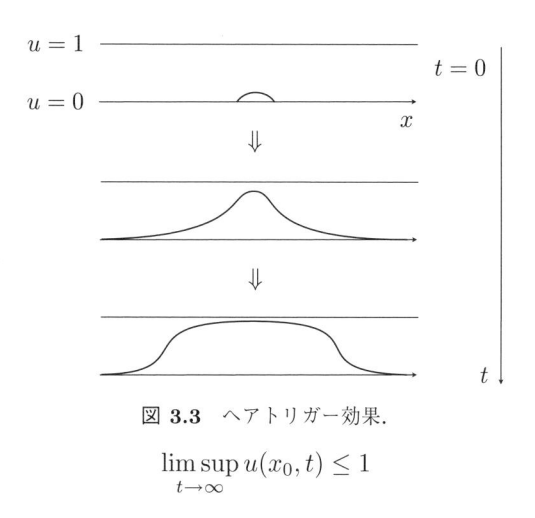

$$\limsup_{t\to\infty} u(x_0, t) \leq 1$$

である.

以上により，$u(x_0, t) \to 1$ $(t \to \infty)$ が示された．また，比較関数の構成の仕方より，任意の有界集合上で収束は一様である． ■

定理 3.4 は，初期値が非負でほんの少しでも正のところがあれば，(3.21) の解は自明解 $u = 0$ から離れて $u = 1$ に漸近することを意味する（図 3.3 参照）．これは，生態学の観点からは，わずかな数の生物個体の進入が大繁殖を引き起こすことに対応する．このような現象を**ヘアトリガー効果**と呼ぶ．

ヘアトリガー効果は自明解の不安定性に起因しており，解は初期値に敏感に依存し，初期値によっては速く 1 に収束するところとそうでないところが現れる．その結果，最終的には 1 に収束するとしても，解の形状は時間によって大きく変わり，初期値の選び方によっては解はきわめて複雑な挙動を示す [239]. また，複雑な挙動を示すさまざまな形の全域解が存在する [122].

3.2.2 進行波解の存在

初期値が $0 \leq u_0(x) \leq 1$ を満たし，かつコンパクトなサポートをもつと仮定しよう．すると，(3.21) の解は初期値のサポートの近くでは 1 に速く収束するが，遠方ではなかなか 1 に収束しない．そのため，図 3.3 のように，解

は 1 に近い部分が徐々に拡がっていき，0 から 1 への遷移が波のように伝わるような挙動を示すはずである．そこで，フィッシャー方程式の進行波解について調べてみよう．

$\mathbb{R}$ 上のフィッシャー方程式

$$u_t = u_{xx} + u(1-u) \qquad (x \in \mathbb{R}) \tag{3.24}$$

を考えて，0 から 1 へと遷移するような進行波解 $u = \varphi(z; c)$, $z = x - ct$ が存在すると仮定すれば，波形 φ は

$$\begin{cases} \varphi_{zz} + c\varphi_z + \varphi(1-\varphi) = 0 & (z \in \mathbb{R}), \\ \varphi(-\infty; c) = 1, \qquad \varphi(+\infty; c) = 0 \end{cases} \tag{3.25}$$

を満たす．この項では，フィッシャー方程式はフロント進行波解の 1-パラメータ族をもつことを示す．より精密には，各 $c \geq 2$ に対し，速度 c をもつ進行波解 $u = \varphi(z; c)$, $z = x - ct$ が存在することを証明する．

定理 3.5 フィッシャー方程式 (3.24) の進行波解について以下が成り立つ．

(i) $0 < c < 2$ に対し，速度 c の正のフロント型進行波解は存在しない．

(ii) 各 $c \geq 2$ に対し，速度 c の正のフロント型進行波解 $\varphi(z; c)$ が存在し，また位相のずれを除けば一意的である．さらに，$\varphi(z; c)$ は $z \in \mathbb{R}$ について単調減少で，$\varphi(z; c) \to 1$ $(z \to -\infty)$ および $\varphi(z; c) \to 0$ $(z \to +\infty)$ を満たす．

証明 進行波解の存在を調べるために，常微分方程式

$$v_{zz} + cv_z + v(1-v) = 0 \qquad (z \in \mathbb{R}) \tag{3.26}$$

を考える．いうまでもなく，(3.25) の解 $v = \varphi(z)$ はこの方程式を満たしている．$w = v_z$ とおき，(3.26) を 2 次元力学系

$$\frac{d}{dz}\begin{pmatrix} v \\ w \end{pmatrix} = \begin{pmatrix} w \\ -cw - v(1-v) \end{pmatrix} \tag{3.27}$$

の形に書き直す．この力学系の平衡点は $(v,w)=(0,0)$ および $(v,w)=(1,0)$ であり，$(v,w)=(\varphi(z),\varphi_z(z))$ は 2 つの平衡点を結ぶヘテロクリニック軌道である．

平衡点の安定性を調べよう．$(v,w)=(0,0)$ における線形化行列は

$$J(0,0)=\begin{pmatrix} 0 & 1 \\ -1 & -c \end{pmatrix}$$

であり，その固有方程式は

$$\mu^2+c\mu+1=0$$

で与えられるから，$0<c<2$ のときに固有値は実部が負の共役複素数となる．したがって $(0,0)$ は安定渦状点となり，$z\to\infty$ のときに平衡点 $(0,0)$ に収束する解は，その点の周囲を回転しながら近づき v の符号は変化する．よって，(i) が示された．

次に，$c\geq 2$ の場合を考える．平衡点 $(v,w)=(1,0)$ における線形化行列は

$$J(1,0)=\begin{pmatrix} 0 & 1 \\ 1 & -c \end{pmatrix}$$

であり，その固有方程式は

$$\mu^2+c\mu-1=0$$

で与えられる．これより，固有値は

$$\mu_1=\frac{-c-\sqrt{c^2+4}}{2}<0, \qquad \mu_2=\frac{-c+\sqrt{c^2+4}}{2}>0$$

であり，対応する固有ベクトルは，それぞれ，$(1,\mu_1)^T$, $(1,\mu_2)^T$ となる．したがって，平衡点 $(1,0)$ は鞍点となり，1 次元の不安定多様体 W_+^u と W_-^u が定義される．ただし，W_-^u は平衡点 $(1,0)$ から $w<0$ の方に出ていく不安定多様体とする．

不安定多様体 W_-^u 上の解の挙動を調べよう.不安定多様体 W_-^u は平衡点 $(1,0)$ から固有ベクトル $(-1, -\mu_2)$ の方向に出るので,$(1,0)$ の近傍ではヌルクライン $cw = -v(1-v)$ と v-軸の間にある.この領域では $(v(z), w(z))$ は左下に向かって動き,第 4 象限内のある点においてヌルクライン $cw = -v(1-v)$ を横切る.その後は第 4 象限内を左上に向かって動くが,直線 $w = -v$ と交わることはない.なぜなら,$w = -v$ のとき,

$$w_z = -cw - v(1-v) > -2w - v = -w = -v_z$$

を満たすので,ベクトル $(w_z, v_z)^T$ はこの直線上の点では直線の上側を向いているからである.また,4 象限内のヌルクライン $cw = -v(1-v)$ 上では,解は必ず右側から横切る.したがって,$(v(z), w(z))$ はヌルクライン $cw = -v(1-v)$ と直線 $w = -v$ に挟まれた領域を左上に動くので,$z \to \infty$ のとき $(0,0)$ に引き込まれる.この様子を図 3.4 に示す.

以上の考察から,$c \geq 2$ のとき,力学系 (3.27) には 2 つの平衡点を結ぶヘテロクリニック軌道が存在し,第 4 象限内にあることがわかる.また,不安定多様体 W_-^u は 1 次元であるから,各 $c \geq 2$ に対してヘテロクリニック軌道は一意的である.よって (3.25) は正の解をもち,またこの解は位相のずれを除いて一意的に決まる.よって (ii) が示された.■

図 3.4 からわかるように,速度 c が大きいほど,W_-^u は v-軸に近づき,したがって,波形 φ はなだらかな形状になる(図 3.5 参照).伝播速度が変化し

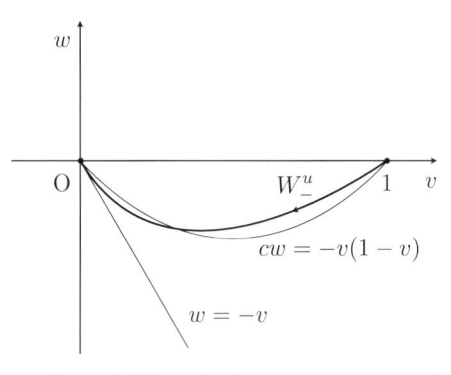

図 **3.4** フィッシャー方程式の進行波に対応するヘテロクリニック軌道($c \geq 2$ の場合).

3.2 フィッシャー方程式　　93

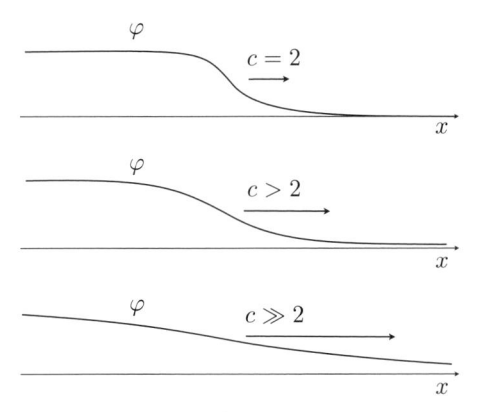

図 **3.5** フィッシャー方程式の進行波の速度と波形の関係.

ても，波が通過するときの u の時間微分はほぼ同じであるが，傾きの違いから速度が大きく異なってみえるのである．

3.2.3 進行波解の安定性

この項では，フロント型進行波解の安定性について考察する．そのために，$\mathbb{R}$ 上の初期値問題

$$\begin{cases} u_t = u_{xx} + u(1-u) & (x \in \mathbb{R},\ t > 0), \\ u(x, 0) = u_0(x) & (x \in \mathbb{R}) \end{cases} \tag{3.28}$$

を考える．ただし，初期値 $u_0(x)$ は $x \in \mathbb{R}$ について連続で $0 \leq u_0(x) \leq 1$ を満たすと仮定する．

最小でない速度の進行波解が，ある意味で安定であることを示そう．すなわち，$c > 2$ を満たすフロント型進行波解に対し，サポートが上に有界な外乱を加えても，これを初期値とする解は時間とともに元の進行波解に近づくことを示す．

定理 3.6 ([176])　$\varphi(z; c)$ を $c > 2$ に対する (3.25) の解とする．また，初期値 $u_0(x)$ はある $\delta \in (0, 1)$ と $\theta, p \in \mathbb{R}$ に対して

$$0 < \delta < u_0(x) \leq 1 \qquad (x < p),$$
$$u_0(x) \equiv \varphi(x - \theta; c) \qquad (x \geq p)$$

を満たすと仮定する．このとき，初期値問題 (3.28) の解は

$$\|u(\cdot, t) - \varphi(\cdot - \theta - ct; c)\|_{L^\infty(\mathbb{R})} \to 0 \qquad (t \to \infty)$$

を満たす．

この定理を証明するために，多少の準備をしておく．初期値 $u_0(x)$ および $\tilde{u}_0(x)$ は

$$0 \leq u_0(x) \leq 1, \qquad 0 \leq \tilde{u}_0(x) \leq 1 \qquad (x \in \mathbb{R})$$

を満たすと仮定し，これらの初期値に対する (3.28) の解を，それぞれ $u(x,t)$ および $\tilde{u}(x,t)$ とする．このとき，最大値原理により，すべての $t \geq 0$ について

$$0 \leq u(x,t) \leq 1, \qquad 0 \leq \tilde{u}(x,t) \leq 1 \qquad (x \in \mathbb{R}) \tag{3.29}$$

が成り立つ．また V を

$$\begin{cases} V_t = V_{xx} + V & (x \in \mathbb{R},\ t > 0), \\ V(x, 0) = V_0(x) & (x \in \mathbb{R}) \end{cases} \tag{3.30}$$

の解とする．ただし，$V_0(x)$ は $\mathbb{R}$ 上の有界かつ連続な関数とする．

補題 3.7 V を初期値 $V_0(x) = |\tilde{u}_0(x) - u_0(x)|$ に対する (3.30) の解とすると，すべての $t \geq 0$ に対して

$$-V(x,t) \leq \tilde{u}(x,t) - u(x,t) \leq V(x,t) \qquad (x \in \mathbb{R})$$

が成り立つ．

証明 2つの解の差を

$$v(x,t) = \tilde{u}(x,t) - u(x,t)$$

とおくと，v は

$$\begin{cases} v_t = v_{xx} + c(x,t)v & (x \in \mathbb{R},\ t > 0), \\ v(x,0) = \tilde{u}_0(x) - u_0(x) & (x \in \mathbb{R}) \end{cases} \tag{3.31}$$

を満たす．ただし

$$c(x,t) := 1 - \tilde{u}(x,t) - u(x,t)$$

であり，(3.29) より，

$$-1 \leq c(x,t) \leq +1 \quad (x \in \mathbb{R},\ t \geq 0)$$

が成り立つ．

ここで $v(x,0) \leq V_0(x)$ および $c(x,t) \leq 1$ であるから，比較定理により，(3.31) の解はすべての $t > 0$ に対して

$$v(x,t) \leq V(x,t) \quad (x \in \mathbb{R})$$

を満たす．同様に，$-V_0(x) \leq v(x,0)$ および $-1 \leq c(x,t)$ であるから，$-V$ と比較することにより，すべての $t > 0$ に対して

$$-V(x,t) \leq v(x,t) \quad (x \in \mathbb{R})$$

が成り立つことが示される． ∎

補題 3.8　I を $\mathbb{R}$ の部分区間とし，$\mathrm{dist}\,(x,I)$ を $x \in I$ と ∂I の距離

$$\mathrm{dist}\,(x,I) := \inf\,\{|y-x| : y \notin I\}$$

とする．もし

$$0 \leq V_0(x) \leq 1 \quad (x \in \mathbb{R} \setminus I), \qquad V_0(x) \equiv 0 \quad (x \in I) \tag{3.32}$$

ならば，I によらないある定数 $C > 0$ が存在して，(3.30) の 2 つの解はすべての

$$(x,t) \in \{x \in I,\ t > 0 : \text{dist}\,(x, I) > t^{1/2}\}$$

に対して

$$0 \leq V(x,t) < Ct^{1/2}\text{dist}\,(x, I)^{-1} \exp\left(t - \frac{\text{dist}\,(x, I)^2}{4t}\right)$$

を満たす.

証明　$V(x,t)$ は 1 次元の熱核

$$G(x, y, t) := \frac{1}{(4\pi t)^{1/2}} \exp\left(-\frac{(x-y)^2}{4t}\right)$$

を用いて

$$V(x,t) = e^t \int_{\mathbb{R}} G(x, y, t) V_0(y) dy$$

と表される. すると (3.32) より, $x \in I$ に対して

$$
\begin{aligned}
0 \leq V(x,t) &= e^t \int_{\mathbb{R} \setminus I} G(x,y,t) V_0(y) dy \\
&\leq e^t \int_{|x-y| \geq \text{dist}\,(x,I)} G(x,y,t) dy \\
&= \frac{e^t}{(4\pi t)^{1/2}} \int_{|x-y| \geq \text{dist}\,(x,I)} \exp\left(-\frac{(x-y)^2}{4t}\right) dy \\
&\leq \frac{2e^t}{(4\pi t)^{1/2}} \int_{\text{dist}\,(x,I)}^{\infty} \exp\left(-\frac{r^2}{4t}\right) dr \\
&= \frac{e^t}{(\pi t)^{1/2}} \int_{t^{-1/2}\text{dist}\,(x,I)}^{\infty} \exp\left(-\frac{s^2}{4}\right) t^{1/2} ds \qquad (r = t^{1/2} s) \\
&= \frac{e^t}{\pi^{1/2}} \int_{t^{-1/2}\text{dist}\,(x,I)}^{\infty} \exp\left(-\frac{s^2}{4}\right) ds
\end{aligned}
$$

が得られる. ここで部分積分により, I に依存しない定数 $C_1 > 0$ が存在して,

$$\int_z^{\infty} \exp\left(-\frac{s^2}{4}\right) ds < C_1 z^{-1} \exp\left(-\frac{z^2}{4}\right)$$

が $z>1$ に対して成り立つことに注意すると，$\mathrm{dist}\,(x,I) > t^{1/2}$ に対して

$$0 \leq V(x,t) < \frac{e^t}{\pi^{1/2}} \cdot C_1 \{t^{-1/2}\mathrm{dist}\,(x,I)\}^{-1} \exp\left(-\frac{\{t^{-1/2}\mathrm{dist}\,(x,I)\}^2}{4}\right)$$
$$= \frac{C_1}{\pi^{1/2}} t^{1/2} \mathrm{dist}\,(x,I)^{-1} \exp\left(t - \frac{\mathrm{dist}\,(x,I)^2}{4t}\right)$$

が得られる．よって $C = C_1 \pi^{-1/2}$ とおいて証明が完結した． ∎

定理 3.6 の証明　まず補題 3.7 より，初期値 $V_0(x) = |\tilde{u}_0(x) - u_0(x)|$ に対する (3.30) の解は，すべての $t > 0$ に対して

$$|\tilde{u}(x,t) - u(x,t)| \leq V(x,t) \qquad (x \in \mathbb{R}) \tag{3.33}$$

を満たすことに注意する．

$\tilde{p}\,(>p)$ を十分大きくとり，また初期値 $u^{\pm}(x)$ を x について非増加で，

$$0 < \delta \leq u^-(x) \leq u_0(x) \leq u^+(x) \leq 1 \qquad (x < \tilde{p}),$$
$$u^{\pm}(x) \equiv \varphi(x;c) \qquad (x \geq \tilde{p})$$

を満たすようにとる．初期値 $u^{\pm}(x)$ に対する (3.28) の解を $u^{\pm}(x,t)$ で表すと，$u^{\pm}(x,t)$ も x の非増加関数となり，また比較定理より，すべての $x \in \mathbb{R}$ と $t > 0$ に対して

$$0 < u^-(x,t) \leq \varphi(x-ct;c) \leq u^+(x,t) \tag{3.34}$$

を満たす．さらに補題 3.8 と (3.33) より，$t > 0$ と $x > \tilde{p} + t^{1/2}$ に対して

$$|u^{\pm}(x,t) - \varphi(x-ct;c)| < Ct^{1/2}(x-\tilde{p})^{-1} \exp\left(t - \frac{(x-\tilde{p})^2}{4t}\right)$$

が得られる．よって

$$\zeta(t) := \tilde{p} + 2t - \frac{1}{4}\log(t+1)$$

とおくと，$x \geq \zeta(t)$ について一様に

$$|u^{\pm}(x,t) - \varphi(x-ct;c)| < Ct^{1/2}(\zeta(t)-\tilde{p})^{-1}\exp\left(t - \frac{(\zeta(t)-\tilde{p})^2}{4t}\right)$$

$$< Ct^{1/2}\Big\{2t - \frac{1}{4}\log(t+1)\Big\}^{-1}\exp\left(\frac{1}{4}\log(t+1)\right)$$

$$< Ct^{1/2}\Big(2t - \frac{1}{4}t\Big)^{-1}(t+1)^{1/4}$$

$$\to 0 \quad (t \to \infty)$$

が成り立つ．

一方，

$$\zeta(t) - ct = \tilde{p} - (c-2)t - \frac{1}{4}\log(t+1) \to -\infty \quad (t \to \infty)$$

であるから，

$$\varphi(\zeta(t)-ct;c) \to 1 \quad (t \to \infty)$$

を満たし，したがって

$$u^{\pm}(\zeta(t),t) \to 1 \quad (t \to \infty)$$

が成り立つ．さらに，$u^{\pm}$ と φ が x について非増加であることから，$x < \zeta(t)$ についても一様に

$$|u^{\pm}(x,t) - \varphi(x-ct;c)| \to 0 \quad (t \to \infty)$$

となる．よって (3.34) と比較定理により，$x \in \mathbb{R}$ について一様に

$$|u(x,t) - \varphi(x-ct;c)| \to 0 \quad (t \to \infty)$$

であることが示され，証明が完結した． ■

もっとも遅い進行波解 $u = \varphi(x-2t;2)$ については，上のような議論は適

用できない．そのため，安定性の解析はより難しくなるので詳細は省略するが，初期値 $u_0(x)$ が

$$\liminf_{x\to -\infty} u_0(x) > 0, \qquad \limsup_{x\to \infty} \frac{u_0(x)}{xe^{-x}} < \infty$$

を満たせば，(3.28) の解はある関数 $\theta(t)$ に対して

$$\lim_{t\to\infty} \|u(\cdot,t) - \varphi(\cdot - \theta(t) - 2t; 2)\|_{L^\infty(\mathbb{R})} = 0$$

を満たすことが証明されている [50, 55, 213]．ここで，$\theta(t)$ は t の有界とは限らない関数である．これは，初期値が $x \to \infty$ のときに十分速く減衰すれば，位相のずれは徐々に大きくなるかもしれないが，(3.28) の解の形状は最小速度のフロント型進行波解の波形に漸近することを示している．

3.3 南雲方程式

3.3.1 双安定性

反応項が 3 次式で与えられる単独反応拡散方程式

$$u_t = \Delta u + u(u-a)(1-u) \tag{3.35}$$

を**南雲方程式**という．ただし，a は $0 < a < 1$ を満たす定数である．南雲方程式は燃焼 [141] や双安定信号伝送線路 [184] の振る舞いを記述するモデル方程式として導入されたものである [141, 184]．

南雲方程式の解の性質を調べるために，まず常微分方程式

$$u_t = u(u-a)(1-u) \tag{3.36}$$

について考えてみよう．この方程式は 3 個の平衡解 $u = 0, a, 1$ をもつ．$f(u) := u(u-a)(1-u)$ の符号を調べると，$u \in (-\infty, 0) \cup (a, 1)$ のとき $f(u) > 0$, $u \in (0, a) \cup (1, \infty)$ のとき $f(u) < 0$ である．これより，初期値が

$u(0) < a$ を満たせば $u = 0$ に近づいていき, $u(t) \to 0$ $(t \to \infty)$ を満たす. 逆に $u(0) > a$ であれば, $u = 1$ の方に近づき, $u(t) \to 1$ $(t \to \infty)$ を満たす. このように, 2つの安定平衡点をもつような系は**双安定**であるという.

また, (3.36) の平衡点 $u = a$ は不安定であり, $u = 0$ の引き込み領域と $u = 1$ の引き込み領域は $u = a$ で隔てられている. このように, 収束先を隔てる特殊な値のことを**閾値**という. $a = 1/2$ のときは $u = 0$ の引き込み領域と $u = 1$ の引き込み領域はつり合っているが, $0 < a < 1/2$ ならば $u = 1$ の引き込み領域の方が広くなり, その意味で $u = 1$ の方が $u = 0$ よりも強い安定性をもっている. 逆に $1/2 < a < 1$ ならば $u = 0$ の方が $u = 1$ よりも強い安定性をもつことになる.

南雲方程式 (3.35) の双安定性について, エネルギーの観点から考えてみよう. 有界領域 Ω において反射壁境界条件を課した系においては, エネルギー汎関数

$$E[u] := \int_\Omega \left\{ \frac{1}{2} |\nabla u|^2 - F(u) \right\} dx$$

は時間 t について非増加である (2.1.3 項参照). 南雲方程式の場合, $f(u) = u(u-a)(1-u)$ の原始関数

$$F(u) := \int_0^u s(s-a)(1-s) ds$$

に対し, $-F(u)$ は図 3.6 のように, 極小点が 2 つあるような関数となる. これを **2 重井戸型ポテンシャル**という. エネルギーが時間とともに減少することから, 解はポテンシャル関数 $-F(u)$ の底に向かう傾向にあり, したがって, もし初期値が $u_0(x) < a$ を満たせば解は自明解に近づき, $u_0(x) > a$ を満たせば正の定常解 $u = 1$ に近づくことになる. これはとくに, 空間一様な定常解 $u = 0$ および $u = 1$ は安定であり, $u = a$ は不安定であることを示している. これは比較定理を用いても簡単に証明できるが, エネルギー的な観点からも理解できるということである.

3.3.2 $\mathbb{R}$ 上の定常解

領域を $\mathbb{R}$ 全体としたとき, 定常解 $u = v(x)$ は

$$-F(u)$$

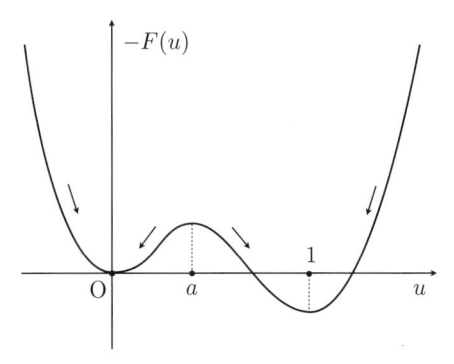

図 **3.6** 2重井戸型ポテンシャル.

$$v_{xx} + v(v-a)(1-v) = 0 \qquad (x \in \mathbb{R}) \tag{3.37}$$

を満たす．これに v_x をかけて積分すると

$$\frac{1}{2}v_x{}^2 + F(v) = C \tag{3.38}$$

が成り立つ．ただし C は定数である．$w = v_x$ とし，方程式 (3.37) を 2 次元力学系

$$\frac{d}{dx}\begin{pmatrix} v \\ w \end{pmatrix} = \begin{pmatrix} w \\ -v(v-a)(1-v) \end{pmatrix} \tag{3.39}$$

の形に書き直すと，(3.38) より，相平面上の各軌道は $w^2/2 + F(v)$ の等高線上にあるから，定数 C の値に応じて解の挙動を分類できる．

いま，$0 < a < 1/2$ であると仮定すると，ある $b \in (a, 1)$ に対して

$$F(v) \begin{cases} < 0 & (0 < v < b), \\ = 0 & (v = b), \\ > 0 & (b < v \le 1) \end{cases}$$

が成り立つ．このとき，力学系 (3.38) の軌道は図 3.7 のようになっている．平衡点は $(0,0), (a,0), (1,0)$ の 3 個である．他の有界な軌道として，$(0,0)$ に関するホモクリニック軌道 ($C = 0$) と周期軌道 ($C < 0$) がある．なお，ホ

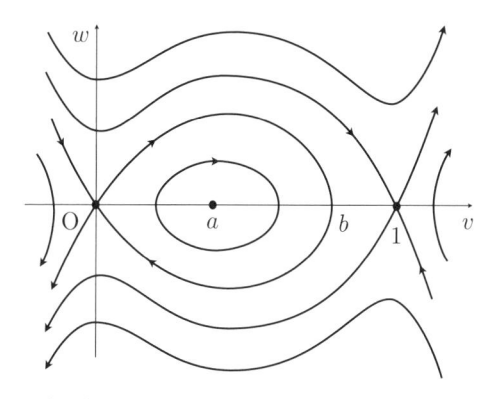

図 **3.7** 定常解に対する相面図上の軌道（$0 < a < 1/2$ の場合）．

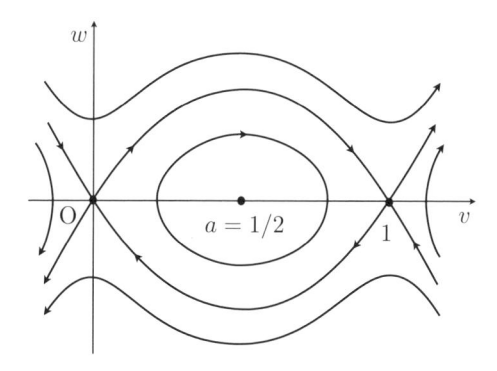

図 **3.8** 定常解に対する相面図上の軌道（$a = 1/2$ の場合）．

モクリニック軌道に対応する定常解は孤立定常解であり，周期軌道に対応する定常解は周期定常解である．

$1/2 < a < 1$ であれば，平衡点 $(0, 0)$ と $(1, 0)$ の役割を入れ替えたことになり，相面図上の軌道は図 3.7 の左右を反転させた形になる．とくに，平衡点 $(1, 0)$ に関するホモクリニック軌道が存在することに注意する．また，$a = 1/2$ の場合には相面図の様相は図 3.8 のようになっており，ホモクリニック軌道は存在せず，代わりに平衡点 $(0, 0)$ と $(1, 0)$ を結ぶ 2 つのヘテロクリニック軌道が現れる．このヘテロクリニック軌道は ± 1 を結ぶ定常解に対応する．

$\mathbb{R}$ 上の南雲方程式に対し，孤立定常解および周期定常解は不安定であり，

これらの解に正の外乱を加えると，解は $u=1$ に収束し，逆に負の摂動を加えると $u=0$ に収束する．なお，収束は $\mathbb{R}$ 上で一様とは限らない．この状況は，フィッシャー方程式の自明解に対するヘアトリガー効果と同じメカニズムにもとづいている．

3.3.3 フロント型進行波解

反応方程式 (3.36) は 2 個の安定な平衡点 $u=0, 1$ をもつから，南雲方程式 (3.35) においても空間内の各点で解は $u=0$ あるいは $u=1$ に近づこうとする力が働く．これに拡散の効果が加わると，$u=1$ と $u=0$ を結ぶ単調な形の解の存在が示唆される．またこのような解は，引き込む力が $u=0$ と $u=1$ のどちらがより強いかによって，波が右方向か左方向へと伝播する[11]と推測される．そこで，$\mathbb{R}$ 上の南雲方程式にフロント型の進行波解が存在するかどうか調べてみよう．

速度が c のフロント型進行波解 $u = \varphi(z)$ $(z = x - ct)$ は

$$\begin{cases} \varphi_{zz} + c\varphi_z + \varphi(\varphi - a)(1 - \varphi) = 0 & (z \in \mathbb{R}), \\ \varphi(-\infty) = 1, \quad \varphi(+\infty) = 0 \end{cases} \tag{3.40}$$

を満たさなければならない．そこで，$c \in \mathbb{R}$ をパラメータとする 2 次元力学系

$$\frac{d}{dz}\begin{pmatrix} v \\ w \end{pmatrix} = \begin{pmatrix} w \\ -cw - v(v-a)(1-v) \end{pmatrix} \tag{3.41}$$

を考える．フロント型進行波解はこの力学系の 2 つの平衡点 $(0,0)$ と $(1,0)$ を結ぶヘテロクリニック軌道に対応するが，フィッシャー方程式の場合と異なるのは，$(0,0)$ と $(1,0)$ はどちらも鞍点となることである．たとえば $0 < a < 1/2$ の場合を考えると，平衡点 $(1,0)$ に対する不安定多様体 W^u_- は $c=0$ のときには第 4 象限内を左に進んで w-軸と交わる．c を連続的に大きくしていくと，W^u_- は上方に動き，ある $c = c^*$ で平衡点 $(0,0)$ の安定多様体と重なって，

---

[11] 次項で述べるように，$a = 1/2$ のときは引き込む力がつり合っているため，進行波の速度は 0 になり，解は定常状態に近づく．

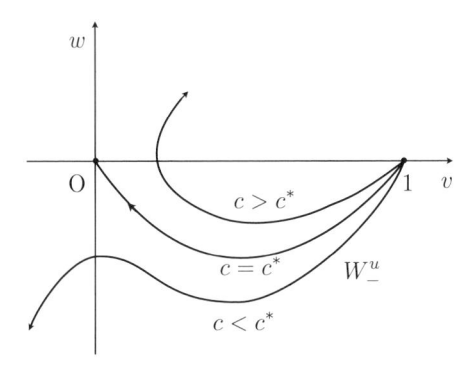

図 **3.9** 南雲方程式に対する相面図解析.

$(1,0)$ と $(0,0)$ を連結するヘテロクリニック軌道が現れる．さらに c を大きくすると，v-軸と交わるようになる（図 3.9 参照）．

同様の相面図解析は $1/2 \leq a < 1$ の場合にも適用できて，力学系 (3.27) にヘテロクリニック軌道が存在するのは，特別な値 $c = c^*$ に限ることがわかる．言い換えると，(3.40) は非線形の固有値問題とみなすことができて，c^* は固有値に，$\varphi(z)$ が固有関数に対応するということである．

力学系 (3.41) のヘテロクリニック軌道の存在は，フィッシャー方程式のときと同様に相面図解析によっても証明することができるが，実は南雲方程式には次のような形の厳密解

$$u = \varphi(z) := \frac{1}{1 + \exp(z/\sqrt{2})}, \qquad z = x - ct, \quad c = \frac{1 - 2a}{\sqrt{2}} \qquad (3.42)$$

が存在する．この $\varphi(z)$ は (3.40) を満たし，また z について単調減少である．すなわち，(3.42) の形の解は，まさにフロント型進行波解に他ならない．進行波の伝播速度は

$$c \begin{cases} > 0 & (0 < a < 1/2), \\ = 0 & (a = 1/2), \\ < 0 & (1/2 < a < 1) \end{cases}$$

を満たし，これは解がより安定な平衡状態へと引きつけられることを表している．

次に，フロント型進行波解の波形安定性について調べるために，次の初期値問題を考えよう．

$$\begin{cases} u_t = u_{xx} + u(u-a)(1-u) & (x \in \mathbb{R},\ t > 0), \\ u(x,0) = u_0(x) & (x \in \mathbb{R}). \end{cases} \tag{3.43}$$

フロント型進行波解 $u = \varphi(z)$, $z = x - ct$ に対し，初期値 $u_0(x)$ がある定数 $\theta > 0$ に対して

$$\varphi(x + \theta) \leq u_0(x) \leq \varphi(x - \theta) \qquad (x \in \mathbb{R}) \tag{3.44}$$

を満たせば，比較定理により，(3.43) の解はすべての t に対して

$$\varphi(x - ct + \theta) \leq u(x,t) \leq \varphi(x - ct - \theta) \qquad (x \in \mathbb{R},\ t > 0)$$

を満たす．すなわち，初期外乱 $u_0(x) - \varphi(x)$ が (3.44) が成り立つ程度に小さければ，解の形は崩れず，進行波のように振る舞うことがわかる．ただし，$\varphi(x - \theta) - \varphi(x + \theta)$ は $|x| \to \infty$ のとき指数的に小さくなるので，外乱が十分速く減衰しないと，条件 (3.44) は満たされない．

しかしながら，比較関数の構成を工夫することにより，初期外乱が $L^\infty(\mathbb{R})$ の意味で小さければ，(3.43) の解は $\varphi(x - ct)$ の近くに留まることを示そう．

定理 3.9 ([96])　南雲方程式のフロント型進行波解は安定である．すなわち，任意の $\varepsilon > 0$ に対し，ある $\delta > 0$ が存在して，初期値が

$$|u_0(x) - \varphi(x)| < \delta \qquad (x \in \mathbb{R})$$

を満たせば，(3.43) の解は

$$|u(x,t) - \varphi(x - ct)| < \varepsilon \qquad (x \in \mathbb{R},\ t > 0)$$

を満たす．

証明　次の形で定義される比較関数

$$u^-(x,t) := \varphi(x - ct + a(t)) - b(t), \qquad u^+(x,t) := \varphi(x - ct - a(t)) + b(t)$$

が，$a(t)$ と $b(t)$ をうまく選ぶことにより，優解あるいは劣解となることを示す．

$f(u) = u(u-a)(1-u)$ と表し，φ が (3.40) を満たすことを用いると，

$$\begin{aligned}
u_t^+ - u_{xx}^+ - f(u^+) &= -(c+a_t(t))\varphi_z + b_t(t) - \varphi_{zz} - f(\varphi + b(t)) \\
&= -a_t(t)\varphi_z + b_t(t) + f(\varphi) - f(\varphi + b(t)) \\
&= -a_t(t)\varphi_z + b_t(t) - f'(\varphi + \theta b(t))b(t)
\end{aligned}$$

と計算できる．ただし，$\varphi_t, \varphi_z, \varphi_{zz}$ は $z = x - ct + a(t)$ における値を表すものとし，また $0 < \theta < 1$ である．ここで，$a_0, b_0 > 0$ を定数として，

$$a(t) := a_0(2 - e^{-\sigma t}), \qquad b(t) := b_0 e^{-\sigma t}$$

とおくと，

$$u_t^+ - u_{xx}^+ - f(u^+) = e^{-\sigma t} b_0 \big\{ -(a_0/b_0)\sigma\varphi_z - \sigma - f'(\varphi + \theta b(t)) \big\} \quad (3.45)$$

である．$f'(\varphi(z) + \theta b(t))$ は $z \to \pm\infty$ とすると負の定数に収束するから，σ を

$$0 < \sigma < \min\{-f'(0), -f'(1)\}$$

と選んで固定すると，ある $R > 0$ と $\delta > 0$ に対して

$$-\sigma - f'(\varphi + \theta b(t)) > \delta > 0 \qquad (|x - ct| > R)$$

が成り立つ．また $\varphi_z < 0$ であるから，a_0/b_0 が十分大きければ，

$$-(a_0/b_0)\sigma\varphi_z - \sigma - f'(\varphi + \theta b(t)) > 0 \qquad (|x - ct| \le R)$$

が成り立つ．このとき，(3.45) の右辺はすべての $x \in \mathbb{R}$ に対して正となり，したがって $u^+(x,t)$ は優解である．

同じ形の $a(t), b(t)$ に対し，$u^-(x,t)$ が劣解となることは同様にして示される．また明らかに $u^-(x,t) < u^+(x,t)$ であり，$a_0, b_0 > 0$ は任意に小さく選ぶことができる．したがって，$\|u_0(\cdot) - \varphi(\cdot)\|_{L^\infty(\mathbb{R})}$ が十分小さければ，(3.43) の解が $\varphi(x - ct)$ の近傍に留まることが示された．∎

フィッシャー方程式の場合，フロント型進行波解が外乱に対して安定であるためには，外乱が進行方向に速く減衰することが必要だった．これに対し，定理 3.9 は南雲方程式の場合はこの条件は必要ないことを主張している．この違いは，フィッシャー方程式の自明解 $u=0$ は不安定なのに対し，南雲方程式においては，空間的に一様な定常解 $u=0$ および $u=1$ の両方が指数的に安定であることに起因している．

最後に，南雲方程式の進行波と関連した話題について，簡単にふれておこう．

・**高次元進行波解**：高次元領域 $\mathbb{R}^N$（$N \geq 2$）においては，平面進行波解（1.2.3 項参照）が存在する．これ以外にも V 字状や U 字状の形をした進行波や角錐型の進行波など，いろいろな波形の進行波解の存在が示されている [193, 220]．

・**波面が広がる解**：$\mathbb{R}^N$ において，ある点について対称な形の波面が，外に向かって拡がるような解が存在する．たとえば，2 次元領域 $\mathbb{R}^2$ では，同心円状の波面がほぼ一定の速度で拡大するような解が存在する．このような解は，通常の意味の波形安定性よりはやや弱い意味の安定性をもつことが示されている [230]．また，広いクラスの局在した非対称な初期値に対し，波面は外に向かって拡大し，波面の断面の形状は 1 フロント型進行波解の波形に近づく [137]．

・**衝突解**：南雲方程式の進行波解は，解の形状により右方向へも左方向へも伝播する．そのため，十分遠くから向かい合うように伝播してきたフロントが衝突すると，その後で解は空間一様な定常状態に近づく（図 3.10 参照）．このように，逆方向に進むフロントがぶつかるような解のことを**衝突解**といい，衝突の過程を記述する時間全域解の存在が数学的に証明されている [102, 231]．この解はすべての $t \in \mathbb{R}$ に対して定義され，$t \to -\infty$ とするとフロントは空間遠方に遠ざかり，ある時刻において衝突し，$t \to \infty$ とすると空間一様定常解に収束する．

この他，南雲方程式にはフロント型ではない各種の進行波解が存在することがわかっているが，くわしくは [26, 27] などを参照していただきたい．

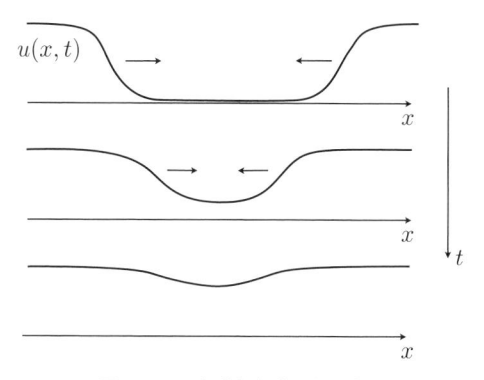

図 **3.10** 南雲方程式の衝突解.

3.4 アレン–カーン方程式

3.4.1 定常解の分岐構造

3次の奇対称な非線形項をもつ単独反応拡散方程式

$$u_t = \Delta u + u(1 - u^2) \tag{3.46}$$

をアレン–カーン方程式という．南雲方程式 (3.35) において $a = 1/2$ とすると，簡単な変数変換により (3.46) の形に書き直すことができる．したがって，アレン–カーン方程式は南雲方程式の特殊な場合とみなすことができる．

アレン–カーン方程式は 2 個の平衡点 $u = \pm 1$ の安定度が等しい双安定系であり，フロント型進行波解の速度がちょうど 0 となるという特殊な状況にある．このことから，アレン–カーン方程式は $a \neq 1/2$ の場合の南雲方程式にはみられない数学的構造が現れる．

アレン–カーン方程式にパラメータ $\mu > 0$ を導入し，区間 $[0, L]$ において，反射壁境界条件を課した問題

$$\begin{cases} u_t = u_{xx} + \mu^2 u(1 - u^2) & (0 < x < L), \\ u_x(0, t) = 0 = u_x(L, t) \end{cases} \tag{3.47}$$

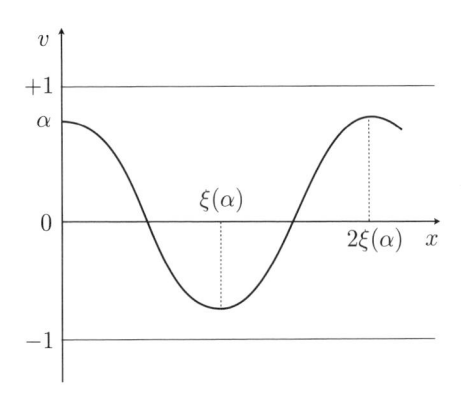

図 **3.11** 初期値問題 (3.48) の解.

をチェイフィー–インファンテ問題[64] という．反応拡散方程式の大域的な解の挙動やアトラクタについて調べることは一般には容易ではないが，チェイフィー–インファンテ問題はこれらについてくわしい構造を調べることができる．

まず，(3.47) の定常解の構造を調べよう．そのために，補助的な初期値問題

$$\begin{cases} v_{xx} + v(1-v^2) = 0 & (x>0), \\ v(0) = \alpha, \quad v_x(0) = 0 \end{cases} \tag{3.48}$$

を考え，この解を $v(x;\alpha)$ と表すことにする．まず，$\alpha = \pm 1, 0$ のときは $v(x;\alpha)$ は定数解となる．また，$\alpha > 1$ であれば，v は下に凸で単調に増加し，同様に，$\alpha < -1$ の場合は上に凸で単調に減少する．

$0 < \alpha < 1$ と仮定すると，v は $0 < v < 1$ である限り上に凸で単調に減少し，ある $x > 0$ で $v = 0$ を満たす．v はこの点について奇対称であるから，ある $\xi(\alpha) > 0$ が存在して，v は $x \in (0, \xi(\alpha))$ について単調に減少し，$v_x(\xi(\alpha); \alpha) = 0$ を満たす．さらに v は $x = \xi(\alpha)$ について偶対称であるから，v は周期 $2\xi(\alpha)$ の関数となる．したがって，$0 < \alpha < 1$ のとき，(3.48) の解は図 3.11 のようになっている．

ここで，$w(x; \alpha, \mu) := v(\mu x; \alpha)$ とおくと，w は

$$\begin{cases} w_{xx} + \mu^2 w(1-w^2) = 0 & (x > 0), \\ w_x(0) = 0, \quad w_x(\mu^{-1}\xi(\alpha)) = 0 \end{cases}$$

を満たしている．したがって，ある正の整数 k と実数 μ に対して

$$L = \frac{k\xi(\alpha)}{\mu} \tag{3.49}$$

が成り立てば，$u = w(x; \alpha, \mu)$ は (3.47) の k-モード定常解である．

条件 (3.49) がどのような場合に成り立つかを調べるには，次の補題が必要である．

補題 3.10　$\xi(\alpha)$ は以下の性質をもつ．

(i) $\xi(\alpha)$ は $\alpha \in (0,1)$ について微分可能かつ単調増加．

(ii) $\lim_{\alpha \to 1} \xi(\alpha) = \infty$.

(iii) $\lim_{\alpha \to 0} \xi(\alpha) = \pi$.

証明　まず，$v(x;\alpha)$ は x と α について微分可能である．そこで，$v_x(\xi(\alpha)/2;\alpha) \neq 0$ より，$v(\xi(\alpha)/2;\alpha) = 0$ に陰関数定理を適用すると，$\xi(\alpha)$ は α について微分可能であることがわかる．

次に，$0 < \alpha < \tilde{\alpha} < 1$ とし，対応する (3.48) の解を $v(x), \tilde{v}(x)$ と表す．いま，$x \in (0,c), 0 < c < \xi(\alpha)/2$ に対して $0 < v(x) < \tilde{v}(x)$ と仮定し，

$$\frac{d}{dx}(\tilde{v}_x v - \tilde{v} v_x) = \tilde{v}_{xx} v - \tilde{v} v_{xx} = -\tilde{v}(1-\tilde{v}^2)v + \tilde{v}v(1-v^2)$$
$$= \tilde{v}v(\tilde{v}^2 - v^2) > 0$$

を $[0,c]$ で積分すると

$$\left[\tilde{v}_x v - \tilde{v} v_x \right]_0^c > 0$$

を得る．ここで $\tilde{v}(c) = v(c), \tilde{v}_x(c) \leq v_x(c)$ であると仮定すると，左辺は

$$\left[\tilde{v}_x v - \tilde{v} v_x \right]_0^c = \tilde{v}_x(c)v(c) - \tilde{v}(c)v_x(c) = v(c)\{\tilde{v}_x(c) - v_x(c)\} \leq 0$$

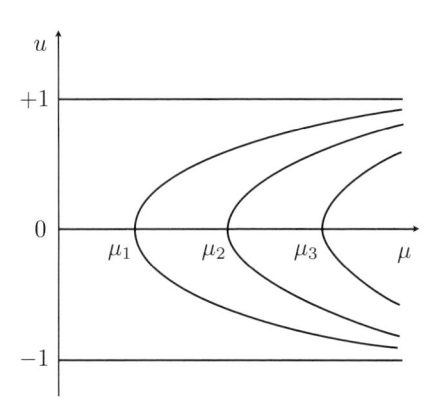

図 **3.12** チェイフィー–インファンテ問題の分岐図.

となり矛盾である．したがって，$\xi(\alpha)/2 < \xi(\tilde{\alpha})/2$ でなければならないから (i) が示された．

初期値に関する連続性より，$\alpha \to 1$ のとき，任意の有界区間で一様に $v(x;\alpha) \to 1$ を満たす．したがって (ii) が成り立つ．また，$\hat{v}(x;\alpha) := \alpha^{-1}v(x;\alpha)$ とおくと，$\hat{v}$ は

$$\begin{cases} \hat{v}_{xx} + \hat{v} - \alpha^2 \hat{v}^3 = 0 & (x > 0), \\ \hat{v}(0) = 1, \quad \hat{v}_x(0) = 0 \end{cases}$$

を満たす．パラメータに関する連続性より，$\alpha \to 0$ のとき任意の有界区間で一様に $\hat{v}(x;\alpha) \to \cos x$ を満たす．よって (iii) が示された．∎

条件式 (3.49) に戻ろう．補題 3.10 より，$\mu > \mu_k := k\pi/L$ に対して (3.49) を満たす $\alpha = \alpha_k(\mu) \in (0,1)$ が一意的に定まり，$u = \varphi_k(x;\mu) := w(x;\alpha_k(\mu),\mu)$ は (3.47) の k-モード定常解となる（2.3.1 項参照）．また，$\alpha_k(\mu)$ は μ について単調に増加し，$\mu \to \infty$ のときに $\alpha_k(\mu) \to 1$ を満たしている．さらに，$u = -\varphi_k(x;\mu)$ も (3.47) の定常解であることに注意すると，チェイフィー–インファンテ問題の分岐図は図 3.12 のようになっていることがわかる．

この分岐図が示すように，各 $\mu = \mu_k$ ($k = 1, 2, \ldots$) において，自明解か

ら符号が反対の2つのk-モード定常解が分岐する．これは**熊手型分岐**あるいは**ピッチフォーク分岐**と呼ばれる分岐である．

3.4.2 大域的構造

この項では，チェイフィー–インファンテ問題 (3.47) の時間依存する解も含めた大域的構造について述べる．チェイフィー–インファンテ問題 (3.47) の解の大域的な構造は無限次元力学系の観点からくわしく調べられており，大域アトラクタの構造が完全に解明されている [124]．一般に，大域アトラクタは平衡点とその不安定多様体から構成されるが，平衡点そのものについては，分岐図（図 3.12）によって構造が明らかである．したがって，各定常解の不安定多様体の構造がわかればよいことになる．

関数 $u^+(t)$ と $u^-(t)$ を

$$u_t^\pm = u^\pm(1-(u^\pm)^2), \qquad u^\pm(0) = \pm M$$

の解としよう．$M>0$ を十分大きくとり，初期値の有界集合が $\pm M$ にはさまれるとすれば，比較定理により，十分時間が経てば，解は $-1-\varepsilon$ と $1+\varepsilon$ の間にある．ただし，$\varepsilon > 0$ は任意に小さくとれる定数である．これは，大域アトラクタが -1 と 1 の間にあることを示している．

一方，任意の有界な初期値 $u_0(x)$ に対し，解は時間大域的に存在して，$t \to \infty$ のときに必ず定常解に区間 $[0, L]$ 上で一様収束する．これはエネルギーが時間とともに減少し，また定常解は有限個で孤立していることから示される．したがって，不安定多様体は -1 と 1 の間にとどまる．また，勾配構造によるエネルギーの単調減少性と，ラップ数および交点数の非増加性から，k-モードの定常解から出た不安定多様体上の解は，他のより低いモードの定常解へとつながる連結解（1.2.4 項参照）となる．

解の大域的構造は μ の値に依存して変化する．まず，$\mu \in (0, \mu_1]$ では定常解は空間的に一様な解 $\varphi = 0, \pm 1$ しかない．自明解の不安定次元は 1 で，不安定多様体は 0 と ± 1 を結ぶ（空間一様な解による）連結軌道からなる．したがって，解の大域的構造は図 3.13 のようになっており，大域アトラクタは 1 次元である．

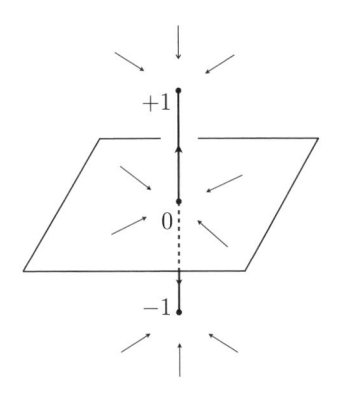

図 3.13 $\mu \in (0, \mu_1]$ に対するチェイフィー–インファンテ問題の解の大域的構造.

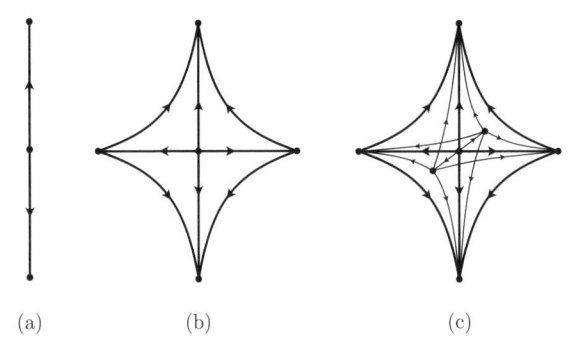

(a)　　　　　　(b)　　　　　　(c)

図 3.14 チェイフィー–インファンテ問題の大域アトラクタの構造. (a) $k = 0$, (b) $k = 1$, (c) $k = 2$.

次に，$\mu \in (\mu_1, \mu_2]$ に対しては，自明解は 2 次元の不安定多様体をもち，また，2 つの 1-モードの定常解が現れる．2.3.2 項の定理 2.6 より，これらは 1 次元の不安定性をもっており，正あるいは負の外乱によって不安定化し，定数定常解 ±1 のいずれかに収束する．なお，自明解に収束しない理由は，自明解の安定多様体上の解はすべて 2 個以上の零点をもっているからである．この場合は，大域的構造は図 3.14 のようになっており，大域アトラクタは 2 次元である．

以下同様に，μ が増加すると分岐点から新たな定常解が現れ，$\mu \in (\mu_k, \mu_{k+1}]$ ($k = 1, 2, \ldots$) に対しては，1-モードから k-モードまでの定常解が 2 つずつ存在する．2.3.2 項の定理 2.6 より，k-モード定常解の不安定次元はちょうど

k であり,この場合は,大域アトラクタは $k+1$ 次元となる.このように,μ が増加して定常解が分岐するたびに,大域アトラクタの次元が高くなって,より複雑な構造へと変化していく.

3.4.3 界面ダイナミクス

$\mathbb{R}^N$ 上のアレン–カーン方程式において,拡散係数を $\varepsilon^2 > 0$ としたときの初期値問題

$$\begin{cases} u_t = \varepsilon^2 \Delta u + u(1-u^2) & (x \in \mathbb{R}^N,\ t > 0), \\ u(x,0) = u_0(x) & (x \in \mathbb{R}^N) \end{cases} \quad (3.50)$$

について考える.ここで初期値 $u_0(x)$ が(数学的な意味でも物理的な意味でも)十分滑らかであるとし,$\varepsilon > 0$ は小さいパラメータと仮定すると,(3.50) の解は以下のように振る舞うことが推測される.まず,$\varepsilon > 0$ が小さいため,初期の段階では拡散はほとんど働かず,空間内の各点において常微分方程式

$$u_t = u(1-u^2)$$

の解のように振る舞う.この常微分方程式の解は簡単にわかるように,初期値が正か負かによって $+1$ あるいは -1 に近づく.したがって,しばらく時間が経つと,(3.50) の解は $+1$ に近いところ,-1 に近いところ,± 1 から ∓ 1 へと急激に移り変わる遷移層に分かれる.$\varepsilon > 0$ が十分小さいとすると,この遷移層の幅も十分小さくなる.$\varepsilon \to 0$ とした極限では遷移層を $N-1$ 次元の(超)曲面とみなすことができ,この曲面を**界面**という.要するに,$\varepsilon > 0$ が十分小さいとき,滑らかな初期値から出た解は時間が経つと相の分離が起こって遷移層(界面)を形成するが,その位置は初期値の符号変化するところである.

さて,遷移層が形成されると拡散の働きは無視できなくなり,その結果,界面の位置は時間とともにゆっくりと変化する.この界面がどのように運動するかについて,形式的な議論によって考察してみよう.

まず,$\mathbb{R}$ 上において,界面が 1 点からなる場合を考える.もし初期値が

$$u_0(x) \begin{cases} > 0 & (x < \gamma), \\ < 0 & (x > \gamma) \end{cases}$$

を満たせば，解はフロント型定常解 $\varphi(\varepsilon^{-1}(x-\gamma) - \theta)$ に収束する．ただし，$\varphi(x)$ は

$$\begin{cases} \varphi_{xx} + \varphi(1-\varphi^2) = 0 & (x \in \mathbb{R}), \\ \varphi(-\infty) = 1, \quad \varphi(0) = 0, \quad \varphi(+\infty) = -1 \end{cases} \quad (3.51)$$

を満たし，θ は位相のずれを表す定数である．したがって，この場合には遷移層が γ の近くに現れるが，界面は静止したままである．

次に，有限区間 $[a,b]$ 上において反射壁境界条件を課した系

$$\begin{cases} u_t = \varepsilon^2 u_{xx} + u(1-u^2) & (a < x < b), \\ u_x(a,t) = 0 = u_x(b,t) \end{cases} \quad (3.52)$$

において，初期値がある $\gamma \in (a,b)$ について

$$u(x,0) \begin{cases} > 0 & (a \leq x < \gamma), \\ < 0 & (\gamma < x \leq b) \end{cases}$$

を満たす場合を考える．このとき，遷移層が γ の近傍に現れるが，空間的に単調減少する定常解は，対称性から区間の中点に零点をもつものしかない．したがって，$\gamma \neq (a+b)/2$ であれば，遷移層は静止していることができず，ゆっくりと動き出すと考えられる．そこで，界面の位置を $\gamma(t)$ と表すことにしよう．この場合，数値シミュレーションを行ってみると，ε が小さいときには，この解は定常解ではないにもかかわらず，界面はほとんど動かない[12]．実際，界面の運動が，ε に無関係なある正定数 C を用いて，$O(e^{-C/\varepsilon})$ のオーダー[13]の速さとなることが示される [61, 104]．これを**超スローダイナミクス**という．

---

[12] そのため，この状態を準安定状態ということもある．
[13] ここで，$O(\cdot)$ はランダウの記号と呼ばれ，$\varepsilon \to 0$ とするときに，$e^{-C/\varepsilon}$ の定数倍よりも小さくなるような項を表す．

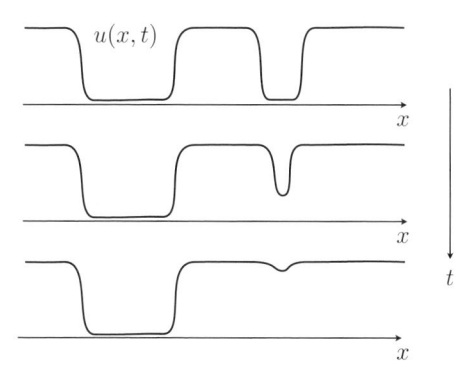

図 3.15 アレン–カーン方程式における界面の対消滅.

なぜこのようなことが起こるのか，形式的な計算によってみてみよう．まず，(3.51) の解を用いて，解を

$$u(x,t) \simeq u^0(x,t) := \varphi(\varepsilon^{-1}(x - \gamma(t)))$$

と近似する．ここで，$u^0(x,t)$ は (3.52) を満たしてはおらず，その誤差は

$$\begin{cases} u^0_t - \varepsilon^2 u^0_{xx} - u_0(1 - u_0{}^2) = \varepsilon^{-1} \gamma_t(t) \varphi, \\ u^0_x(a,t) = \varepsilon^{-1} \varphi_x(\varepsilon^{-1}(a - \gamma(t))), \\ u^0_x(b,t) = \varepsilon^{-1} \varphi_x(\varepsilon^{-1}(b - \gamma(t))) \end{cases}$$

と計算される．ここで，$\varphi_x(x)$ は $x \to \pm\infty$ のときに指数的に 0 に収束することから，$\varepsilon \to 0$ とすると境界条件の誤差は指数的に小さくなる．したがって，$\gamma_t(t)$ が十分小さければ，$u_0(x,t)$ は方程式および境界条件のよい近似になっている．この場合，界面は境界の影響によって駆動されるのであるが，その影響は，境界条件の誤差程度である．このことから，$\gamma(t)$ の運動が超スローダイナミクスに支配されていることが形式的に導かれる．

有限区間あるいは無限区間上の方程式で複数の界面が形成される[14]ときも，同様の考察により，界面同士にきわめて弱い相互作用が生じることが導かれる．その結果，もっとも近い距離にある界面同士が引きつけ合い，図 3.15 の

---

[14] 初期値の符号が 2 回以上変化する場合には，複数ある零点の近傍に界面が形成される．

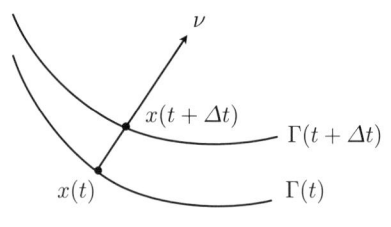

図 **3.16** 曲面 $\Gamma(t)$ の法線速度.

ように界面同士が衝突して消えるという現象が起こる [79]．これを界面の**対消滅**という．界面の対消滅を繰り返すことにより，最終的には空間一様な定常解あるいはフロント型の定常解へと収束する．

次に，高次元領域 $\mathbb{R}^N$ ($N \geq 2$) において，界面が形成された後の解の挙動について調べよう．界面の運動を記述するには以下のような方法をとる．まず，界面は，$\varepsilon \to 0$ とした極限においては，$N-1$ 次元の（超）曲面に収束すると考え，この曲面がある法則にしたがって時間とともに動くと仮定する．この運動法則を記述するには，曲面の法線方向の速度を以下のように指定する．いま，滑らかな曲面が時間とともに連続的に変化し，時刻 t における曲面 $\Gamma(t)$ が時刻 $t+\Delta t$ において $\Gamma(t+\Delta t)$ に変化したとする．点 $x(t) \in \Gamma(t)$ を固定し，点 $x(t)$ における法線 ν が $\Gamma(t+\Delta t)$ と交わる点を $x(t+\Delta t)$ とする（図 3.16 参照）．このとき，

$$V := \lim_{\Delta t \downarrow 0} \frac{|x(t+\Delta t) - x(t)|}{\Delta t}$$

を曲面 $\Gamma(t)$ の点 $x(t)$ における**法線速度**という．

では，界面の法線速度は何によって決まるのだろうか．実は，アレン–カーン方程式のフロント解の速度が 0 であることから，界面のダイナミクスは，それ自身の形状や領域とも関係している．具体的には，界面が十分滑らかな曲面としたとき，界面の運動は

$$V \simeq -\varepsilon^2 (N-1)\kappa \qquad (x \in \Gamma) \tag{3.53}$$

で表される法則にしたがうことが明らかにされている．ここで $\Gamma = \Gamma(t)$ は界面の位置を表す $\mathbb{R}^N$ 内の $N-1$ 次元超曲面であり，V および κ はそれぞれ

曲面上の点における法線速度と平均曲率である．また，記号 "$\simeq$" は左辺を ε で展開したときの主要項が右辺で与えられることを表している．つまり，界面自身の平均曲率が界面の駆動力であり，またその速度は ε^2 のオーダーであるということである．

なお，南雲方程式

$$u_t = \varepsilon^2 \Delta u + u(u-a)(1-u)$$

においても，界面は同様に形成されるが，$a \neq 1/2$ の場合には，界面の速度はフロント型進行波解の速度 c と同じ法線速度で伝播し，その時間スケールは ε のオーダーである．すなわち，界面の運動法則は形状とは無関係で，$V \simeq \varepsilon c$ で与えられる．

界面の運動法則 (3.53) の厳密な証明は [56, 65, 80, 91, 181] を参照していただくことにして，ここでは形式的な議論で (3.53) を導こう．
$x = (x_1, x_2, \ldots, x_N)^T \in \mathbb{R}^N$ とし，界面が $x_1 = 0$ で与えられているとしよう．アレン–カーン方程式は（平面）定常解 $u = \varphi(\varepsilon^{-1} x_1)$ をもつことから，界面が平面であれば法線速度は 0 であり，したがって界面は動かない．界面が平面でなければ，界面が曲がっていることの効果によって界面が動く可能性がある．そこで，界面の法線速度は ε^2 のオーダーであると仮定し，時間変数を $s = \varepsilon^{-2} t$ として時間スケールを変え，方程式 (3.50) を

$$\varepsilon^2 u_s = \varepsilon^2 \Delta u + u(1 - u^2)$$

と書き直してみる．ここで，遷移層が十分薄いことを考慮し，界面と点 x の距離

$$\xi(s) := \inf_{y \in \Gamma(s)} |x - y|$$

を用いて，解が

$$u(x, s) = U^0(\varepsilon^{-1} \xi, s) + \varepsilon U^1(\varepsilon^{-1} \xi, s) + \varepsilon^2 U^2(\varepsilon^{-1} \xi, s) + \cdots$$

と展開できたと仮定する．この展開式より，

$$u_s = \varepsilon^{-1}U_x^0\xi_s + U_s^0 + U_x^1\xi_s + O(\varepsilon^1),$$
$$\Delta u = \varepsilon^{-2}U_{xx}^0|\nabla\xi|^2 + \varepsilon^{-1}U_x^0\Delta\xi + \varepsilon^{-1}U_{xx}^1|\nabla\xi|^2 + O(\varepsilon^0),$$
$$f(u) = f(U^0) + \varepsilon f'(U^0)U^1 + O(\varepsilon^2)$$

となる．ここで，$O(\cdot)$ は $\varepsilon \to 0$ とするとき，$O(\varepsilon^k)$ は ε と無関係な定数 $C > 0$ を用いて $C\varepsilon^k$ よりも小さくなるような項を表す．これらを方程式に代入し，ε の次数で整理すると，まず ε^0 オーダーの項より

$$U_{xx}^0|\nabla\xi|^2 + f(U^0) = 0$$

が得られる．ここで，界面の近傍では

$$|\nabla\xi|^2 = 1$$

であることから，$U^0 = \varphi(\varepsilon^{-1}\xi)$ と定まる．同様に ε^1 の項から

$$U_x^0\xi_s = U_x^0\Delta\xi + U_{xx}^1|\nabla\xi|^2 + f'(U^0)U_1$$

が得られ，これより

$$\xi_s = \Delta\xi, \qquad U^1 = C\varphi_x$$

と定まる．ただし，界面の位置を ε オーダーだけずらせば，$C = 0$ となるようにでき，また，ξ の定義から

$$\xi_s = -V, \quad \Delta\xi = (N-1)\kappa + O(\xi) \quad (\xi \to 0)$$

であることに注意すると，結局

$$V = -(N-1)\kappa \qquad (3.54)$$

が導かれる．これは時間スケール $s = \varepsilon^{-2}t$ でみたときの運動法則であり，元の時間変数 t に戻すと，界面ダイナミクス (3.53) が導かれる．

方程式 (3.54) は**平均曲率流**と呼ばれ，曲面 $\Gamma(s)$ がその平均曲率にしたがって時間発展していく様子を記述した幾何学的な方程式である．平均曲率流は

結晶成長や 2 成分合金の界面のダイナミクスを記述するモデルとして用いられるなど，応用上も重要な方程式であり [8]，数学的にも重要な研究対象となっている [66, 82, 92, 93, 94, 95, 192]．

界面ダイナミクスをエネルギーの観点から考察してみよう．簡単のため $\mathbb{R}^2$ 内の有界領域 Ω を考えて反射壁境界条件を課し，界面 Γ は Ω 内の滑らかな閉曲線であると仮定する．方程式 (3.50) に対するエネルギーを

$$E[u] := \int_\Omega \left\{ \frac{1}{2}\varepsilon^2 |\nabla u|^2 - F(u) \right\} dx$$

で定義する．ただし，

$$F(u) := \int_0^u s(1-s^2) ds = \frac{1}{2}u^2 - \frac{1}{4}u^4$$

である．このエネルギーは，(3.50) の解に対して

$$\frac{d}{dt} E[u(\cdot, t)] = -\int_\Omega u_t^2 dx$$

を満たしており，エネルギーを減少させる方向に解は変化していく．界面の近傍以外では，解はほぼ定数 ± 1 の値をとり，エネルギーはもっとも低い状態にある．一方，界面の近傍の遷移層では，解の勾配 $|\nabla u|$ が大きいだけでなく，$F(u)$ の値も $u = \pm 1$ の場合に比べて大きい．したがって，解のエネルギーは界面の近傍に集中していることになる．また上述の形式的な議論が示唆するように，遷移層は界面の断面方向についてほぼ同じ形をしており，界面に沿ってのエネルギー密度はほぼ一定であり，したがってエネルギーは界面の長さにほぼ比例する．エネルギーが減少することから，解は界面の長さが減少する方向に変化するが，実際，平均曲率流は界面の長さをもっとも効率よく減らす働きをもっている．3 次元以上の領域の場合も同様で，平均曲率流 (3.54) は界面の面積を小さくするように働く．

反射壁境界条件を仮定するときには，界面が領域の境界と接する状況も起こりうる．界面が境界に接する点では直交しているほうが界面の長さ（あるいは面積）が小さくなることから，界面は境界と直交しながら，曲率に依存したダイナミクス (3.53) にしたがう．たとえば，ダンベル型の領域を考え，

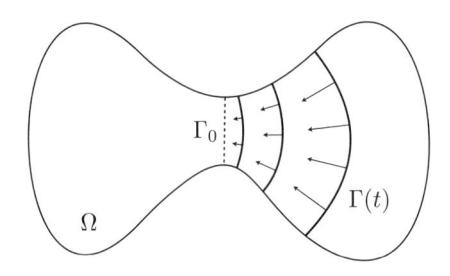

図 3.17 ダンベル型領域における境界と接する界面のダイナミクス.

領域が界面によって 2 つの領域に分割されている場合には，界面 $\Gamma(t)$ は断面積が小さくなる方向に動き，$t \to \infty$ のとき極小断面となるような直線 Γ_0 に漸近する（図 3.17 参照）．言い換えれば，ダンベル型領域のように極小断面をもつ領域においては，アレン–カーン方程式は空間的に非一様な安定定常解をもつ[15][149]．

$\mathbb{R}^N$ 内の管状領域

$$\Omega := \{z = (x, y) : x \in (a, b),\ y \in \mathbb{R}^{N-1}\}$$

において，界面が領域の側面

$$\{z = (x, y) : x \in (a, b),\ y \in \partial Y\} \subset \partial \Omega$$

に接していて領域を二分していれば，界面は時間とともに平面（領域 Ω の断面）に近づく．平面の曲率は $\kappa = 0$ であるから平均曲率流 (3.54) の定常解であり，界面ダイナミクス (3.53) のもとでは静止しているようにみえる．しかしながら，平面に近づいたその後では，区間 (a, b) における解と同じように，超スローダイナミクスに支配されて動いていく．一部が管状になっている領域，たとえば長方形および他の部分からなる 2 次元領域（図 3.18 参照）においても超スローダイナミクスがみられるが，界面の動く方向は Ω の形状，とくに長方形の部分が接する境界の曲率に依存する [47]．

$\mathbb{R}^2$ 上の曲線 C に沿って幅が一定の帯状領域を**等幅領域**と呼ぶ（図 3.19 参照）．この場合，その境界と直角に接する直線状の界面は界面ダイナミクス

---

[15] 凸領域に対してはこのような極小断面は存在しない．

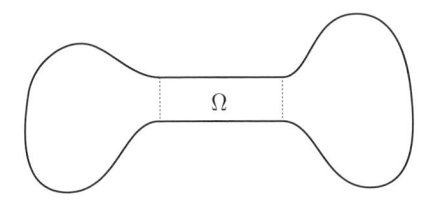

図 **3.18** 長方形チャネルをもつ領域.

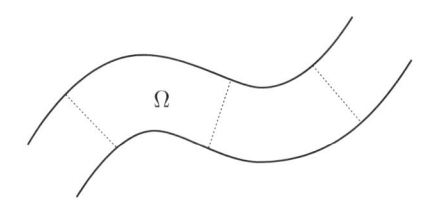

図 **3.19** 等幅領域.

(3.53) のもとでは静止しているようにみえるが,超スローダイナミクスよりも速い動きを示す.実際,幅が一定で曲がっているような帯状領域では,$O(\varepsilon^4)$ の速さの界面の運動が生じる [84].

このような状況では,界面を駆動する力は境界の非対称性である.すなわち,曲率の変化が界面を動かすのであるが,界面の形状はほとんど直線状のため,その速度は平均曲率流に支配されているときよりも遅いことが推測できる.実際,その速度は ε^4 のオーダーで曲線 C の曲率が小さいほうへ(曲がり具合が大きいところから小さいところへ)と動いていくことが報告されている [84].このような運動を**スローダイナミクス**と呼ぶ.

以上のように,2 次元領域では,3 種類のスケールでの界面ダイナミクスが観測される.すなわち,界面自身の曲率によって駆動される $O(\varepsilon^2)$ の速さの曲率流,等幅の領域において境界の曲率の変化率で駆動される $O(\varepsilon^4)$ の速さのスローダイナミクス,等幅かつ境界の曲率が一定の領域にみられる $O(e^{-C/\varepsilon})$ の速さの超スローダイナミクスである.

第4章

多成分反応拡散方程式の一般的性質

4.1 順序保存性と正不変集合

4.1.1 順序保存系

　単独反応拡散方程式に対する比較定理は，解の性質を調べるための強力な手法であり，また解の挙動について強い制約を与える．連立の反応拡散方程式に対しては，比較定理は一般には成立しないが，特別な構造をもつ多成分反応拡散方程式の場合には同様の比較定理を示すことができる．

　$\mathbb{R}^N$ 内の有界あるいは非有界な領域 Ω 上の m 成分反応拡散方程式

$$\begin{cases} \boldsymbol{u}_t = D\Delta \boldsymbol{u} + \boldsymbol{f}(\boldsymbol{u}) & (x \in \Omega), \\ \dfrac{\partial}{\partial \nu}\boldsymbol{u} = \boldsymbol{0} & (x \in \partial\Omega) \end{cases} \tag{4.1}$$

において，反応項 $\boldsymbol{f}(\boldsymbol{u}) = (f_1, f_2, \ldots, f_m)^T$ が

$$\frac{\partial f_i}{\partial u_j} \geq 0 \qquad (i \neq j) \tag{4.2}$$

を満たしていると仮定する[1]．$\mathbb{R}^m$ における大小関係を

---

[1] この条件はすべての $\boldsymbol{u} \in \mathbb{R}^m$ に対して成り立つ必要はなく，対象とする解が存在する範囲で成り立てば十分である．

$$\boldsymbol{u} \leq \tilde{\boldsymbol{u}} \iff u_i \leq \tilde{u}_i \qquad (i=1, 2, \ldots, m)$$

で定義する[2])と，この大小関係は半順序[3])となる．いま，$\boldsymbol{u}$ と $\tilde{\boldsymbol{u}}$ を (4.1) の 2 つの解とし，その差を $\boldsymbol{v} := \tilde{\boldsymbol{u}} - \boldsymbol{u}$ とおくと，

$$\boldsymbol{v}_t = D\Delta \boldsymbol{v} + J(x,t)\boldsymbol{v} \qquad (x \in \Omega)$$

と表せる．ただし，$J(x,t)$ は

$$\boldsymbol{f}(\tilde{\boldsymbol{u}}) - \boldsymbol{f}(\boldsymbol{u}) = J(x,t)(\tilde{\boldsymbol{u}} - \boldsymbol{u})$$

を満たす $m \times m$ 行列値関数で，

$$J(x,t) := \left(\frac{\partial f_i}{\partial u_j}(\theta_i \boldsymbol{u} + (1-\theta_i)\tilde{\boldsymbol{u}}) \right) \qquad (0 < \theta_i < 1)$$

と表すことができる[4])．仮定より，J の非対角要素はすべて非負であるから，付録 A.4 項の定理 A.2 より最大値原理が適用できて，$\boldsymbol{v}(x,0) \geq \boldsymbol{0}$ であれば，$t > 0$ に対して $\boldsymbol{v}(x,t) \geq \boldsymbol{0}$ が成り立つ．したがって，(4.1) の解の順序が $t > 0$ に対して保存されることになる．

反応項 $\boldsymbol{f}(\boldsymbol{u})$ が (4.2) を満たせば，ディリクレ境界条件についても同様の形で比較定理が成立する．このように，適切に定義された順序関係を保つ系のことを**順序保存系**という．順序保存系については，順序を保存する特殊な構造にもとづいて，より一般的な枠組みでその性質が調べられている [216]．

順序保存系では，優解および劣解の概念も単独反応拡散方程式と同様にして定義できる．$\boldsymbol{u}^+(x,t)$ が

$$\begin{cases} \boldsymbol{u}_t^+ \geq D\Delta \boldsymbol{u}^+ + \boldsymbol{f}(\boldsymbol{u}) & (x \in \Omega), \\ \dfrac{\partial}{\partial \nu} \boldsymbol{u}^+ \geq \boldsymbol{0} & (x \in \partial\Omega) \end{cases}$$

---

2) 逆向きの不等式も同様に，すべての成分についての不等式で定義する．
3) 推移律 ($\boldsymbol{u} \leq \boldsymbol{v}, \boldsymbol{v} \leq \boldsymbol{w}$ ならば $\boldsymbol{u} \leq \boldsymbol{w}$) と反射律 ($\boldsymbol{u} \leq \boldsymbol{u}$) が成り立つが，任意の 2 つの要素に対してつねに大小関係が定義されるとは限らない．
4) このような $J(x,t)$ の存在を示すには，各 $f_i(\boldsymbol{u})$ ($i = 1, 2, \ldots, m$) に多変数関数に対する平均値の定理を適用すればよい．

を満たすとき，$\boldsymbol{u}^+(x,t)$ を (4.1) の優解といい，$\boldsymbol{u}^-(x,t)$ が逆向きの不等式を満たしているとき，$\boldsymbol{u}^-(x,t)$ を (4.1) の劣解という．このとき，初期値が

$$\boldsymbol{u}^-(x,0) \leq \boldsymbol{u}(x,0) \leq \boldsymbol{u}^+(x,0) \qquad (x \in \Omega)$$

を満たせば，すべての $t > 0$ について

$$\boldsymbol{u}^-(x,t) \leq \boldsymbol{u}(x,t) \leq \boldsymbol{u}^+(x,t) \qquad (x \in \Omega)$$

が成り立つ．

4.1.2 正不変集合

m 成分反応拡散方程式の解は各 (x,t) ごとに相空間 $\mathbb{R}^m$ 上の点に対応する．そこで，各 t に対し，相空間上の集合

$$\mathrm{Im}(t) := \{\boldsymbol{u}(x,t) \in \mathbb{R}^m : x \in \Omega\}$$

を解 $\boldsymbol{u}$ の**像**と呼ぶ．相空間上の閉部分集合 $\Sigma(t)$ に対し，(4.1) の解が $\mathrm{Im}(0) \subset \Sigma(0)$ ならばすべての $t > 0$ について $\mathrm{Im}(t) \subset \Sigma(t)$ を満たすとき，$\Sigma(t)$ を (4.1) の**正不変集合**[5]と呼ぶ [72]．とくに，時間によらない有界な正不変集合 Σ が存在すれば，$\mathrm{Im}(0) \subset \Sigma$ ならば，すべての $t > 0$ に対して解 $\mathrm{Im}(t) \subset \Sigma$ を満たす．これよりただちに，時間によらない正不変集合内にある解は有界となって時間大域的に存在し，ω-極限集合の像は Σ に含まれることがわかる．

正不変集合の例をあげよう．まず，(4.2) を満たす反応拡散方程式 (4.1) に対し，微分可能なベクトル値関数 $\boldsymbol{p}(t), \boldsymbol{q}(t)$ で

$$\boldsymbol{p}_t \leq \boldsymbol{f}(\boldsymbol{p}), \qquad \boldsymbol{q}_t \geq \boldsymbol{f}(\boldsymbol{q}), \qquad \boldsymbol{p}(0) \leq \boldsymbol{q}(0)$$

を満たすようなものが存在すれば，比較定理より，

$$\Sigma(t) := \{\boldsymbol{u} \in \mathbb{R}^m : \boldsymbol{p}(t) \leq \boldsymbol{u} \leq \boldsymbol{q}(t)\}$$

---

[5] 放物型偏微分方程式は時間逆方向へは一般には解けるとは限らないので，正不変集合のことを単に不変集合と呼ぶことも多い．

は正不変集合である．とくに，$\boldsymbol{p}, \boldsymbol{q} \in \mathbb{R}^m$ が

$$\boldsymbol{f}(\boldsymbol{p}) \geq \boldsymbol{0}, \qquad \boldsymbol{f}(\boldsymbol{q}) \leq \boldsymbol{0}$$

を満たせば，

$$\Sigma := \{\boldsymbol{u} \in \mathbb{R}^m : \boldsymbol{p} \leq \boldsymbol{u} \leq \boldsymbol{q}\}$$

は時間によらない正不変集合となる．

反応項に対する条件 (4.2) を満たさない場合には (4.1) は順序保存系とはならず，上記のような性質が成り立たない．しかしながら，順序保存系でなくても正不変集合を次のようにして構成できる．簡単のため，2 成分反応拡散方程式

$$\begin{cases} u_t = d_1 \Delta u + f(u, v) & (x \in \Omega), \\ v_t = d_2 \Delta v + g(u, v) & (x \in \Omega), \\ \dfrac{\partial}{\partial \nu} u = 0 = \dfrac{\partial}{\partial \nu} v & (x \in \partial \Omega) \end{cases} \qquad (4.3)$$

について考えよう．いま，関数 $a(t)$ が任意の $v \in \mathbb{R}$ に対して

$$a_t(t) \leq f(a(t), v) \qquad (t \geq 0)$$

を満たすとする．このとき，関数 $U(x, t) := u(x, t) - a(t)$ は

$$\begin{aligned} U_t &= d_1 \Delta U + f(u, v) - a_t \\ &\geq d_1 \Delta U + f(u, v) - f(a(t), v) \\ &= d_1 \Delta U + p(x, t) U \end{aligned}$$

を満たす．ただし，

$$p(x, t) := \frac{f(u, v) - f(a(t), v)}{u - a(t)}$$

は滑らかな関数である．したがって，もし，初期値が $u(x, 0) \geq a(0)$ を満たせば，(4.3) の解はすべての $t > 0$ に対して $u(x, t) \geq a(t)$ を満たす．よって

$$\Sigma(t) := \{(u, v) \in \mathbb{R}^2 : u \geq a(t)\}$$

は (4.3) の正不変集合となる．

同様に，関数 $b(t)$ が任意の u に対して

$$b_t(t) \geq f(b(t), v) \qquad (t \geq 0)$$

を満たせば，

$$\Sigma(t) := \{(u, v) \in \mathbb{R}^2 : u \leq b(t)\}$$

は (4.3) の正不変集合となる．とくに，$f(0, v) \equiv 0$ を満たす場合[6]には，$a(t) \equiv 0$ ととることにより，

$$\Sigma_1 := \{(u, v) \in \mathbb{R}^2 : u \geq 0\}$$

は (4.3) の正不変集合となり，解の正値性が保たれる．同様に，$g(u, 0) \equiv 0$ を満たす場合には

$$\Sigma_2 := \{(u, v) \in \mathbb{R}^2 : v \geq 0\}$$

は (4.3) の正不変集合となる．

半空間の形の正不変集合を組み合わせることにより，有界な正不変集合を構成できる．とくに，2 成分反応拡散方程式の場合には**正不変長方形**を考えることができる．u–v 平面において，時間 t に依存する長方形の集合

$$\Sigma(t) := \{(u, v) : a(t) \leq u \leq b(t),\ c(t) \leq v \leq d(t)\}$$

を考え，その境界

$$\partial \Sigma_a(t) := \{(u, v) : u = a(t),\ c(t) \leq v \leq d(t)\},$$
$$\partial \Sigma_b(t) := \{(u, v) : u = b(t),\ c(t) \leq v \leq d(t)\},$$
$$\partial \Sigma_c(t) := \{(u, v) : a(t) \leq u \leq b(t),\ v = c(t)\},$$
$$\partial \Sigma_d(t) := \{(u, v) : a(t) \leq u \leq b(t),\ v = d(t)\}$$

において

---

[6] 第 5 章で述べるように，いくつかの具体的な反応拡散方程式はこの条件を満たしている．

$$a_t(t) \le f(a(t), v) \qquad ((a(t), v) \in \partial\Sigma_a(t)),$$
$$b_t(t) \ge f(b(t), v) \qquad ((b(t), v) \in \partial\Sigma_b(t)),$$
$$c_t(t) \le g(u, c(t)) \qquad ((u, c(t)) \in \partial\Sigma_c(t)),$$
$$d_t(t) \ge g(u, d(t)) \qquad ((u, d(t)) \in \partial\Sigma_d(t))$$

を満たすとしよう.このとき,初期値が

$$(u(x, 0), v(x, 0)) \in \Sigma(0) \qquad (x \in \Omega)$$

を満たせば,(4.3) の解は

$$(u(x, t), v(x, t)) \in \Sigma(t) \qquad (x \in \Omega, \ t > 0)$$

を満たす.

たとえば,$a_t > 0$,$b_t < 0$,$c_t > 0$,$d_t < 0$ のとき,この長方形は時間とともに縮小する(図 4.1 参照)が,このような正不変集合のことを**縮小長方形**という [205].もし,縮小長方形が $t \to \infty$ のときに相空間内の 1 点に向かって縮小する場合には,長方形内の (4.3) の解は漸近安定な空間一様定常解へと収束し,長方形はこの定常解の**吸引領域**を与えることになる.

正不変長方形は,多成分反応拡散方程式に対しても同様に拡張できる.とくに,第 i 成分の反応項 $f_i(\boldsymbol{u})$ がある $a(t): [0, \infty) \to \mathbb{R}$ に対して

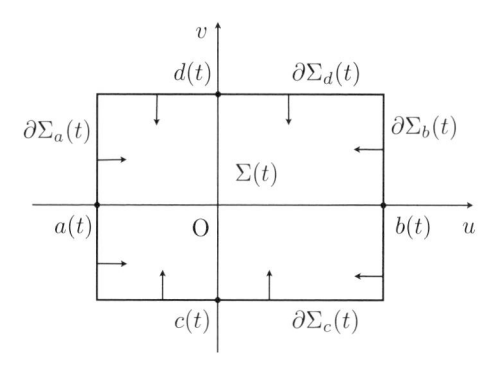

図 **4.1** 縮小長方形 $\Sigma(t)$.

$$a_t \leq f_i(u_1, \ldots, u_{i-1}, a(t), u_{i+1}, \ldots, u_m)$$

を満たすとき，
$$\Sigma(t) := \{\boldsymbol{u} \in \mathbb{R}^m : u_i \geq a(t)\}$$

は正不変集合となる．また，
$$f_i(u_1, \ldots, u_{i-1}, 0, u_{i+1}, \ldots, u_m) = 0$$

を満たすときは，半空間

$$\Sigma_i^+ := \{\boldsymbol{u} \in \mathbb{R}^m : u_i \geq 0\}, \qquad \Sigma_i^- := \{\boldsymbol{u} \in \mathbb{R}^m : u_i \leq 0\}$$

は正不変集合となる．正不変な半空間の共通部分を考えることにより，有界な正不変集合も，2成分系の場合と同様にして構成できる．

4.1.3 等拡散系の正不変凸集合

すべての成分が同じ拡散係数をもつ m 成分反応拡散方程式

$$\begin{cases} \boldsymbol{u}_t = \Delta \boldsymbol{u} + \boldsymbol{f}(\boldsymbol{u}) & (x \in \Omega), \\ \dfrac{\partial}{\partial \nu} \boldsymbol{u} = \boldsymbol{0} & (x \in \partial\Omega) \end{cases} \tag{4.4}$$

を考える．このような系を**等拡散系**という．等拡散系では，ベクトル場における凸な正不変集合が，(4.4) についても正不変集合となることを示そう．

まずベクトル場に対する正不変集合を次のように定義する．m 次元力学系

$$\boldsymbol{u}_t = \boldsymbol{f}(\boldsymbol{u}) \tag{4.5}$$

の解は時間とともにベクトル場の方向に沿って動いていく．$\mathbb{R}^m$ の閉部分集合 $\Sigma(t)$ がベクトル場 (4.5) における**正不変集合**であるとは，もし $\boldsymbol{u}(0) \in \Sigma(0)$ ならば，すべての $t > 0$ について (4.5) の解が $\boldsymbol{u}(t) \in \Sigma(t)$ を満たすことをいう．なお，$\Sigma(t)$ は有界でも非有界でもよいが，その境界は少なくとも区分的に滑らかであると仮定する．

区分的に滑らかな境界をもつ閉集合 $\Sigma(t)$ を以下のように与える．$H_j(\boldsymbol{u},t)$ $(j=1,2,\ldots,k)$ を $\mathbb{R}^m\times\mathbb{R}$ から $\mathbb{R}$ への関数とし，$\boldsymbol{u}$ について C^2-級，t について C^1-級であると仮定する．H_j の $\boldsymbol{u}$ に関する勾配を

$$dH_j := \left(\frac{\partial H_j}{\partial u_1}, \frac{\partial H_j}{\partial u_2}, \ldots, \frac{\partial H_j}{\partial u_m}\right)^T$$

で表し，各 $H_j(\boldsymbol{u},t)$ $(j=1,2,\ldots,k)$ は

$$H_j(\boldsymbol{u},t)=0 \implies dH_j(\boldsymbol{u},t)\neq\boldsymbol{0}$$

を満たすものとする[7]．このとき，$\mathbb{R}^m$ の閉部分集合 $\Sigma_j(t)$ および $\Sigma(t)$ を，それぞれ

$$\Sigma_j(t) := \{\boldsymbol{u}\in\mathbb{R}^m : H_j(\boldsymbol{u},t)\leq 0\}$$

および

$$\Sigma(t) := \bigcap_{j=1}^k \Sigma_j(t)$$

で定める．このとき，各 t に対し $\Sigma_j(t)$ は区分的に滑らかな $m-1$ 次元曲面となり，$dH_j(t)$ は $\partial\Sigma_j(t)$ 上の点における $\Sigma_j(t)$ の外向き法線ベクトルとなる．逆に，区分的に滑らかな $m-1$ 次元曲面は，適当な $H_j(\boldsymbol{u},t)$ を用いて上のように表せる．

次の補題は，$\Sigma(t)$ がベクトル場 (4.5) の正不変集合であるための条件を与える．

補題 4.1 すべての $j=1,2,\ldots,k$ に対して

$$\boldsymbol{u}\in\partial\Sigma(t)\cap\partial\Sigma_j(t) \implies dH_j(\boldsymbol{u},t)\cdot\boldsymbol{f}(\boldsymbol{u})+\frac{\partial}{\partial t}H_j(\boldsymbol{u},t)\leq 0 \quad (4.6)$$

が成り立てば，$\Sigma(t)$ はベクトル場 (4.5) の正不変集合である．

証明 背理法で証明する．いま，$\boldsymbol{u}(0)\in\Sigma(0)$ であり，ある時刻で $\boldsymbol{u}(t)\notin\Sigma(t)$ であると仮定すれば，ある j に対して，$H_j(\boldsymbol{u}(t_0),t_0)=0$ および $H_j(\boldsymbol{u}(t_1),t_1)$

---

[7] 以下の議論からわかるように，$\boldsymbol{u}\in\partial\Sigma(t)\cap\partial\Sigma_j(t)$ について成り立てば十分である．

> 0 となるような t_0 と t_1 で, $t_1 - t_0 > 0$ がいくらでも小さいものが存在する. $\varepsilon > 0$ をパラメータとし, $\boldsymbol{u}^\varepsilon(t)$ を

$$\boldsymbol{u}_t^\varepsilon = \boldsymbol{f}(\boldsymbol{u}^\varepsilon) - \varepsilon dH_j(\boldsymbol{u}, t), \qquad \boldsymbol{u}^\varepsilon(0) = \boldsymbol{u}(0)$$

の解とする. このとき, $\boldsymbol{u}^\varepsilon(t) \in \partial \Sigma_j(t)$ ならば, (4.6) より

$$\begin{aligned}
\frac{d}{dt}\{H_j(\boldsymbol{u}^\varepsilon(t), t)\} &= dH_j(\boldsymbol{u}^\varepsilon, t) \cdot \boldsymbol{u}_t^\varepsilon + \frac{\partial}{\partial t}H_j(\boldsymbol{u}^\varepsilon, t) \\
&= dH_j(\boldsymbol{u}^\varepsilon, t) \cdot \{\boldsymbol{f}(\boldsymbol{u}^\varepsilon) - \varepsilon dH_j(\boldsymbol{u}^\varepsilon, t)\} + \frac{\partial}{\partial t}H_j(\boldsymbol{u}^\varepsilon, t) \\
&\leq -\varepsilon \left| dH_j(\boldsymbol{u}^\varepsilon, t) \right|^2 \\
&< 0
\end{aligned}$$

であるから, $\boldsymbol{u}^\varepsilon(t)$ は Σ の外部には出られない. したがって $H_j(\boldsymbol{u}^\varepsilon(t_1), t_1) \leq 0$ である. 一方, $\varepsilon \to 0$ とすると, 解のパラメータに関する連続性より $H(\boldsymbol{u}^\varepsilon(t_1), t_1) \to H(\boldsymbol{u}(t_1), t_1) \leq 0$ となり, t_1 の選び方と矛盾が生じる. よって $\Sigma(t)$ は正不変集合であることが示された. ∎

とくに, $\{H_j\}$ として時間によらない関数をとり,

$$\Sigma := \{\boldsymbol{u} \in \mathbb{R}^m : H_j(\boldsymbol{u}) \leq 0\}$$

とすると, Σ の境界において,

$$dH_j(\boldsymbol{u}) \cdot \boldsymbol{f}(\boldsymbol{u}) \leq 0$$

を満たせば Σ はベクトル場 (4.5) の正不変集合となる. この条件は, Σ の境界において, ベクトル場が内側あるいは接線方向を向いていることを表す (図 4.2 参照). 逆に, ある j と $\boldsymbol{u}_0 \in \partial \Sigma \cap \partial \Sigma_j$ において

$$dH_j(\boldsymbol{u}) \cdot \boldsymbol{f}(\boldsymbol{u}) > 0$$

であると仮定しよう. このとき, 初期値を $\boldsymbol{u}_0$ とする (4.5) の解は

$$\left. \frac{d}{dt} H_j(\boldsymbol{u}(t)) \right|_{t=0} = dH_j(\boldsymbol{u}_0) \cdot \boldsymbol{f}(\boldsymbol{u}_0) > 0$$

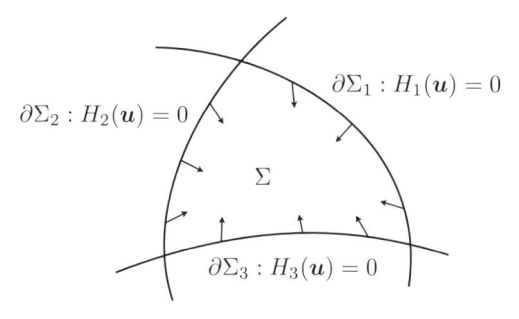

図 4.2 ベクトル場の正不変集合 Σ.

を満たし,十分小さい $t > 0$ について $\boldsymbol{u}(t)$ は Σ の外部にある.したがってこの場合には Σ は正不変集合とならない.

次に,ベクトル場 (4.5) の凸な正不変集合は,等拡散系 (4.4) についても正不変集合となることを示す.

定理 4.2 ([227])　ベクトル場 (4.5) の正不変集合 $\Sigma(t)$ が各 $t \geq 0$ において凸ならば,$\Sigma(t)$ は等拡散系 (4.4) の正不変集合である.

証明　$\Sigma(t)$ の凸性から,必要ならば $H_j(\boldsymbol{u}, t)$ を取り直すことにより,$\partial \Sigma(t) \cap \partial \Sigma_i(t)$ の近傍において

$$\frac{\partial^2 H_j}{\partial u_i{}^2} \geq 0 \qquad (i = 1, 2, \ldots, k) \tag{4.7}$$

を満たしていると仮定してよい.たとえば,$H_j(\boldsymbol{u}, t)$ を,$\partial \Sigma_j(t)$ の近傍で $\partial \Sigma_i(t)$ からの符号付き距離[8]と一致するように選べば (4.7) が満たされる.

いま,

$$U(x, t) := H_j(\boldsymbol{u}(x, t), t)$$

とおくと,

---

8)　$\boldsymbol{u}$ と $\partial \Sigma_i(t)$ 上の点との最短距離に,内部では負,外部では正の符号を付ける.

$$U_t = dH_j(\boldsymbol{u},t) \cdot \boldsymbol{u}_t + \frac{\partial}{\partial t} H_j(\boldsymbol{u},t),$$

$$\nabla U = \sum_{i=1}^{m} \frac{\partial H_j}{\partial u_i} \nabla u_i,$$

$$\Delta U = \sum_{i=1}^{m} \frac{\partial^2 H_j}{\partial u_i{}^2} |\nabla u_i|^2 + dH_j(\boldsymbol{u},t) \cdot \Delta \boldsymbol{u}$$

である．これより，

$$\begin{aligned}
U_t - \Delta U &= dH_j(\boldsymbol{u},t) \cdot \boldsymbol{u}_t + \frac{\partial}{\partial t} H_j(\boldsymbol{u},t) \\
&\quad - \sum_{i=1}^{m} \frac{\partial^2 H_j}{\partial u_i{}^2} |\nabla u_i|^2 - dH_j(\boldsymbol{u},t) \cdot \Delta \boldsymbol{u} \\
&= dH_j(\boldsymbol{u},t) \cdot (\boldsymbol{u}_t - \Delta \boldsymbol{u}) + \frac{\partial}{\partial t} H_j(\boldsymbol{u},t) - \sum_{i=1}^{m} \frac{\partial^2 H_j}{\partial u_i{}^2} |\nabla u_i|^2 \\
&= dH_j(\boldsymbol{u},t) \cdot \boldsymbol{f}(\boldsymbol{u}) + \frac{\partial}{\partial t} H_j(\boldsymbol{u},t) - \sum_{i=1}^{m} \frac{\partial^2 H_j}{\partial u_i{}^2} |\nabla u_i|^2
\end{aligned}$$

を得る．ここで，$U(x,0) \leq 0$ であり，また補題 4.1 と (4.7) より，$\boldsymbol{u}(x,t) \in \partial\Sigma(t) \cap \partial\Sigma_j(t)$ となるような点においては，右辺は非正である．したがって，最大値原理により，すべての $t > 0$ と $x \in \Omega$ について $U(x,t) \leq 0$ が成り立つ．これがすべての j について成り立つから，$\Sigma(t)$ が等拡散系 (4.4) の正不変集合であることが示された． ∎

$\partial\Omega$ での解の値が $\Sigma(t)$ 内にあるようなディリクレ境界条件の場合にも，定理 4.2 とまったく同じ結論が得られることを注意しておく．なお，定理 4.2 は拡散係数が等しくない場合には一般には成立しない．また $\Sigma(t)$ が凸であることも必要である（5.1.3 項の拡散誘導絶滅を参照）．

4.2 領域の縮約

4.2.1 小さい領域

　反応拡散方程式の解の挙動は，拡散を無視して得られる反応系と密接に関わっているのはいうまでもない．この項では，有界領域上の反応拡散方程式において，領域が十分小さい（あるいは等価的に，拡散係数が十分大きい）状況では解は空間的に一様に近づき，反応方程式の解と同じように振る舞うことを示す．

　$\mathbb{R}^N$ 内の有界領域 Ω における m 成分反応拡散方程式

$$\begin{cases} \boldsymbol{u}_t = D\Delta \boldsymbol{u} + \boldsymbol{f}(\boldsymbol{u}) & (x \in \Omega), \\ \dfrac{\partial}{\partial \nu}\boldsymbol{u} = 0 & (x \in \partial\Omega) \end{cases} \tag{4.8}$$

について考える．ただし $D := \mathrm{diag}\,(d_1, d_2, \ldots, d_m)$ とする．ここで，系は相空間内に時間によらないコンパクトな正不変集合 $\Sigma \subset \mathbb{R}^m$ をもつと仮定し，初期値がこの内部にあると仮定する．したがって，解はこの正不変集合内に留まる．領域が十分小さい（あるいは等価的に拡散係数が十分大きい）と，拡散による空間一様化が強く働き，(4.8) の解は空間的に一様な解に近づくと推測される．これを以下のように定式化する [76]．

　まず，領域 Ω で定義された m 次元ベクトル値関数 $\boldsymbol{v}(x) : \Omega \to \mathbb{R}^m$ の L^2-ノルムを

$$\|\boldsymbol{v}(\cdot)\|_{L^2(\Omega)} := \left\{ \sum_{i=1}^{m} \int_{\Omega} v_i(x)^2 dx \right\}^{1/2}$$

で定義し，$\boldsymbol{u}(x, t)$ の Ω 上での平均を

$$\overline{\boldsymbol{u}}(t) := \frac{1}{|\Omega|} \int_{\Omega} \boldsymbol{u}(x, t) dx$$

で表す．ただし $|\Omega|$ は Ω の N 次元体積であり，右辺の積分は各成分ごとに積分して得られるベクトル値を表す．このとき，$\left\|\boldsymbol{u}(\cdot, t) - \overline{\boldsymbol{u}}(t)\right\|_{L^2(\Omega)}$ は解の

空間的な非一様性を表しており，これが時間とともに減少して $t \to \infty$ のときに 0 に収束すれば，$\boldsymbol{u}(x,t)$ がその空間平均 $\overline{\boldsymbol{u}}(t)$ に（L^2-ノルムの意味で）近づくことになる．

次に，領域が小さい（あるいは拡散係数が大きい）ということを，以下のように特徴付ける．固有値問題

$$\begin{cases} \Delta \Theta + \sigma \Theta = 0 & (x \in \Omega), \\ \dfrac{\partial}{\partial \nu} \Theta = 0 & (x \in \partial\Omega) \end{cases}$$

を考え，その固有値を

$$0 = \sigma_0 < \sigma_1 \leq \sigma_2 \leq \cdots$$

とする．これらの固有値を Ω に対する**ノイマン固有値**と呼ぶ[9]．正のノイマン固有値 $\sigma_j > 0$ は Ω が小さいほど大きい．実際，Ω を縮小した領域

$$\Omega^\varepsilon := \{x \in \mathbb{R}^N : \varepsilon^{-1} x \in \Omega\}$$

のノイマン固有値は，簡単な変数変換から $\varepsilon^{-2} \sigma_j$ $(j=0, 1, 2, \ldots)$ と計算でき，$\varepsilon > 0$ が小さいほど，すなわち領域が小さいほど正の固有値は大きくなる．そこで最小の正のノイマン固有値 σ_1 を領域の大きさを特徴付ける量とみなす．

正の数 d と K を

$$d := \min_{1 \leq i \leq m} d_i, \qquad K := \max_{\boldsymbol{u} \in \Sigma, \, 1 \leq i, j \leq m} \left| \frac{\partial f_i}{\partial u_j}(\boldsymbol{u}) \right| \tag{4.9}$$

とおく[10]．領域 Ω が十分小さいか，あるいは拡散係数の最小値 d が十分大きければ，

$$\delta_1 := d\sigma_1 - K$$

は正の値をとる．このとき，(4.8) の解の挙動に対して次の定理が成立する．

---

[9] 線形化固有値問題とは固有値の符号が反対になるが，慣習にしたがってこのように定義する．

[10] 正不変集合 Σ の存在を仮定したのは，K の有界性を保証するためのものであり，別の方法あるいは仮定を用いてもよい [116].

定理 4.3 ([76])　$\delta_1 > 0$ と仮定する．もしすべての $x \in \Omega$ に対して $u(x,0) \in \Sigma$ を満たせば，ある定数 $C > 0$ が存在して，(4.8) の解は

$$\left\|u(\cdot, t) - \overline{u}(t)\right\|_{L^2(\Omega)} \leq C \exp(-\delta_1 t) \qquad (t > 0)$$

を満たす．

証明　ベクトル値関数 $\boldsymbol{u} : \mathbb{R}^N \to \mathbb{R}^m$ に対する勾配作用素 ∇ を，

$$\nabla \boldsymbol{u} := \begin{pmatrix} \nabla u_1 \\ \vdots \\ \nabla u_m \end{pmatrix} \in \mathbb{R}^{mN}$$

で定義する．また，$\boldsymbol{u}$ の変動量を測る量として，積分

$$V(t) := \frac{1}{2} \int_\Omega |\nabla \boldsymbol{u}|^2 \, dx = \sum_{i=1}^m |\nabla u_i|^2$$

を導入する．(4.8) の方程式と境界条件を用いると，

$$\begin{aligned}
\frac{d}{dt} V(t) &= \int_\Omega \nabla \boldsymbol{u} \cdot \nabla \boldsymbol{u}_t \, dx \\
&= \int_\Omega \{\nabla \boldsymbol{u} \cdot \nabla (D\Delta \boldsymbol{u}) + \nabla \boldsymbol{u} \cdot \nabla (\boldsymbol{f}(\boldsymbol{u}))\} \, dx \\
&= -\int_\Omega \Delta \boldsymbol{u} \cdot D\Delta \boldsymbol{u} \, dx + \int_\Omega \nabla \boldsymbol{u} \cdot \nabla (\boldsymbol{f}(\boldsymbol{u})) \, dx \\
&\leq -d \int_\Omega |\Delta \boldsymbol{u}|^2 \, dx + \int_\Omega \nabla \boldsymbol{u} \cdot \nabla (\boldsymbol{f}(\boldsymbol{u})) \, dx
\end{aligned}$$

が得られる．

ここで，右辺第 1 項は次のように評価できる．$\{\sigma_j\}$ および $\{\Theta_j\}$ を Ω のノイマン固有値および対応する正規直交固有関数系とし，

$$\boldsymbol{u}(x,t) = \sum_{j=0}^\infty \boldsymbol{c}_j(t) \Theta_j(x)$$

と固有関数展開する．ただし，

$$\boldsymbol{c}_j(t) = \int_\Omega \boldsymbol{u}(x,t)\Theta_j(x)\,dx$$

である．すると

$$\Delta \boldsymbol{u} = \sum_{j=0}^\infty \boldsymbol{c}_j(t)\Delta\Theta_j(x) = -\sum_{j=1}^\infty \sigma_j \boldsymbol{c}_j(t)\Theta_j(x)$$

である．これらを用いると

$$\int_\Omega |\Delta \boldsymbol{u}|^2\,dx = \sum_{j=1}^\infty \sigma_j{}^2|\boldsymbol{c}_j(t)|^2$$

および

$$\int_\Omega |\nabla \boldsymbol{u}|^2\,dx = -\int_\Omega \boldsymbol{u}\cdot\Delta\boldsymbol{u}\,dx = \sum_{j=1}^\infty \sigma_j|\boldsymbol{c}_j(t)|^2$$

となるから，$\sigma_1 \leq \sigma_j\ (j=2,3,\ldots)$ より

$$\int_\Omega |\Delta \boldsymbol{u}|^2\,dx \geq \sigma_1 \sum_{j=1}^\infty \sigma_j|\boldsymbol{c}_j(t)|^2 = \sigma_1 \int_\Omega |\nabla \boldsymbol{u}|^2\,dx$$

を得る．また，第 2 項は簡単に

$$\int_\Omega \nabla \boldsymbol{u}\cdot\nabla(\boldsymbol{f}(\boldsymbol{u}))\,dx \leq K\int_\Omega |\nabla \boldsymbol{u}|^2\,dx$$

と評価できる．

以上より，

$$\begin{aligned}\frac{d}{dt}V(t) &\leq -d\int_\Omega |\Delta \boldsymbol{u}|^2\,dx + \int_\Omega \nabla \boldsymbol{u}\cdot\nabla(\boldsymbol{f}(\boldsymbol{u}))\,dx \\ &\leq -d\sigma_1\int_\Omega |\nabla \boldsymbol{u}|^2\,dx + K\int_\Omega |\nabla \boldsymbol{u}|^2\,dx \\ &\leq 2(-d\sigma_1 + K)V(t) \\ &= -2\delta_1 V(t)\end{aligned}$$

が得られる．したがって

$$V(t) \leq \exp(-2\delta_1 t)V(0)$$

が成り立つ．ここでさらに，

$$\begin{aligned}
\left\|\boldsymbol{u}(\cdot,t) - \overline{\boldsymbol{u}}(t)\right\|_{L^2(\Omega)}^2 &= \int_\Omega \left|\boldsymbol{u}(x,t) - \overline{\boldsymbol{u}}(t)\right|^2 dx \\
&= \int_\Omega \left|\sum_{j=0}^\infty \boldsymbol{c}_j(t)\Theta_j(x)\right|^2 dx = \sum_{j=0}^\infty \left|\boldsymbol{c}_j(t)\right|^2 \\
&\leq \frac{1}{\sigma_1}\sum_{j=0}^\infty \sigma_j\left|\boldsymbol{c}_j(t)\right|^2 = \frac{1}{\sigma_1}\int_\Omega |\nabla \boldsymbol{u}|^2 dx \\
&= \frac{2}{\sigma_1} V(t)
\end{aligned}$$

を用いると，示すべき不等式が得られる． ■

定理 4.3 は，(4.8) の解が空間的な平均値に L^2 の意味で収束することを示したものであるが，さらに議論を進めることにより，(4.8) の解は

$$\sup_{x\in\Omega}\left|\boldsymbol{u}(x,t) - \overline{\boldsymbol{u}}(t)\right| \to 0 \qquad (t\to\infty)$$

を満たし，また解の空間平均は

$$\sup_{x\in\Omega}\left|\overline{\boldsymbol{u}}_t(x,t) - \boldsymbol{f}(\overline{\boldsymbol{u}}(x,t))\right| \to 0 \qquad (t\to\infty)$$

を満たすことが示せる（くわしくは [76] を参照）．したがって漸近的には (4.8) の解は反応方程式

$$\boldsymbol{u}_t = \boldsymbol{f}(\boldsymbol{u})$$

にしたがうことがわかり，反応拡散方程式 (4.8) を常微分方程式に縮約できることになる．とくに，ω-極限集合は反応項のみによって定まり，反応拡散方程式 (4.8) の安定解やアトラクタは反応方程式のそれと一致する．

4.2.2　直積領域

動物の表皮の模様は，胴体ではスポット状なのに尻尾では縞状のパターンになることがある．豹の毛皮はそのような例である ([52, 182])．一般に，細

い管状領域でのパターン形成においては，スポットパターンよりもストライプパターンが観察されることが多い．縞状のパターンは領域の断面方向に一様な解に対応するが，ストライプパターンが現れる理由については，管状領域上で定義された反応拡散方程式の性質を調べることによって数学的に正当化できる．たとえば，空間的に一様な状態からの不安定モードが断面方向に一様であることから，安定パターンの断面方向の一様性が示唆される [182]．この項では，細い領域あるいは薄い領域においては，解は時間とともに断面方向に一様化し，したがって直積領域上の反応拡散方程式を，より低い次元の空間上の反応拡散方程式に縮約できることを示す．

まず，$\mathbb{R}^{M+N}$ 内の直積領域を

$$\Omega := \{(x,y) \in \mathbb{R}^{M+N} : x \in X \subset \mathbb{R}^M, y \in Y \subset \mathbb{R}^N\} \quad (4.10)$$

によって定義する．ただし，X は $\mathbb{R}^M$ 内の有界領域，Y は $\mathbb{R}^N$ 内のある意味で小さい有界領域とする．たとえば $X = (0,L)$, $Y \subset \mathbb{R}^2$ とすると，$\mathbb{R}^3$ 内の管状領域を表し，$X \subset \mathbb{R}^2$, $Y = (0,\varepsilon)$ とすると，$\mathbb{R}^3$ 内の薄い板状の領域を表している．

(4.10) で定義された領域 Ω において，m 成分反応拡散方程式

$$\begin{cases} \boldsymbol{u}_t(x,y,t) = D\Delta \boldsymbol{u}(x,y,t) + \boldsymbol{f}(\boldsymbol{u}(x,y,t)) & ((x,y) \in \Omega), \\ \dfrac{\partial}{\partial \nu}\boldsymbol{u}(x,y,t) = \boldsymbol{0} & ((x,y) \in \partial\Omega) \end{cases} \quad (4.11)$$

を考える．ただし，$D = \mathrm{diag}\{d_1, d_2, \ldots, d_m\}$ とし，$\Delta := \Delta_x + \Delta_y$ は

$$\Delta_x \boldsymbol{u} := \frac{\partial^2 \boldsymbol{u}}{\partial x_1{}^2} + \cdots + \frac{\partial^2 \boldsymbol{u}}{\partial x_M{}^2}, \qquad \Delta_y \boldsymbol{u} := \frac{\partial^2 \boldsymbol{u}}{\partial y_1{}^2} + \cdots + \frac{\partial^2 \boldsymbol{u}}{\partial y_N{}^2}$$

と定義する．

前項と同じく，反応拡散方程式 (4.11) はコンパクトな正不変集合 $\Sigma \subset \mathbb{R}^m$ をもつと仮定する．また $d, K > 0$ を (4.9) で定義し，$\sigma_1 > 0$ は Y の最小の正のノイマン固有値として，

$$\delta_1 := d\sigma_1 - K$$

とおく．さらに，$\boldsymbol{u}(x,y,t)$ の Y 上での平均を

$$\overline{\boldsymbol{u}}(x,t) = \frac{1}{|Y|}\int_Y \boldsymbol{u}(x,y,t)\,dy$$

で表す．ただし $|Y|$ は Y の N 次元体積である．

直積領域上の反応拡散方程式 (4.11) の解の挙動に対し，次の定理が成立する．

定理 4.4 $\delta_1 > 0$ と仮定する．もし初期値がすべての $(x,y) \in \Omega$ に対して $\boldsymbol{u}(x,y,0) \in \Sigma$ を満たせば，ある定数 $C > 0$ が存在して，(4.11) の解は

$$\left\| u(\cdot,\cdot,t) - \overline{u}(\cdot,t) \right\|_{L^2(\Omega)} \leq C\exp(-\delta_1 t)$$

を満たす．

証明 勾配作用素 ∇_y を，

$$\nabla_y := \left(\frac{\partial}{\partial y_1}, \ldots, \frac{\partial}{\partial y_N}\right)^T$$

で定義し，また

$$\nabla_y \boldsymbol{u} := \begin{pmatrix} \nabla_y u_1 \\ \vdots \\ \nabla_y u_m \end{pmatrix} \in \mathbb{R}^{mN}$$

とする．y 方向の変動量を測る量として，積分

$$V(x,t) := \frac{1}{2}\int_Y |\nabla_y \boldsymbol{u}|^2\,dy$$

および

$$W(t) := \int_X V(x,t)\,dx = \frac{1}{2}\iint_\Omega |\nabla_y \boldsymbol{u}|^2\,dxdy$$

を導入する．もし $W(t) = 0$ ならば，$(x,y) \in X \times Y$ に対して $\boldsymbol{u}(x,y,t) = \overline{\boldsymbol{u}}(x,t)$ が成り立つことを意味し，したがって解は y 方向に一様である．

(4.11) の方程式と境界条件を用いると，

$$\frac{\partial}{\partial t}V(x,t) = \int_Y \nabla_y \boldsymbol{u} \cdot \nabla_y \boldsymbol{u}_t \, dy$$
$$= \int_Y \{\nabla_y \boldsymbol{u} \cdot \nabla_y(D\Delta \boldsymbol{u}) + \nabla_y \boldsymbol{u} \cdot \nabla_y(\boldsymbol{f}(\boldsymbol{u}))\} \, dy$$
$$= -\int_Y \Delta_y \boldsymbol{u} \cdot D\Delta \boldsymbol{u} \, dx + \int_Y \nabla_y \boldsymbol{u} \cdot \nabla_y(\boldsymbol{f}(\boldsymbol{u})) \, dy$$
$$= \int_Y \{-\Delta_y \boldsymbol{u} \cdot D\Delta_y \boldsymbol{u} + \nabla_y \boldsymbol{u} \cdot \nabla_y(\boldsymbol{f}(\boldsymbol{u}))\} \, dy$$
$$- \int_Y \Delta_y \boldsymbol{u} \cdot D\Delta_x \boldsymbol{u} \, dy.$$

ここで, 右辺第 1 項は定理 4.3 の証明と同様にして

$$\int_Y \{-\Delta_y \boldsymbol{u} \cdot D\Delta_y \boldsymbol{u} + \nabla_y \boldsymbol{u} \cdot \nabla_y(\boldsymbol{f}(\boldsymbol{u}))\} \, dy < -2\delta_1 V(x,t)$$

と評価できる. 一方, 第 2 項を X で積分すると

$$\int_X \left\{\int_Y \Delta_y \boldsymbol{u} \cdot D\Delta_x \boldsymbol{u} \, dy\right\} dx = -\int_X \left\{\int_Y \nabla_y \boldsymbol{u} \cdot \nabla_y(D\Delta_x \boldsymbol{u}) \, dy\right\} dx$$
$$= -\int_Y \left\{\int_X \nabla_y \boldsymbol{u} \cdot \Delta_x(D\nabla_y \boldsymbol{u}) \, dx\right\} dy$$
$$= \int_Y \left\{\int_X \nabla_x(\nabla_y \boldsymbol{u}) \cdot \nabla_x(D\nabla_y \boldsymbol{u}) \, dx\right\} dy$$
$$= \sum_{i=1}^m \sum_{j=1}^M \sum_{k=1}^N \iint_\Omega d_i \left(\frac{\partial^2 u_i}{\partial x_j \partial y_k}\right)^2 dxdy$$
$$\geq 0$$

を得る.

以上より,

$$\frac{d}{dt}W(t) = \frac{d}{dt}\int_X V(x,t) \, dx \leq -2\delta_1 W(t)$$

が得られ, これより

$$W(t) \leq W(0)\exp(-2\delta_1 t) \qquad (t > 0) \tag{4.12}$$

である.さらに,定理 4.3 の証明と同様にして

$$\left\|\boldsymbol{u}(x,\cdot,t) - \overline{\boldsymbol{u}}(x,t)\right\|_{L^2(Y)}^2 \leq \frac{2}{\sigma_1} V(x,t)$$

が成り立つから,これを X で x について積分すると

$$\left\|\boldsymbol{u}(x,\cdot,t) - \overline{\boldsymbol{u}}(x,t)\right\|_{L^2(\Omega)}^2 \leq \frac{2}{\sigma_1} W(t)$$

となる.よって (4.12) より,示すべき不等式が得られた. ■

この定理より,$(M+N)$ 次元直積領域 $\Omega = X \times Y$ 上の反応拡散方程式 (4.11) が,M 次元領域 X 上の方程式

$$\boldsymbol{u}_t = D\Delta\boldsymbol{u} + \boldsymbol{f}(\boldsymbol{u}) \qquad (x \in X)$$

に縮約されることが示された.

4.2.3 断面が変化する細い領域

$\mathbb{R}^2$ 内の領域

$$\Omega^\varepsilon := \{(x,y) : 0 < x < L, 0 < y < \varepsilon d(x)\}$$

を考える(図 4.3 参照).ここで $\varepsilon > 0$ は微小パラメータ,$d(x) \in C^1(0,L)$ は正の関数である.$\varepsilon \to 0$ とすると,領域 Ω^ε は線分に近づく.前項の考察

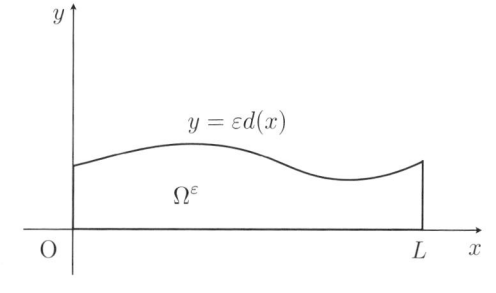

図 4.3 断面が変化する細い領域 Ω^ε.

より，解 u の y 方向の変動量は大きくないと推測されるが，$d(x)$ の影響はどのように現れるだろう．

まず，Ω^ε 上の単独反応拡散方程式

$$\begin{cases} u_t = u_{xx} + u_{yy} + f(u) & (x \in \Omega^\varepsilon), \\ \dfrac{\partial}{\partial \nu} u = 0 & (x \in \partial\Omega^\varepsilon) \end{cases} \quad (4.13)$$

の解 $u = u(x, y, t)$ について考えてみよう．曲線 $y = \varepsilon d(x)$ の法線ベクトルは

$$\nu = \frac{1}{\sqrt{1 + \varepsilon^2 d_x(x)^2}} (-\varepsilon d_x(x), 1)$$

で与えられる．したがって，曲線 $y = \varepsilon d(x)$ 上での反射壁条件は

$$-\varepsilon d_x(x) u_x + u_y = 0 \quad (0 < x < L, y = \varepsilon d(x)) \quad (4.14)$$

と表される．そこで，(4.13) の解の y 方向の平均を

$$\overline{u}(x, t) := \frac{1}{\varepsilon d(x)} \int_0^{\varepsilon d(x)} u(x, y, t) dy$$

とおき，$u(x, y, t)$ の y 方向の変化は小さいと仮定すると，

$$u(x, y, t) \simeq \overline{u}(x, t)$$

と近似できる．同様に，

$$u_t(x, y, t) \simeq \overline{u}_t(x, t),$$
$$u_x(x, y, t) \simeq \overline{u}_x(x, t),$$
$$f(u) \simeq f(\overline{u})$$

などと近似できると仮定する[11]．一方，u_{yy} について考えると，その y 方向の平均は，境界条件から

---

11) ここで，"$\simeq$" は近似を表しているが，どのような意味で近似しているかについてはくわしく述べない．ここでは，直観的な考察から形式的に極限方程式を導くのが目的である．

$$\frac{1}{\varepsilon d(x)} \int_0^{\varepsilon d(x)} u_{yy}(x,y,t)dy = \frac{1}{\varepsilon d(x)} \Big[u_y(x,y,t) \Big]_0^{\varepsilon d(x)}$$
$$= \frac{1}{\varepsilon d(x)} u_y(x, \varepsilon d(x), t)$$

である．ここで (4.14) を用いると

$$\frac{1}{\varepsilon d(x)} \int_0^{\varepsilon d(x)} u_{yy}(x,y,t)dy = \frac{d_x(x)}{d(x)} u_x(x, \varepsilon d(x), t) \simeq \frac{d_x(x)}{d(x)} \overline{u}_x(x,t)$$

となる．したがって，上記の近似が正しいとすれば，領域 Ω^ε 上の問題は

$$\begin{cases} \overline{u}_t = \dfrac{1}{d(x)}\{d(x)\overline{u}_x\}_x + f(\overline{u}) \qquad (0 < x < L), \\ \overline{u}_x(0,t) = 0 = \overline{u}_x(L,t) \end{cases} \tag{4.15}$$

に縮約できる．

これは物理的考察からも導ける．領域 Ω^ε の微小な部分領域

$$\Delta\Omega^\varepsilon := \{(x,y) \in \Omega^\varepsilon : 0 \leq \xi < x < \xi + \Delta\xi \leq L\}$$

を考え，$\Delta\xi$ を十分小さくとって固定し，ε を 0 に近づける（図 4.4 参照）．たとえば，方程式を発熱反応のモデルと考えて，領域 $\Delta\Omega^\varepsilon$ における熱の出入りを考えてみよう．まず，単位時間あたりに境界 $x = \xi$ から $\Delta\Omega^\varepsilon$ に流入する熱量は，境界におけるフラックスの総和であり，

$$-\int_0^{\varepsilon d(\xi)} u_x(\xi, y, t)dy \simeq -\varepsilon d(\xi)\overline{u}_x(\xi, t)$$

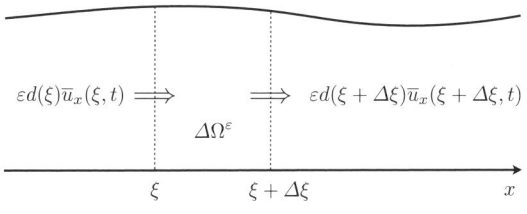

図 4.4 $\Delta\Omega^\varepsilon$ におけるフラックス．

と近似される．同様に，単位時間あたりに境界 $x = \xi + \Delta\xi$ から $\Delta\Omega^\varepsilon$ に流入する熱の総量は

$$\int_0^{\varepsilon d(\xi+\Delta\xi)} u_x(\xi+\Delta\xi, y, t)dy \simeq \varepsilon d(\xi+\Delta\xi)\overline{u}_x(\xi+\Delta\xi, t)$$

である．次に，単位時間あたりに $\Delta\Omega^\varepsilon$ の内部で発生する熱の総量は

$$\iint_{\Delta\Omega^\varepsilon} f(u(x,y,t))dxdy = \int_\xi^{\xi+\Delta\xi} \left\{ \int_0^{\varepsilon d(x)} f(u(x,y,t))dy \right\} dx$$
$$\simeq \varepsilon \int_\xi^{\xi+\Delta\xi} d(x)f(\overline{u}(x,t))dx$$
$$\simeq \varepsilon d(\xi)f(\overline{u}(\xi,t))\Delta\xi$$

である．一方，温度の上昇速度は

$$\frac{d}{dt}\iint_{\Delta\Omega^\varepsilon} u(x,y,t)dxdy = \varepsilon\frac{d}{dt}\int_\xi^{\xi+\Delta\xi} d(x)\overline{u}(x,t)dx \simeq \varepsilon d(\xi)\overline{u}_t(\xi,t)\Delta\xi$$

である．これは $\Delta\Omega^\varepsilon$ の境界を通しての熱の出入りと $\Delta\Omega^\varepsilon$ の内部での熱の発生によるものであるから，

$$\frac{d}{dt}\iint_{\Delta\Omega^\varepsilon} u(x,y,t)dxdy$$
$$= \int_0^{\varepsilon d(\xi+\Delta\xi)} u_x(\xi+\Delta\xi, y, t)dy - \int_0^{\varepsilon d(\xi)} u_x(\xi, y, t)dy$$
$$+ \iint_{\Delta\Omega^\varepsilon} f(u(x,y,t))dxdy$$

が成り立つ．以上より，

$$\varepsilon d(\xi)\overline{u}_t(\xi,t)\Delta\xi \simeq \varepsilon d(\xi+\Delta\xi)\overline{u}_x(\xi+\Delta\xi, t) - \varepsilon d(\xi)\overline{u}_x(\xi, t)$$
$$+ \varepsilon d(\xi)f(\overline{u}(\xi,t))\Delta\xi$$

が得られる．最後にこの両辺を $\varepsilon\Delta\xi$ で割り，$\Delta\xi \to 0$ の極限をとって ξ を x で置き直すと

$$d(x)\overline{u}_t = \{d(x)\overline{u}_x\}_x + d(x)f(\overline{u})$$

が得られる．よって (4.15) が導かれた．

以上の議論は3次元以上の細い領域にも適用できる．この場合，断面形状が s に依存して変化していてもよく，断面の面積のみが極限的には意味をもつ．

たとえば，次のような状況を考える．$\mathbb{R}^N$ 内の長さ L の滑らかな曲線 Γ に対し，Γ 上の点をベクトル $\gamma(s)$ $(0 \leq s \leq L)$ で表す．ただし，s は弧長パラメータである．すなわち，

$$\Gamma = \{\gamma(s) : 0 \leq s \leq L\}$$

および $|\gamma_s| = 1$ であり，また $\gamma(s)$ は s について十分滑らかで自分自身と交わらないと仮定する．さらに，Γ の近傍領域を以下のように定義する．$\gamma(s)$ を通り，Γ に直交する平面（すなわち，γ_s に直交する平面）を $P(s)$ とする．$Q(s)$ を $\mathbb{R}^{N-1}$ 内の単連結領域とし，その $N-1$ 次元測度を $d(s)$ とする．すなわち，

$$d(s) := |Q(s)| = \int_{Q(s)} dx$$

である．$P(s)$ の正規直交基底を $\boldsymbol{p}_1, \boldsymbol{p}_2, \ldots, \boldsymbol{p}_{N-1}$ とし，これらは s に滑らかに依存するものと仮定する．

このとき，領域 Ω^ε を

$$\Omega^\varepsilon := \left\{ x \in \mathbb{R}^N : x = \varepsilon \sum_{i=1}^{N-1} \xi_i \boldsymbol{p}_i(s), (\xi_1, \ldots, \xi_{N-1}) \in Q(s), 0 < s < L \right\}$$

で定義する（図 4.5 参照）．この領域の平面 $P(s)$ による断面

$$D^\varepsilon(s) := \left\{ x \in \mathbb{R}^N : x = \varepsilon \sum_{i=1}^{N-1} \xi_i \boldsymbol{p}_i(s), (\xi_1, \ldots, \xi_{N-1}) \in Q(s) \right\}$$

の $N-1$ 次元測度は $\varepsilon^{N-1} d(s)$ であり，$\varepsilon \to 0$ とすると1点に縮む．また Ω^ε は長さ L の曲線 Γ に縮退する．断面 $D^\varepsilon(s)$ を通るフラックスを考えることにより，2次元の場合と同じ議論が可能であり，その結果，解 $u(x,t)$ の $D^\varepsilon(s)$ における平均値 $\overline{u}(s,t)$ は近似的に

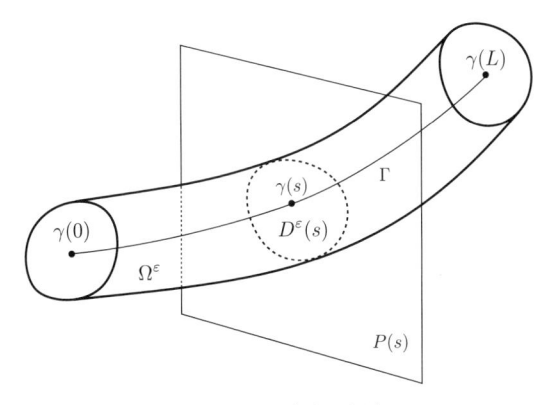

図 4.5 細い高次元領域.

$$\begin{cases} \overline{u}_t = \dfrac{1}{d(s)}\{d(s)\overline{u}_s\}_s + f(\overline{u}) & (0<s<L), \\ \overline{u}_s(0) = 0 = \overline{u}_s(L) \end{cases}$$

にしたがうことが導かれる．

以上の考察は，多成分反応拡散方程式にも適用できる．たとえば，反応拡散方程式

$$T\boldsymbol{u}_t = D\Delta\boldsymbol{u} + \boldsymbol{f}(\boldsymbol{u})$$

を領域 Ω^ε 上で考えると，$\varepsilon \to 0$ とした極限では，方程式は

$$\begin{cases} T\overline{\boldsymbol{u}}_t = \dfrac{1}{d(s)}D\{d(s)\overline{\boldsymbol{u}}_s\}_s + \boldsymbol{f}(\overline{\boldsymbol{u}}) & (0<s<L), \\ \overline{\boldsymbol{u}}_s(0,t) = \boldsymbol{0} = \overline{\boldsymbol{u}}_s(L,t) \end{cases}$$

に縮約される．

細い領域の 1 次元領域への縮約は数学的に正当化でき，安定定常解 [235]，アトラクタの構造 [118]，分岐構造 [140] について，極限方程式との関係が明らかにされている．なお，極限方程式自体の考察も興味ある問題である（2.3.3 項参照）．

4.3 拡散誘導不安定性

4.3.1 チューリング不安定性

拡散とは濃度の高いところから低いところへと熱あるいは物質が移動する現象であり，時間とともに解は平坦になるように働く．しかしながら，拡散係数の異なる多成分反応拡散方程式においては，拡散が解を一様化するのとは反対の働きをし，その結果，反応拡散方程式の解の挙動が対応する反応方程式の解の挙動とまったく異なった挙動を示すことがある．この項では，拡散と反応の相互作用によって生じる，拡散の"逆説的"な効果に関する結果について紹介する．

チューリング[12]は 1952 年に，「拡散率の異なる 2 成分反応拡散系においては，空間的に一様な状態が不安定化し，空間的なパターンが自発的に形成される」と主張した [223]．実際，ある種の反応拡散方程式においては，空間的に一様な定常解が，対応する常微分方程式系では安定な平衡状態に対応するにもかかわらず，拡散の影響によって不安定化し，空間的に非一様な解へと遷移することを示した．これを**拡散誘導不安定性**あるいは**チューリング不安定性**という．

チューリングはこのアイディアにもとづいて，生物の形態形成のメカニズムが説明されると考えたのである．その後，発生生物学や生態学などにおいて，拡散誘導不安定性にもとづくさまざまな数理モデルが提案され，解析的，数値的，実験的に，実際に拡散誘導による不安定化が生じ，自発的に空間パターンが形成されることが示された．

拡散誘導不安定性の原理をみるために，次の 2 成分反応方程式を考えよう．

$$\begin{cases} u_t = f(u,v), \\ v_t = g(u,v). \end{cases} \tag{4.16}$$

いま，ある $(\alpha, \beta) \in \mathbb{R}^2$ に対し，

---
[12] イギリスの数学者で計算機科学の基礎を築いたことでも有名である．

$$f(\alpha,\beta) = 0, \quad g(\alpha,\beta) = 0 \tag{4.17}$$

が成り立てば，$(u,v) = (\alpha,\beta)$ は反応方程式 (4.16) の平衡点である．この平衡点における線形化方程式は

$$\begin{cases} U_t = f_u U + f_v V, \\ V_t = g_u U + g_v V \end{cases}$$

で与えられる．ここで，f_u, f_v, g_u, g_v は $(u,v) = (\alpha,\beta)$ における偏微分係数を表し，平衡点の安定性は係数行列

$$J = \begin{pmatrix} f_u & f_v \\ g_u & g_v \end{pmatrix}$$

の固有値によって決まる．行列 J の固有方程式は

$$\det(J - \lambda I_2) = \lambda^2 - (f_u + g_v)\lambda + (f_u g_v - f_v g_u) = 0$$

で与えられる．ただし，I_2 は 2 次の単位行列である．この 2 次方程式の 2 つの解の実部が負であれば，$(u,v) = (\alpha,\beta)$ は (4.16) の安定平衡点である．

このための必要十分条件は

$$f_u + g_v < 0, \quad f_u g_v - f_v g_u > 0 \tag{4.18}$$

が成り立つことである．

次に，$\mathbb{R}^N$ 内の 2 成分反応拡散方程式

$$\begin{cases} u_t = d_1 \Delta u + f(u,v), \\ v_t = d_2 \Delta v + g(u,v) \end{cases} \quad (x \in \mathbb{R}^N) \tag{4.19}$$

を考えよう．条件 (4.17) のもとでは，$(u,v) = (\alpha,\beta)$ は (4.19) の空間的に一様な定常解であり，その安定性は，線形化固有値問題

$$\begin{cases} \lambda \Phi = d_1 \Delta \Phi + f_u \Phi + f_v \Psi, \\ \lambda \Psi = d_2 \Delta \Psi + g_u \Phi + g_v \Psi \end{cases} \quad (x \in \mathbb{R}^N) \tag{4.20}$$

によって定まる．この方程式が有界な非自明解をもつとき，λ を**固有値**という．ある $\delta > 0$ に対して (4.20) のすべての固有値が $\mathrm{Re}\,\lambda < -\delta$ を満たすとき，$(u,v) = (\varphi, \psi)$ は (4.19) の定常解として**線形安定**であるという．ただし，$\mathrm{Re}\,\lambda$ は λ の実部を表す．逆に $\mathrm{Re}\,\lambda > 0$ を満たす固有値が存在するとき，**線形不安定**であるという．よく知られているように，線形安定（線形不安定）であれば，1.3.2 項の定義 1.1 の意味でも安定（不安定）となる [146]．

固有値問題 (4.20) の固有値を具体的に計算してみよう．f_u, f_v, g_u, g_v が定数であることに注意して，

$$(\Phi, \Psi) = (A\cos\omega x_k, B\cos\omega x_k)$$

とおいて代入すると，(A, B) が

$$\begin{cases} \lambda A = -d_1\omega^2 A + f_u A + f_v B, \\ \lambda B = -d_2\omega^2 B + g_u A + g_v B \end{cases} \quad (4.21)$$

を満たすことが示される．もし，この方程式が，ある $\omega \in \mathbb{R}$ と実部が正のある λ に対して 0 でない解をもてば，拡散誘導不安定性が生じることになる．このための条件は次の定理で与えられる．

定理 4.5 条件 (4.18) に加えて，

$$d_1 g_v + d_2 f_u > 0$$

および

$$(d_1 g_v + d_2 f_u)^2 - 4 d_1 d_2 (f_u g_v - f_v g_u) > 0$$

が成り立てば，反応拡散方程式 (4.19) に拡散誘導不安定性が生じる．

証明 A, B が (4.21) を満たせば，$(A, B)^T$ は行列

$$J(\omega) = \begin{pmatrix} -d_1\omega^2 + f_u & f_v \\ g_u & -d_2\omega^2 + g_v \end{pmatrix}$$

の固有値 λ に対応する固有ベクトルであり，この固有方程式は

$$\det(J(\omega) - \lambda I_2) = \lambda^2 - (f_u + g_v - (d_1+d_2)\omega^2)\lambda + d_1 d_2 \omega^4$$
$$- (d_1 g_v + d_2 f_u)\omega^2 + f_u g_v - f_v g_u$$
$$= 0$$

で与えられる．ここで，

$$f_u + g_v - (d_1+d_2)\omega^2 < 0$$

であることに注意すると，固有方程式に実部が正の解が存在するための条件は，

$$d_1 d_2 \omega^4 - (d_1 g_v + d_2 f_u)\omega^2 + f_u g_v - f_v g_u < 0 \tag{4.22}$$

が成り立つことである．これを ω^2 に関する 2 次不等式とみなせば，正の解が存在するためには定理 4.5 のような条件が必要かつ十分である．

定常解 $(u,v) = (\alpha, \beta)$ は反応方程式 (4.16) の解としては安定であるが，反応拡散方程式 (4.19) の定常解としては不安定となる．この不安定性は拡散項を加えたことによるものであり，拡散誘導不安定性が生じている．■

定理 4.5 の条件のもとでは，

$$\omega^\pm = \frac{d_1 g_v + d_2 f_u \pm \sqrt{(d_1 g_v + d_2 f_u)^2 - 4 d_1 d_2 (f_u g_v - f_v g_u)}}{2 d_1 d_2}$$

とおくと，(4.22) より，

$$0 < \omega^- < |\omega| < \omega^+ < \infty$$

の範囲にある ω に対して定常解 $(u,v) = (\alpha, \beta)$ は不安定となる．これは，波長がある範囲にあるような外乱の成分が時間とともに成長していくことになり，空間的に波打つ形で不安定化することを示唆している．実際，拡散誘導不安定性を生じる系に対して，ランダムな外乱を加えて数値シミュレーションを行ってみると，特徴的な波長の成分が成長することがみられる．

上の議論において，$f_u + g_v < 0$ および $d_1 g_v + d_2 f_u > 0$ が必要であったことに着目すると，f_u と g_v が異符号でかつ $d_1 \neq d_2$ のときに限って拡散誘

導不安定性が生じることがわかる．これは次のように解釈できる．たとえば $f_u > 0$ かつ $g_v < 0$ であるとしよう．このとき，成分 u の増加について f からは正のフィードバックがかかるので不安定化の要素をもっているが，逆に成分 v の反応項 g からは負のフィードバックがかかるので安定化の要素が含まれている．条件 $f_u + g_v < 0$ は反応方程式においては安定化がより強く働くことを表しており，一方，$d_1 g_v + d_2 f_u > 0$ は拡散を考慮すると不安定化の要素が勝ることを表している．すなわち，安定化をもたらす成分が速く拡散することによって不安定化をもたらすメカニズムが顕在化し，拡散誘導不安定性が生じるわけである．

なお，拡散誘導不安定性は局所的な意味での不安定性であり，平衡点の近傍でのみ意味をもつことを注意しておく．また，拡散誘導不安定性は定常解に限らず，空間一様な時間周期解に対しても生じることがある [164]．チューリング不安定性によって自明解が不安定化したときに，どのような状態へと系が変化するかについては，パターン形成の観点から分岐理論を用いてくわしい研究がなされている（たとえば [5, 10] を参照）．

4.3.2 有界領域における拡散誘導不安定性

$\mathbb{R}^N$ 内の有界領域 Ω において，反射壁境界条件を課した 2 成分反応拡散方程式

$$\begin{cases} u_t = d_1 \Delta u + f(u,v) & (x \in \Omega), \\ v_t = d_2 \Delta v + g(u,v) & (x \in \Omega), \\ \dfrac{\partial}{\partial \nu} u = 0 = \dfrac{\partial}{\partial \nu} v & (x \in \partial \Omega) \end{cases} \quad (4.23)$$

を考える．この問題においても，条件 (4.17) のもとでは $(u,v) = (\alpha, \beta)$ は空間的に一様な定常解である．その安定性を調べるには，線形化固有値問題

$$\begin{cases} \lambda \Phi = d_1 \Delta \Phi + f_u \Phi + f_v \Psi & (x \in \Omega), \\ \lambda \Psi = d_2 \Delta \Psi + g_u \Phi + g_v \Psi & (x \in \Omega), \\ \dfrac{\partial}{\partial \nu} \Phi = 0 = \dfrac{\partial}{\partial \nu} \Psi = 0 & (x \in \partial \Omega) \end{cases} \quad (4.24)$$

を考えればよい．反応拡散方程式 (4.23) に拡散誘導不安定性が生じるための条件は次のように与えられる．

定理 4.6 Ω を $\mathbb{R}^N$ 内の有界領域とし，$\{\sigma_i\}$ をそのノイマン固有値とする．条件 (4.18) に加え，ある $i \geq 1$ について

$$\sigma_i{}^2 d_1 d_2 - \sigma_i(d_2 f_u + d_1 g_v) + f_u g_v - f_v g_u < 0$$

が成り立てば，反応拡散方程式 (4.23) に拡散誘導不安定性が生じる．

証明 ノイマン固有値 σ_i に対応する固有関数 $\Theta_i(x)$ を用いて，(4.24) の固有関数が

$$\Phi = a\Theta_i(x), \qquad \Psi = b\Theta_i(x)$$

（ただし a, b は定数）の形をしていると仮定して代入し，$\Delta\Theta_i + \sigma_i\Theta_i = 0$ を用いると

$$\lambda a = -\sigma_i d_1 a + f_u a + f_v b, \qquad \lambda b = -\sigma_i d_2 b + g_u a + g_v b$$

を得る．これを a, b に関する連立 1 次方程式とみれば，非自明な解をもつのは

$$\det \begin{pmatrix} -\sigma_i d_1 + f_u - \lambda & f_v \\ g_u & -\sigma_i d_2 + g_v - \lambda \end{pmatrix} = 0$$

のとき，すなわち

$$\lambda^2 - \{f_u + g_v - \sigma_i(d_1 + d_2)\}\lambda + \{(-\sigma_i d_1 + f_u)(-\sigma_i d_2 + g_v) - f_v g_u\} = 0 \tag{4.25}$$

のときである．これは λ に関する 2 次方程式であり，2 つの解の実部の和は

$$f_u + g_v - \sigma_i(d_1 + d_2) < 0$$

である．したがって，2 つの解の積が

$$(-\sigma_i d_1 + f_u)(-\sigma_i d_2 + g_v) - f_v g_u$$
$$= \sigma_i{}^2 d_1 d_2 - \sigma_i(d_2 f_u + d_1 g_v) + f_u g_v - f_v g_u < 0$$

を満たせば，一方の解の実部は正となる．すなわち，この場合には，(4.23) の空間的に一様な定常解 $(u,v) = (\alpha, \beta)$ は拡散によって不安定化する． ∎

たとえば，$f_u + g_v < 0$ のもとで

$$f_u > 0, \qquad g_v < 0, \qquad d_1 \ll 1 \ll d_2$$

とすると，(4.25) の 2 つの解の積は負になり，拡散誘導不安定性が生じる．一方，拡散係数が $d_1 = d_2$ のときは実部が正の解は存在せず，拡散誘導不安定性は生じないこともわかる．

4.3.3 拡散誘導爆発

反応方程式のすべての解が時間大域的に存在する（すなわち爆発しない）とき，対応する反応拡散方程式の解が爆発することはあるだろうか．拡散は解を自明な方向へと向かわせる効果があるから，拡散項を付け加えても解が爆発することはなさそうに思える．しかしながら，以下の例で示すように，このよう現象が実際には起こりうるのであり，これを**拡散誘導爆発**と呼ぶ．この項では，拡散誘導爆発を起こすような 2 成分反応拡散方程式の例について説明する．

Ω を $\mathbb{R}^N$ 内の有界領域とし，反応拡散方程式

$$\begin{cases} u_t = d_1 \Delta u + (u-v)^3 - u & (x \in \Omega), \\ v_t = d_2 \Delta v + (u-v)^3 - v & (x \in \Omega), \\ \dfrac{\partial}{\partial \nu} u = 0 = \dfrac{\partial}{\partial \nu} v & (x \in \partial\Omega) \end{cases} \qquad (4.26)$$

および対応する反応方程式

$$\begin{cases} u_t = (u-v)^3 - u, \\ v_t = (u-v)^3 - v \end{cases} \qquad (4.27)$$

を考える．まず，(4.27) の平衡点 $(u,v) = (0,0)$ の安定性を示そう．

補題 4.7 反応方程式 (4.27) の平衡点 $(0,0)$ は大域的に漸近安定である．すなわち，すべての解は $t \to \infty$ のとき $(0,0)$ に収束する．

証明 初期値を $(u(0), v(0)) = (u_0, v_0)$ としよう．まず，(4.27) の 2 式の差をとると

$$\frac{d}{dt}(u-v) = -(u-v)$$

となるから，

$$u - v = (u_0 - v_0)e^{-t}$$

である．これを (4.27) の第 1 式に代入すると

$$u_t = (u_0 - v_0)^3 e^{-3t} - u$$

となる．これは u についての 1 階線形微分方程式であるから，簡単に解けて

$$u(t) = \left\{u_0 + \frac{1}{2}(u_0 - v_0)^3\right\}e^{-t} - \frac{1}{2}(u_0 - v_0)^3 e^{-3t}$$

を得る．同様に

$$v(t) = \left\{v_0 + \frac{1}{2}(u_0 - v_0)^3\right\}e^{-t} - \frac{1}{2}(u_0 - v_0)^3 e^{-3t}$$

である．よって，$(0,0)$ が大域的に漸近安定であることが示された．■

一方，拡散項を加えると拡散誘導爆発が生じる．

定理 4.8（[174]） $0 \leq d_1 < d_2$ であれば，反応拡散方程式 (4.26) には有限時間で爆発する解が存在する．

この定理の証明はかなり大がかりでそのからくりがみえにくい．ここではなぜこのような拡散誘導爆発が起こるのかを直観的に説明するに留める．簡単のため，$N = 1$ で $\Omega = (0,1)$ とする．初期値としては，図 4.6 のように，$x = 0$ で最大値をとり，x について単調減少しているようなものをとる．すると，$(u-v)^3$ の符号は $u = v$ となる点 $z(t)$ で正から負に変わる．また，v の拡散係数のほうが u の拡散係数より大きいので，v のほうが u よりも傾き方が小さい．したがって，解は図 4.6 のような形状をとり続ける．

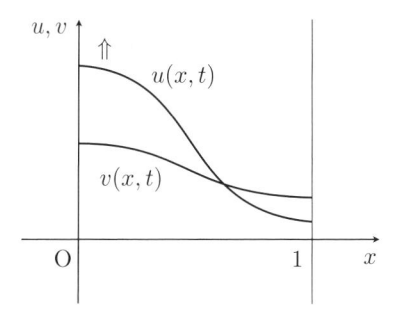

図 4.6 拡散誘導爆発する解のプロファイル.

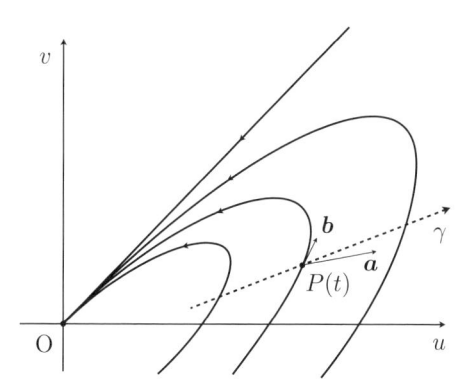

図 4.7 ベクトル場の軌道と拡散誘導爆発を起こす解の関係.

反応方程式の相平面における軌道は図 4.7 のようである．この図において，点 $P(t) := (u(0,t), v(0,t))$ における反応項のベクトルは $\boldsymbol{b}$ のようになっている．一方，拡散による効果 $(d_1 u_{xx}(0,t), d_2 v_{xx}(0,t))$ は，拡散係数が $d_1 < d_2$ を満たしていることから，ベクトル $\boldsymbol{a}$ のようになっている．この 2 つのベクトルを合成した方向に $P(t)$ は動いていくが，この方向はベクトル $\boldsymbol{b}$ より外側を向いている．これより，(4.27) の解の最大点 $P(t) = (u(0,t), v(0,t))$ は曲線 γ に沿って動く．このため，$P(t)$ は原点からどんどん離れていき，その結果 3 次の非線形性が支配的になって，最大点 $P(t)$ は有限時間で無限遠へと発散するのである．

チューリング不安定化と類似したメカニズムにもとづく拡散誘導爆発については，このほかにもいくつかの例 [73, 111, 177] が知られており，これらの

例では拡散係数が等しくないことが本質的に効いている．等拡散系においても拡散誘導爆発が生じる例 [218, 228] が知られているが，この場合にはチューリング不安定化とは異なるメカニズムが必要となる．

4.4 シャドウ系

4.4.1 シャドウ系への縮約

$\mathbb{R}^N$ 内の有界領域 Ω において，反射壁境界条件を課した 2 成分反応拡散方程式

$$\begin{cases} u_t = \Delta u + f(u,v) & (x \in \Omega), \\ \tau v_t = d\Delta v + g(u,v) & (x \in \Omega), \\ \dfrac{\partial}{\partial \nu}u(x,t) = 0 = \dfrac{\partial}{\partial \nu}v(x,t) & (x \in \partial\Omega) \end{cases} \quad (4.28)$$

について考える．ただし，$\tau > 0, d > 0$ である．この系において $d \to \infty$ とすると成分 v の拡散は速くなるため，v は Ω 上で一様な状態に近づく．そこで，(4.28) の第 2 式の空間平均をとり，v を時間変数 t だけの関数で置き換えた方程式系

$$\begin{cases} u_t = \Delta u + f(u,v) & (x \in \Omega), \\ \tau v_t = \dfrac{1}{|\Omega|}\displaystyle\int_\Omega g(u,v)dx, \\ \dfrac{\partial}{\partial \nu}u(x,t) = 0 & (x \in \partial\Omega) \end{cases} \quad (4.29)$$

を (4.28) のシャドウ系と呼ぶ．

一般に，2 成分反応拡散方程式 (4.28) の数学的な解析は，単独方程式の解析よりもかなり難しい問題となるが，シャドウ系 (4.29) では v は空間的に一様な関数 $v(t)$ に簡単化されている．そのため，u の挙動の解析に（反応項が時間依存する）単独反応拡散方程式に対する手法や結果が適用できる．一方では，シャドウ系 (4.29) は元の反応拡散方程式 (4.28) の性質をある程度は

受け継ぎ，解の挙動も元の反応拡散方程式 (4.28) を何らかの意味で近似していると期待される．実際，$d \to \infty$ とするとき，反応拡散方程式 (4.28) の大域アトラクタがシャドウ系 (4.29) の大域アトラクタに近づくことが知られている [120, 194]．これは $d > 0$ が十分大きいとき，反応拡散方程式 (4.28) とシャドウ系 (4.29) の漸近的な性質が近いということを表している．元の反応拡散方程式から離れて，(4.29) のような反応拡散方程式と積分方程式の連立系自体の性質も数学的には興味ある問題である．

シャドウ系 (4.29) の第 1 式で $v = v(t)$ を与えられた関数とみなすと，これは時間に依存した反応項をもつ単独反応拡散方程式となる．もちろん，u と v の相互作用は無視することができないが，シャドウ系 (4.29) は単独拡散方程式と 2 成分反応拡散方程式の中間的な性質をもっていると考えられる．たとえば，凸領域（1 次元区間であっても）において安定な非一様定常解をもつことが示される（5.3.3 項の定理 5.8 参照）．一方で，安定な解は空間的に単調なものに限られる [187, 194] など，多成分反応拡散方程式に比べてその安定解の構造は比較的に単純なものとなる．

4.4.2　有界区間上のシャドウ系

ここでは，単位区間上の 2 成分シャドウ系

$$\begin{cases} u_t = u_{xx} + f(u,v) & (0 < x < 1), \\ \tau v_t = \int_0^1 g(u,v)dx, \\ u_x(0,t) = 0 = u_x(1,t) \end{cases} \quad (4.30)$$

を考え，空間的に単調でない定常解は不安定となることを示そう．定常解を $(u,v) = (\varphi(x), \alpha)$ と表すと，$(\varphi(x), \alpha)$ は

$$\begin{cases} \varphi_{xx}(x) + f(\varphi(x), \alpha) = 0 & (0 < x < 1), \\ \int_0^1 g(\varphi(x), \alpha)dx = 0, \\ \varphi_x(0) = 0 = \varphi_x(1) \end{cases} \quad (4.31)$$

を満たす．$\varphi(x)$ が非一様で少なくとも 1 個の臨界点を区間 $(0,1)$ 内にもつとき，定常状態は**非単調**であるという．

シャドウ系の定常解の安定性を調べるために，線形化固有値問題

$$\begin{cases} \lambda \Phi(x) = \Phi_{xx}(x) + f_u(\varphi(x), \alpha) \Phi(x) + f_v(\varphi(x), \alpha) \eta & (0 < x < 1), \\ \tau \lambda \eta = \displaystyle\int_0^1 \{g_u(\varphi(x), \alpha) \Phi(x) + g_v(\varphi(x), \alpha) \eta\} dx, \\ \Phi_x(0) = 0 = \Phi_x(1) \end{cases} \quad (4.32)$$

を考える．もし，この固有値問題に正の実部をもつ固有値が存在すれば定常解は不安定である（たとえば [146] 参照）．次の定理は，シャドウ系においては安定な定常解は空間的に一様あるいは単調であることを表している．

定理 4.9 ([194])　1 次元シャドウ系 (4.30) の非単調定常解は不安定である．

この定理の証明にはいくらかの準備が必要である．2.3.1 項で説明したように，$(\varphi(x), \alpha)$ が (4.31) の非単調解であれば，関数 $\varphi(x)$ はある $k \in \mathbb{N}$ について k-対称である．すなわち，関数 $\varphi(x)$ は $x = i/k$ ($i = 1, 2, \ldots, k$) について対称であり，

$$\left[\frac{i-1}{k}, \frac{i}{k}\right] \quad (i = 1, 2, \ldots, k-1)$$

を 1 つのモードとする k-モード定常解である．

まず，シャドウ系の第 1 式の $\varphi(x)$ における線形化作用素に対する次の固有値問題を考えよう．

$$\begin{cases} \mu \Phi(x) = \Phi_{xx}(x) + f_u(\varphi(x), \alpha) \Phi(x) & (0 < x < 1), \\ \Phi_x(0) = 0 = \Phi_x(1). \end{cases} \quad (4.33)$$

ストゥルム–リュウビル理論（付録 B.3 項参照）によれば，(4.33) の固有値はすべて実数で，大きさの順に並べると $\mu_0 > \mu_1 > \mu_2 > \cdots \to -\infty$ を満たす．また，対応する固有関数を $\Phi_0, \Phi_1, \Phi_2, \ldots$ とすると，Φ_j ($j = 0, 1, 2, \ldots$) は $(0,1)$ 内にちょうど j 個の零点をもつ．これらの固有関数は $L^2(0,1)$ において

$$\int_0^1 \Phi_j(x)^2 dx = 1 \qquad (j = 0, 1, 2, \ldots)$$

と正規化されているものと仮定する．

補題 4.10 φ が k-対称ならば，$\mu_0 > \mu_1 > \cdots > \mu_{k-1} > 0$ が成り立つ．

証明 (4.31) の第 1 式を x で微分すると

$$\{\varphi_x(x)\}_{xx} + f_u(\varphi(x), \alpha)\varphi_x(x) = 0 \qquad (0 < x < 1)$$

を得る．ここで $\varphi_x(x)$ は $(0,1)$ 内に $k-1$ 個の零点をもち，また $\varphi_x(0) = \varphi_x(1) = 0$ である．したがって，もし $\mu_{k-1} \leq 0$ ならば，ストゥルムの比較定理（付録 B.3 項の定理 B.3）より，$\Phi_{k-1}(x)$ は $(0,1)$ 内に k 個以上の零点をもつことになり矛盾が生じる． ∎

ここで，補助的な固有値問題

$$\begin{cases} \tilde{\mu}\tilde{\Phi}(x) = \tilde{\Phi}_{xx}(x) + f_u(\varphi(x), \alpha)\tilde{\Phi}(x) & (0 < x < 1/k), \\ \tilde{\Phi}_x(0) = 0 = \tilde{\Phi}_x(1/k) \end{cases}$$

を考え，j 番目の固有値と固有関数をそれぞれ $\tilde{\mu}_j$ と $\tilde{\Phi}_j$ で表す．また，固有関数は $L^2(0, 1/k)$ において正規化しておく．すると，$f_u(\varphi(x), \alpha)$ が $x = j/k$ ($j = 1, 2, \ldots, k-1$) について対称なことから，$\tilde{\Phi}_j$ をこれらの点において偶拡張を繰り返して得られる関数は (4.33) で $\mu = \tilde{\mu}_j$ とした方程式を満たす．またこのとき，$\tilde{\Phi}_j$ は $(0, 1/k)$ 内にちょうど j 個の零点をもつから，折り返しによって得られた関数は $[0,1]$ にちょうど jk 個の零点をもつ．したがって，$\tilde{\mu}_j = \mu_{jk}$ および，$[0, 1/k]$ 上での恒等式 $\tilde{\Phi}_j \equiv \sqrt{k}\Phi_{jk}$ がすべての $j = 0, 1, 2, \ldots$ について成立する．

補題 4.11 $v(x)$ を $[0,1]$ 上の任意の k-対称な関数とすれば，$j \neq 0, k, 2k, \ldots$ について

$$\int_0^1 v\Phi_j dx = 0$$

が成り立つ．

証明 (a,b) 上の L^2-内積を $\langle \cdot, \cdot \rangle_{L^2(a,b)}$ で表すと，偶拡張による折り返しから，$x \in (0, 1/k)$ に対して

$$v = \sum_{i=0}^{\infty} \langle v, \tilde{\Phi}_i \rangle_{L^2(0,1/k)} \tilde{\Phi}_i$$

$$= \sum_{i=0}^{\infty} k \langle v, \Phi_{ik} \rangle_{L^2(0,1/k)} \Phi_{ik}$$

$$= \sum_{i=0}^{\infty} \langle v, \Phi_{ik} \rangle_{L^2(0,1)} \Phi_{ik}$$

が成り立つ．したがって，再び折り返しにより，

$$v = \sum_{i=0}^{\infty} \langle v, \Phi_{ik} \rangle_{L^2(0,1)} \Phi_{ik} \qquad (0 \le x \le 1)$$

となる．一方，

$$v = \sum_{j=0}^{\infty} \langle v, \Phi_j \rangle_{L^2(0,1)} \Phi_j \qquad (0 \le x \le 1)$$

である．この2式を比較することにより，

$$\langle v, \Phi_j \rangle_{L^2(0,1)} = 0 \qquad (j \ne 0, k, 2k, \ldots)$$

が得られる． ■

定理 4.9 の証明 $(\varphi(x), \alpha)$ を (4.31) の非単調な解とする．すると補題 4.11 より，

$$\int_0^1 g_u(\varphi(x), \alpha) \Phi_j(x) dx = 0 \qquad (j \ne 0, k, 2k, \ldots)$$

を得る．これは $j \ne 0, k, 2k, \ldots$ に対し，$(\lambda, \Phi, \eta) = (\mu_j, \Phi_j, 0)$ が固有値問題 (4.32) を満たすことを表している．補題 4.10 より，$j = 1, 2, \ldots, k-1$ について $\mu_j > 0$ であるから，非単調定常解は不安定である． ■

定理 4.9 は定常解の安定性に関する性質であったが，これを時間周期解あるいはより複雑な時間的挙動を示す解へも拡張できる [187]．解が空間的に単

調であれば，その解は安定である可能性があるが，必ずしも定常状態に近づくとは限らない．実際，空間的に非一様で安定な時間周期解の存在が，数値シミュレーションおよび分岐理論によって示されている [186, 190].

4.4.3 高次元領域と非線形ホットスポット予想

この項では，高次元有界領域上のシャドウ系 (4.29) について述べる．$(u,v) = (\varphi(x), \alpha)$ を (4.29) の定常解とすると，$(\varphi(x), \alpha)$ は

$$\begin{cases} \Delta\varphi + f(\varphi, \alpha) = 0 & (x \in \Omega), \\ \int_\Omega g(\varphi, \alpha)\,dx = 0, \\ \dfrac{\partial}{\partial\nu}\varphi = 0 & (x \in \partial\Omega) \end{cases}$$

を満たしている．また，定常解 $(\varphi(x), \alpha)$ における線形化固有値問題は

$$\begin{cases} \lambda\Phi = \Delta\Phi + f_u(\varphi, \alpha)\Phi + f_v(\varphi, \alpha)\eta & (x \in \Omega), \\ \tau\lambda\eta = \dfrac{1}{|\Omega|}\int_\Omega \{g_u(\varphi, \alpha)\Phi + g_v(\varphi, \alpha)\eta\}dx, \\ \dfrac{\partial}{\partial\nu}\Phi = 0 & (x \in \partial\Omega) \end{cases} \quad (4.34)$$

で与えられる．

シャドウ系の第 1 式において v を α に固定して得られる単独反応拡散方程式

$$\begin{cases} u_t = \Delta u + f(u, \alpha) & (x \in \Omega), \\ \dfrac{\partial}{\partial\nu}u = 0 & (x \in \partial\Omega) \end{cases} \quad (4.35)$$

および，この定常解 $u = \varphi(x)$ における線形化固有値問題

$$\begin{cases} \mu\Phi = \Delta\Phi + f_u(\varphi, \alpha)\Phi & (x \in \Omega), \\ \dfrac{\partial}{\partial\nu}\Phi = 0 & (x \in \partial\Omega) \end{cases} \quad (4.36)$$

を考える．これは自己随伴固有値問題であるから，固有値 $\{\mu_i\}$ はすべて実数で，大きさの順に並べると $\mu_0 > \mu_1 \geq \mu_2 \geq \cdots$ を満たしている．前項で示

したように，有界区間上のシャドウ系 (4.30) においては，非単調な定常解については $\mu_1 > 0$ が成り立つ．また，μ_1 はシャドウ系に対する固有値問題の固有値でもあり，その結果，非単調な定常解の不安定性を示すことができた．この性質は，1次元のシャドウ系に特有のものであり，高次元領域におけるシャドウ系では必ずしも成り立たない．しかしながら，反応項に対するある条件のもとで，μ_1 の正値性からシャドウ系の定常解の不安定性を示すことができる．

まず，次の定理を証明なしに紹介しておこう．

定理 4.12 ([171, 238])　ある定数 C に対し，反応項が

$$f_v(u,v) \equiv Cg_u(u,v) \tag{4.37}$$

を満たすと仮定する．$\Omega \subset \mathbb{R}^N$ を区分的に滑らかな境界をもつ有界領域とする．シャドウ系の定常解 $(u,v) = (\varphi(x), \alpha)$ に対し，固有値問題 (4.36) の固有値 μ_1 が正ならば，任意の $\tau > 0$ に対して (4.34) は実部が正の固有値をもつ．

定理 4.12 において，v の時定数 τ の大きさに対しては何も条件を課していないことに注意する．また，非線形項については具体的な形を仮定せず，(4.37) を仮定している[13]だけであるが，この条件を満たしている具体的な例としては，フィッツヒュー–南雲方程式（5.2 節参照）や，指数に必要な条件を課したギーラー–マインハルト方程式（5.3 節参照）などがある．なお，これらの反応拡散方程式において，拡散係数 $d > 0$ が小さいときには，空間的に単調でない安定定常解の存在が示されている．

μ_1 の符号が重要な理由は次のように解釈できる．変数 v が α に固定された方程式 (4.35) では，非一様定常解に対する最大固有値は $\mu_0 > 0$ を満たし，Φ_0 方向に不安定である．この不安定成分の増大を v の変化で抑制できれば，シャドウ系の非一様定常解は安定化する．$\Phi_0(x)$ は定符号なので，$\Phi_0(x)$ 方向の増大を v の変化で抑制できるのに対し，$\Phi_1(x)$ は符号変化しているため，

---

13) この条件は，4.5 節で解説する勾配系あるいは歪勾配系と関係している．

$\Phi_1(x)$ 方向の増大を v の変化では抑制できない．したがって，$\mu_1 > 0$ であれば，シャドウ系の定常解は不安定となるのである．

そこで問題は，固有値問題 (4.36) の μ_1 の符号を判定する条件を明らかにすることに帰着する．領域が 1 次元有界区間の場合には，単調でない定常解に対しては $\mu_1 > 0$ であったことを思い出そう．これより，高次元有界領域においても，空間的に単調でない解に対して $\mu_1 > 0$ が成り立つと推測される．高次元領域における解の単調性の定義が曖昧であるが，ここでは $\varphi(x)$ が非一様で少なくとも 1 個の臨界点を Ω 内にもつとき，この定常状態は非単調であるということにする．

一方，単独方程式の定常解の安定性についての結果（2.2.2 項の定理 2.5）から，領域の凸性が安定解の形状と関わっていることが示唆される．以上のことから，凸領域における単独反応拡散方程式に対し，単調でない定常解について以下の予想が提起される．

非線形ホットスポット予想：$\mathbb{R}^N$ 内の有界凸領域 Ω に対し，

$$\begin{cases} \Delta \varphi + f(\varphi) = 0 & (x \in \Omega), \\ \dfrac{\partial}{\partial \nu} \varphi = 0 & (x \in \partial \Omega) \end{cases} \quad (4.38)$$

の解が Ω の内部に臨界点をもてば，対応する線形化固有値問題について $\mu_1 > 0$ が成り立つ．

いまのところ，この予想は管状領域と 2 次元円盤領域に対して証明されている [115, 172] だけで，一般の凸領域に対しては未解決の難問である．定理 4.12 と非線形ホットスポット予想を組み合わせると，反応項に対する定理 4.12 の仮定を満たす特別な形のシャドウ系の安定な定常解は，領域が凸ならば空間的に単調なものに限ることが示される．この性質が，一般のシャドウ系や領域についても成り立つかどうかは重要で興味深い問題であるが，未知の部分が多くこれからの課題である．

実は，非線形ホットスポット予想が正しければ，次の有名な線形ホットス

ポット予想がただちにしたがう．

線形ホットスポット予想[204]：$\Omega \subset \mathbb{R}^N$ を滑らかな境界をもつ有界凸領域とする．Ω 上のラプラス作用素に対し，最小の正のノイマン固有値に対応する固有関数の最大値と最小値は境界上で達成される．

非線形ホットスポット予想が線形ホットスポット予想を含むことは次のようにして示される．反応項が線形の関数 $f(u) = \sigma u$ の場合を考えてみよう．この場合，(4.38) が非自明な解をもつのは σ がノイマン固有値のときに限る．いま，固有値 σ_1 に対応する固有関数 $\Theta_1(x)$ が Ω の内部に極値をもったと仮定しよう．もし非線形ホットスポット予想が正しいとすると，ある $\mu_1 > 0$ に対して

$$\begin{cases} \mu_1 U = \Delta U + \sigma_1 U & (x \in \Omega), \\ \dfrac{\partial}{\partial \nu} U = 0 & (x \in \partial \Omega) \end{cases}$$

を満たし，また Ω で符号を変えるような U が存在する[14]．したがって，$\sigma_1 - \mu_1$ は Ω のノイマン固有値であるが，σ_1 より小さいノイマン固有値は σ_0 だけであり，対応する固有関数が定数であることと矛盾する．この矛盾は固有関数 $\Theta_1(x)$ が Ω の内部で極値をとると仮定したことに起因している．これより，非線形ホットスポット予想は線形ホットスポット予想を含んでいることが示された．

線形ホットスポット予想は，領域に対称性を仮定した場合など，いくつかの特殊な場合に肯定的に解決されている [51, 130] が，逆に，穴の空いた領域に反例があることが知られている [57, 58]．最近の発展については [37] がくわしいが，一般的な場合には未解決である．

線形ホットスポット予想が成り立つような領域においては，その領域上の熱方程式の正の解は，時間が十分経過すると領域の境界近くに最大点（ホットスポット）をもつ[15]．実際，領域 Ω において熱方程式

---

14) 線形方程式を線形化すると同じ方程式となることに注意する．
15) ホットスポット予想という呼び方はこの性質に由来している．

$$\begin{cases} u_t = \Delta u & (x \in \Omega), \\ \dfrac{\partial}{\partial \nu} u = 0 & (x \in \partial\Omega) \end{cases}$$

の解は，ノイマン固有値 $\{\sigma_i\}$ と固有関数 $\{\Phi_i\}$ を用いて固有関数展開できて，もし，σ_1 が単純固有値ならば，解は

$$u = c_0 \Phi_0 + c_1 e^{-\sigma_1 t} \Phi_1(x) + o(e^{-\sigma_1 t}) \qquad (t \to \infty)$$

と表せる．ここで Φ_0 は定数関数であるから，$c_1 > 0$ であれば，$u(x,t)$ の最大値は t が十分大きいときに $\Phi_1(x)$ の最大値の近傍にあることがわかる．したがって，$\Phi_1(x)$ の最大値が境界上にあれば，$u(x,t)$ の最大点は $t \to \infty$ のときこの点に近づく．言い換えれば，ホットスポットは必ず境界に近づくことになる．

4.5 勾配系

4.5.1 停留点と最小化解

m 成分反応拡散方程式

$$T\boldsymbol{u}_t = D\Delta \boldsymbol{u} + \boldsymbol{f}(\boldsymbol{u}) \tag{4.39}$$

において，反応項がある関数 $W(\boldsymbol{u}) : \mathbb{R}^m \to \mathbb{R}$ を用いて

$$\boldsymbol{f}(\boldsymbol{u}) := - \begin{pmatrix} \dfrac{\partial W}{\partial u_1} \\ \dfrac{\partial W}{\partial u_2} \\ \vdots \\ \dfrac{\partial W}{\partial u_m} \end{pmatrix} \tag{4.40}$$

と表されるとき，反応拡散方程式 (4.39) は**勾配系**であるという．以下では，記述を簡単にするために 2 成分勾配系について述べるが，この項で示す性質は 3 成分以上の勾配系へと容易に拡張できることを注意しておく．

有界領域 Ω 上の 2 成分反応拡散方程式

$$\begin{cases} \tau_1 u_t = d_1 \Delta u + f(u,v) & (x \in \Omega), \\ \tau_2 v_t = d_2 \Delta v + g(u,v) & (x \in \Omega), \\ \dfrac{\partial}{\partial \nu} u = 0 = \dfrac{\partial}{\partial \nu} v & (x \in \partial\Omega) \end{cases} \quad (4.41)$$

を考えよう．まず，次の補題を準備しておく．

補題 4.13 反応拡散方程式 (4.41) が勾配系であるための必要十分条件は，反応項が $f_v(u,v) \equiv g_u(u,v)$ を満たすことである．

証明 勾配系であれば，あるポテンシャル関数 $W(u,v)$ を用いて

$$f(u,v) = -\frac{\partial W}{\partial u}, \qquad g(u,v) = -\frac{\partial W}{\partial v}$$

と表せるから，

$$f_v(u,v) = -\frac{\partial}{\partial v}\left(\frac{\partial W}{\partial u}\right) = -\frac{\partial}{\partial u}\left(\frac{\partial W}{\partial v}\right) = g_u(u,v)$$

が成り立つ．

逆に $f_v(u,v) \equiv g_u(u,v)$ を満たすと仮定して，関数 W を具体的に構成しよう．まず

$$h(u,v) := f_v(u,v) = g_u(u,v)$$

とおくと，f, g は

$$f(u,v) = \int_0^v h(u,t)dt + h_1(u), \qquad g(u,v) = \int_0^u h(s,v)ds + h_2(v)$$

と表せる．そこで

$$H(u,v) := \int_0^u \left\{\int_0^v h(s,t)dt\right\}ds = \int_0^v \left\{\int_0^u h(s,t)ds\right\}dt$$

とし，
$$W(u,v) := -H(u,v) - \int_0^u h_1(s)ds - \int_0^v h_2(t)dt$$
とおくと
$$-\frac{\partial W}{\partial u} = \int_0^v h(u,t)dt + h_1(u) = f(u,v)$$
および
$$-\frac{\partial W}{\partial v} = \int_0^u h(s,v)ds + h_2(v) = g(u,v)$$
が成り立つ．よって (4.41) が勾配系であることが示された． ∎

勾配系 (4.41) に対し，エネルギー $E[u,v]$ を
$$E[u,v] := \int_\Omega \left\{ \frac{d_1}{2}|\nabla u|^2 + \frac{d_2}{2}|\nabla v|^2 + W(u,v) \right\} dx$$
と定義すると，単独反応拡散方程式の場合と同様の計算により，解にともなうエネルギーは

$$\begin{aligned}
\frac{d}{dt} & E[u(\cdot,t), v(\cdot,t)] \\
&= \frac{d}{dt} \int_\Omega \left\{ \frac{d_1}{2}|\nabla u|^2 + \frac{d_2}{2}|\nabla v|^2 + W(u,v) \right\} dx \\
&= \int_\Omega \left\{ d_1 \nabla u \cdot \nabla u_t + d_2 \nabla v \cdot \nabla v_t - f(u,v)u_t - g(u,v)v_t \right\} dx \\
&= \int_\Omega \left\{ -(d_1 \Delta u + f(u,v))u_t - (d_2 \Delta v + g(u,v))v_t \right\} dx \\
&= -\int_\Omega (\tau_1 u_t{}^2 + \tau_2 v_t{}^2) dx \\
&\leq 0
\end{aligned}$$

を満たす．したがって，エネルギーは単調に減少する．

任意の $U, V \in H^1(\Omega)$ に対して
$$E[\varphi + \varepsilon U, \psi + \varepsilon V] = E[\varphi, \psi] + o(\varepsilon) \qquad (\varepsilon \to 0)$$

が成り立つとき，(φ, ψ) をエネルギー $E[u,v]$ の**停留点**と呼ぶ．停留点は勾配系 (4.41) の定常解であり，また逆も成り立つ．実際，$U, V \in H^1(\Omega)$ を固定して $E[\varphi + \varepsilon U, \psi + \varepsilon V]$ を ε について展開すると，

$$\begin{aligned}
&E[\varphi + \varepsilon U, \psi + \varepsilon V] \\
&= \int_\Omega \left\{ \frac{d_1}{2} |\nabla(\varphi + \varepsilon U)|^2 + \frac{d_2}{2} |\nabla(\psi + \varepsilon V)|^2 + W(\varphi + \varepsilon U, \psi + \varepsilon V) \right\} dx \\
&= E[\varphi, \psi] + \varepsilon \int_\Omega \left\{ d_1 \nabla \varphi \cdot \nabla U + d_2 \nabla \psi \cdot \nabla V - f(\varphi, \psi) U - g(\varphi, \psi) V \right\} dx \\
&\quad + o(\varepsilon) \\
&= E[\varphi, \psi] + \varepsilon \int_{\partial \Omega} \left\{ d_1 U \frac{\partial}{\partial \nu} \varphi + d_2 V \frac{\partial}{\partial \nu} \psi \right\} dS \\
&\quad - \varepsilon \int_\Omega \left\{ (d_1 \Delta \varphi + f(\varphi, \psi)) U + (d_2 \Delta \varphi + g(\varphi, \psi)) V \right\} dx + o(\varepsilon)
\end{aligned}$$

となり，ε オーダーの項がすべての U, V について 0 となるためには，(φ, ψ) がオイラー–ラグランジュ方程式

$$\begin{cases} d_1 \Delta \varphi + f(\varphi, \psi) = 0 & (x \in \Omega), \\ d_2 \Delta \varphi + g(\varphi, \psi) = 0 & (x \in \Omega), \\ \dfrac{\partial}{\partial \nu} \varphi = 0 = \dfrac{\partial}{\partial \nu} \psi & (x \in \partial \Omega) \end{cases} \quad (4.42)$$

を満たすことが必要かつ十分である．

ある $\delta > 0$ が存在し，$\|U\|_{H^1(\Omega)} + \|V\|_{H^1(\Omega)} < \delta$ を満たすすべての $U, V \in H^1(\Omega), (U,V) \not\equiv (0,0)$ に対して

$$E[\varphi + U, \psi + V] > E[\varphi, \psi] \quad (4.43)$$

が成り立つとき，(φ, ψ) を $E[u,v]$ の**局所最小化解**という．もし，すべての $U, V \in H^1(\Omega), (U,V) \not\equiv (0,0)$ に対して (4.43) が成り立つとき，(φ, ψ) を $E[u,v]$ の**大域的最小化解**という．勾配系 (4.41) に大域的に漸近安定な定常解 $(u,v) = (\varphi, \psi)$ が存在すれば，(φ, ψ) は $E[u,v]$ の大域的最小化解である．

勾配系ではエネルギー $E[u,v]$ は解に沿って単調減少することから，勾配系 (4.41) の漸近安定な定常解は $E[u,v]$ の局所最小化解である．逆に，$W(u,v)$

が十分滑らかであれば，局所最小化解は勾配系 (4.41) の漸近安定な定常解となる．

勾配系 (4.41) の線形化固有値問題

$$\begin{cases} \tau_1 \lambda \Phi = d_1 \Delta \Phi + f_u(\varphi, \psi)\Phi + f_v(\varphi, \psi)\Psi & (x \in \Omega), \\ \tau_2 \lambda \Psi = d_2 \Delta \Psi + g_u(\varphi, \psi)\Phi + g_v(\varphi, \psi)\Psi & (x \in \Omega), \\ \dfrac{\partial}{\partial \nu}\Phi = 0 = \dfrac{\partial}{\partial \nu}\Psi & (x \in \partial\Omega) \end{cases} \quad (4.44)$$

は，$f_v(\varphi, \psi) \equiv g_u(\varphi, \psi)$ であることから自己随伴であり，固有値はすべて実数でその中に最大の固有値 λ_0 が存在する（付録 B.1 項参照）．この最大固有値とエネルギー $E[u, v]$ について次のような関係がある．

定理 4.14 勾配系に対する楕円型境界値問題 (4.42) の解 (φ, ψ) に対し，以下が成り立つ．

(i) 線形化固有値問題 (4.44) の最大固有値が $\lambda_0 < 0$ を満たせば，(φ, ψ) は $E[u, v]$ の局所最小化解である．

(ii) (φ, ψ) が $E[u, v]$ の局所最小化解ならば，線形化固有値問題 (4.44) の最大固有値は $\lambda_0 \leq 0$ を満たす．

証明 変分原理より，最大固有値 λ_0 はレイリー商を用いて

$$\lambda_0 = \sup_{U, V \in H^1(\Omega),\ (U,V) \not\equiv (0,0)} \dfrac{J[U, V]}{\displaystyle\int_\Omega (\tau_1 U^2 + \tau_2 V^2)dx}$$

で与えられる（付録 B.1 項参照）．ただし，

$$J[U, V] := \int_\Omega \Big\{ -d_1|\nabla U|^2 - d_2|\nabla V|^2 + Q(U, V) \Big\} dx$$

および

$$Q(U, V) := f_u(\varphi, \psi)U^2 + f_v(\varphi, \psi)UV + g_u(\varphi, \psi)UV + g_v(\varphi, \psi)V^2$$

である．一方，(φ, ψ) が (4.42) を満たすとき，$E[\varphi + \varepsilon U, \psi + \varepsilon V]$ を ε の 2 次の項まで展開すると，

$$E[\varphi + \varepsilon U, \psi + \varepsilon V] = E[\varphi, \psi] - \varepsilon^2 J[U, V] + o(\varepsilon^2) \qquad (4.45)$$

と表せる．したがって，$\lambda_0 < 0$ であれば，$(U, V) \neq (0, 0)$ を満たす任意の U, V について $J[U, V] < 0$ である．すると (4.45) より，十分小さい任意の ε について (4.43) が成り立つ．よって (φ, ψ) は $E[u, v]$ の局所最小化解である．

次に，$\lambda_0 > 0$ とすると，$(U, V) = (\Phi, \Psi)$ と十分小さい $\varepsilon > 0$ に対して

$$\begin{aligned} E[\varphi + \varepsilon \Phi, \psi + \varepsilon \Psi] &= E[\varphi, \psi] + \varepsilon^2 J[\Phi, \Psi] + o(\varepsilon^2) \\ &= E[\varphi, \psi] - \varepsilon^2 \lambda_0 \int_\Omega (\tau_1 \Phi^2 + \tau_2 \Psi^2) dx + o(\varepsilon^2) \\ &< E[\varphi, \psi] \end{aligned}$$

となり，(φ, ψ) は局所最小化解ではない．対偶をとると (ii) が得られる． ∎

4.5.2 凸領域における非一様定常解の不安定性

凸領域上の勾配系 (4.41) において，指数安定な定常解は空間的に一様なものに限ることを示そう．

定理 4.15 ([134])　Ω を十分滑らかな境界をもつ有界凸領域とする．このとき，勾配系 (4.41) の非一様定常解 $(u, v) = (\varphi, \psi)$ に対し，線形化固有値問題 (4.44) の最大固有値は $\lambda_0 \geq 0$ を満たす．

証明　汎関数 $J[U, V]$ に対し，$(U, V) = (\varphi_{x_j}, \psi_{x_j})$ とおいてみると，

$$\begin{aligned} J[\varphi_{x_j}, \psi_{x_j}] &= \int_\Omega \left\{ -d_1 |\nabla \varphi_{x_j}|^2 - d_2 |\nabla \psi_{x_j}|^2 + Q(\varphi_{x_j}, \psi_{x_j}) \right\} dx \\ &= -\int_{\partial \Omega} \left(d_1 \varphi_{x_j} \frac{\partial}{\partial \nu} \varphi_{x_j} + d_1 \psi_{x_j} \frac{\partial}{\partial \nu} \psi_{x_j} \right) dS \\ &\quad + \int_\Omega \left\{ d_1 \varphi_{x_j} \Delta \varphi_{x_j} + d_2 \psi_{x_j} \Delta \psi_{x_j} + Q(\varphi_{x_j}, \psi_{x_j}) \right\} dx \end{aligned}$$

と計算する．ここで，方程式 (4.42) を x_j で微分して得られる関係式

$$\begin{cases} d_1 \Delta \varphi_{x_j} + f_u \varphi_{x_j} + f_v \psi_{x_j} = 0, \\ d_2 \Delta \psi_{x_j} + g_u \varphi_{x_j} + g_v \psi_{x_j} = 0 \end{cases}$$

より，

$$d_1 \varphi_{x_j} \Delta \varphi_{x_j} + d_2 \psi_{x_j} \Delta \psi_{x_j} + Q(\varphi_{x_j}, \psi_{x_j})$$
$$= (d_1 \Delta \varphi_{x_j} + f_u \varphi_{x_j} + f_v \psi_{x_j}) \varphi_{x_j} + (d_2 \Delta \psi_{x_j} + g_u \varphi_{x_j} + g_v \psi_{x_j}) \psi_{x_j} = 0$$

であることに注意すると，

$$J[\varphi_{x_j}, \psi_{x_j}] = -\int_{\partial \Omega} \left(d_1 \varphi_{x_j} \frac{\partial}{\partial \nu} \varphi_{x_j} + d_2 \psi_{x_j} \frac{\partial}{\partial \nu} \psi_{x_j} \right) dS$$
$$= -\frac{1}{2} \int_{\partial \Omega} \frac{\partial}{\partial \nu} \{ d_1 (\varphi_{x_j})^2 + d_2 (\psi_{x_j})^2 \} dS$$

を得る．さらにこれを $j = 1, 2, \ldots, N$ について加えると

$$\sum_{j=1}^{m} J[\varphi_{x_j}, \psi_{x_j}] = -\frac{1}{2} \int_{\partial \Omega} \frac{\partial}{\partial \nu} \{ d_1 |\nabla \varphi|^2 + d_2 |\nabla \psi|^2 \} dS$$

となる．ここで Ω の凸性と反射壁境界条件から

$$\frac{\partial}{\partial \nu} \{ d_1 |\nabla \varphi|^2 + d_2 |\nabla \psi|^2 \} \leq 0 \qquad (j = 1, 2, \ldots, N)$$

が成り立つ（2.2.2 項参照）．したがって，ある j に対して

$$J[\varphi_{x_j}, \psi_{x_j}] \geq 0$$

であるから，変分原理より $\lambda_0 \geq 0$ を得る． ∎

　この証明より，もし $\lambda_0 \neq 0$ であれば，空間的に非一様な定常解は不安定となる．ただし，単独反応拡散方程式の場合と異なり，2.2.2 項の定理 2.5 の証明の方法では最大固有値に対応する固有関数の正値性は証明できない．しかしながら，カルデロンの一意性定理（たとえば [175, Chapter 6] 参照）を用いたより精密な議論により，最大固有値が $\lambda_0 \neq 0$ を満たすことが示せる．この証明の詳細は文献 [14, 134] を参照していただきたい．なお，定理 4.15 において Ω の凸性は本質的であり，非凸な領域では空間的に非一様で指数安定な定常解が存在することがある．

4.5.3 歪勾配系

ある 2 変数関数 $W(u,v)$ に対し，反応項が

$$f(u,v) = -\frac{\partial W}{\partial u}, \qquad g(u,v) = +\frac{\partial W}{\partial v}$$

のように表せるとき，2 成分反応拡散方程式 (4.41) は**歪勾配系**であるという．補題 4.13 と同様に，歪勾配系であるための必要十分条件は，反応項が $f_v(u,v) \equiv -g_u(u,v)$ を満たすことである．

汎関数 $\hat{E}[u,v]$ を

$$\hat{E}[u,v] := \int_\Omega \Big\{ \frac{d_1}{2}|\nabla u|^2 - \frac{d_2}{2}|\nabla v|^2 + W(u,v) \Big\} dx$$

と定義すると，勾配系の場合と同様の計算により，(u,v) が歪勾配系 (4.41) の解ならば，

$$\frac{d}{dt}\hat{E}[u(\cdot,t),v(\cdot,t)] = \int_\Omega (-\tau_1 u_t{}^2 + \tau_2 v_t{}^2) dx$$

が得られる．勾配系とは異なり，この汎関数の値は解に沿って単調に減少するとは限らない．そのため，勾配系には存在しない安定な空間パターンや時間周期解が現れるなど，歪勾配系のダイナミクスは勾配系よりも複雑なものとなる [154, 155]．

歪勾配系のダイナミクスがどのようなものかを理解するために，以下のように考えてみる．まず (4.41) の第 1 式において v が $\psi(x)$ に固定されているとすると，u に関する方程式

$$\begin{cases} \tau_1 u_t = d_1 \Delta u + f(u,\psi) & (x \in \Omega), \\ \dfrac{\partial}{\partial \nu} u = 0 & (x \in \partial\Omega) \end{cases} \qquad (4.46)$$

を得る．この方程式の解 $u(x,t)$ に対して

$$\frac{d}{dt}\hat{E}[u(\cdot,t),\psi] = \int_\Omega \{d_1 \nabla u \cdot \nabla u_t - f(u,\psi)\cdot u_t\}dx$$
$$= -\int_\Omega \{d_1 \Delta u + f(u,\psi)\}u_t dx$$
$$= -\tau_1 \int_\Omega {u_t}^2 dx \leq 0$$

が成り立つから, (4.46) は汎関数 $\hat{E}[u,\psi]$ に関する勾配系となっている. したがって, $u = \varphi$ が (4.46) の定常解であれば φ はまた $\hat{E}[u,\psi]$ の停留点であり, その逆も成り立つ. また, $\hat{E}[u,\psi]$ の局所最小化解は (4.46) の安定な定常解に対応する.

同様に, (4.41) の第 2 式において u が $\varphi(x)$ に固定されているとすると, v に関する方程式

$$\begin{cases} \tau_2 v_t = d_2 \Delta v + g(\varphi, v) & (x \in \Omega), \\ \dfrac{\partial}{\partial \nu} v = 0 & (x \in \partial\Omega) \end{cases} \tag{4.47}$$

を得る. この方程式の解に対し,

$$\frac{d}{dt}\hat{E}[\varphi, v(\cdot,t)] = \int_\Omega \{-d_1 \nabla v \cdot \nabla v_t + g(\varphi,v)v_t\}dx$$
$$= \int_\Omega \{d_1 \Delta v \cdot v_t + g(\varphi,v)v_t\}dx$$
$$= \tau_2 \int_\Omega {v_t}^2 dx \geq 0$$

となるから, (4.47) は $-\hat{E}[\varphi,v]$ に関する勾配系である. したがって, $v = \psi$ が (4.46) の定常解であれば ψ はまた $\hat{E}[\varphi,v]$ の停留点であり, その逆も成り立つ. また, $-\hat{E}[\varphi,v]$ の局所最小化解は (4.47) の安定な定常解に対応する.

以上のように, (4.46) と (4.47) はそれぞれ勾配系である. 一方, $f_v = -g_u$ であったから, 歪勾配系 (4.41) はこの 2 つの勾配系を反対称に結合させた系とみなすことができる.

歪勾配系 (4.41) の定常状態 $(u,v) = (\varphi(x), \psi(x))$ は汎関数 $\hat{E}[u,v]$ の停留点であり, 楕円型境界値問題 (4.42) を満たしている. 4.5.1 項で述べたよう

に，$\hat{E}[u,v]$ の局所最小化解は勾配系の安定な定常解に対応しているが，歪勾配系ではそう単純ではない．とくに，線形化固有値問題 (4.44) は勾配系に対しては自己随伴であるのに対し，歪勾配系に対しては自己随伴ではない．自己随伴でない固有値問題には複素固有値が存在することがあり，複素平面上の固有値の位置を特定することは一般に容易ではない．しかしながら，歪勾配系においても勾配系とある程度は類似した性質が成り立つ．以下ではこのことを示そう．

まず，勾配系の局所最小化解に関連した概念として，歪勾配系のミニマックス解を次のように定義する．歪勾配系に対し，もし $u = \varphi$ が $\hat{E}[u,\psi]$ の局所最小化解で，$v = \psi$ が $-\hat{E}[\varphi,v]$ の局所最小化解となるとき，$(u,v) = (\varphi,\psi)$ は $\hat{E}[u,v]$ のミニマックス解と呼ぶ．すなわち，$(u,v) = (\varphi,\psi)$ が $\hat{E}[u,v]$ のミニマックス解であるとは，ある $\delta > 0$ が存在し，$\|U\|_{H^1(\Omega)} + \|V\|_{H^1(\Omega)} < \delta$ を満たすすべての $U, V \in H^1(\Omega), U, V \not\equiv 0$ に対して

$$\hat{E}[\varphi+U,\psi] > \hat{E}[\varphi,\psi], \qquad \hat{E}[\varphi,\psi+V] < \hat{E}[\varphi,\psi]$$

が成り立つことである．以下ではとくに，(4.41) の定常解としての $(u,v) = (\varphi,\psi)$ の安定性と，$\hat{E}[u,v]$ の停留点としてのミニマックス性との関わりについて調べていく．

方程式 (4.46) の定常解 $u = \varphi(x)$ における線形化固有値問題

$$\tau_1 \mu U = d_1 \Delta U + f_u(\varphi,\psi) U \tag{4.48}$$

および方程式 (4.47) の定常解 $v = \psi(x)$ における線形化固有値問題

$$\tau_2 \mu V = d_2 \Delta V + g_v(\varphi,\psi) V \tag{4.49}$$

は自己随伴であり，それぞれ最大固有値 μ^u および μ^v をもち，それらはレイリー商を用いて特徴付けることができる（付録 B.1 項参照）．すなわち，

$$J^u[U] := \int_\Omega \big\{ -d_1|\nabla U|^2 + f_u(\varphi,\psi)U^2 \big\} dx,$$
$$J^v[V] := \int_\Omega \big\{ -d_2|\nabla V|^2 + g_v(\varphi,\psi)V^2 \big\} dx$$

に対し,

$$\mu^u = \sup_{U \in H^1(\Omega),\, U \neq 0} \frac{J^u[U]}{\tau_1 \int_\Omega U^2 dx}, \quad \mu^v = \sup_{V \in H^1(\Omega),\, V \neq 0} \frac{J^v[V]}{\tau_2 \int_\Omega V^2 dx} \tag{4.50}$$

であり,レイリー商の上限は固有関数によって達成される.

定理 4.16 ([237])　楕円型境界値問題 (4.42) の解 (φ, ψ) に対し,固有値問題 (4.48), (4.49) の最大固有値が,それぞれ $\mu^u < 0$, $\mu^v < 0$ を満たせば,(φ, ψ) は $\hat{E}[u,v]$ のミニマックス解である.また,線形化固有値問題 (4.44) のすべての固有値の実部は負である.

証明　まず,$\mu^u < 0$ ならば (4.46) の定常解 $u = \varphi$ は漸近安定であり,したがって $u = \varphi$ は $\hat{E}[u,\psi]$ の局所最小化解である.同様に,$\mu^v < 0$ ならば,(4.47) の定常解 $v = \psi$ は漸近安定であり,したがって $v = \psi$ は $-\hat{E}[\varphi,v]$ の局所最小化解である.よって,$(u,v) = (\varphi,\psi)$ は $\hat{E}[u,v]$ のミニマックス解である.

次に,線形化固有値問題 (4.44) の固有値の実部はすべて負であることを示そう.(4.44) において,第 2 式の複素共役をとり,

$$\begin{cases} \tau_1 \lambda \Phi = d_1 \Delta \Phi + f_u(\varphi,\psi) \Phi + f_v(\varphi,\psi) \Psi & (x \in \Omega), \\ \tau_2 \overline{\lambda}\, \overline{\Psi} = d_2 \Delta \overline{\Psi} + g_u(\varphi,\psi) \overline{\Phi} + g_v(\varphi,\psi) \overline{\Psi} & (x \in \Omega), \\ \dfrac{\partial}{\partial \nu} \Phi = 0 = \dfrac{\partial}{\partial \nu} \overline{\Psi} & (x \in \partial\Omega) \end{cases}$$

の形に書き直す.この第 1 式に $\overline{\Phi}$ をかけ,第 2 式に Ψ をかけて足し合わせると,

$$\tau_1 \lambda |\Phi|^2 + \tau_2 \overline{\lambda} |\Psi|^2 = \{d_1 \Delta \Phi + f_u(\varphi,\psi) \Phi\} \overline{\Phi} + \{d_2 \Delta \overline{\Psi} + g_v(\varphi,\psi) \overline{\Psi}\} \Psi$$

を得る.これを積分して (4.50) を用いると

$$\int_\Omega \{d_1 \Delta \Phi + f_u(\varphi,\psi) \Phi\} \overline{\Phi}\, dx = \int_\Omega \{-d_1 |\nabla \Phi|^2 + f_u(\varphi,\psi) |\Phi|^2\}\, dx$$
$$= \tau_1 \mu^u \int_\Omega |\Phi|^2 dx$$

および
$$\int_\Omega \{d_2\Delta\overline{\Psi} + g_v(\varphi,\psi)\overline{\Psi}\}\Psi = \int_\Omega \{-d_2|\nabla\Psi|^2 + g_v(\varphi,\psi)|\Psi|^2\}dx$$
$$= \tau_2\mu^v \int_\Omega |\Psi|^2 dx$$

を得る．よって
$$\tau_1\lambda\int_\Omega|\Phi|^2 dx + \tau_2\overline{\lambda}\int_\Omega|\Psi|^2 dx = \tau_1\mu^u\int_\Omega|\Phi|^2 dx + \tau_2\mu^v\int_\Omega|\Psi|^2 dx < 0$$
が成り立つ．これより $\mathrm{Re}\,\lambda < 0$ を得る． ∎

この定理が示すように，歪勾配系のミニマックス解は時定数 τ_1, τ_2 と無関係につねに安定である．なお，歪勾配系の定常解がミニマックス解でなければ，時定数 τ_1, τ_2 によってはこの定常解は不安定となる [237]．

歪勾配系のもう 1 つの注目すべき性質として，凸領域におけるミニマックス解は空間一様なものに限ることを示す．この種の結果は単独反応拡散方程式に関する 2.2.2 項の定理 2.5 や，勾配系に関する定理 4.15 の類似が歪勾配系に対しても成り立つことを表している．

定理 4.17 ([237]) Ω を十分滑らかな境界をもつ凸領域とする．歪勾配系 (4.41) のミニマックス解 $(u,v) = (\varphi,\psi)$ に対し，もし固有値問題 (4.48), (4.49) の最大固有値がそれぞれ $\mu^u < 0, \mu^v < 0$ を満たせば，(φ,ψ) は空間的に一様である．

証明 $(\varphi(x), \psi(x))$ が空間的に一様でないミニマックス解であるとして矛盾を導く．

まず，
$$J^u[\varphi_{x_j}] = \int_\Omega \{-d_1|\nabla\varphi_{x_j}|^2 + f_u(\varphi,\psi)(\varphi_{x_j})^2\}dx$$
$$= -d_1\int_{\partial\Omega}\varphi_{x_j}\frac{\partial}{\partial\nu}\varphi_{x_j}\,dS + \int_\Omega \{d_1\Delta\varphi_{x_j} + f_u(\varphi,\psi)\varphi_{x_j}\}\varphi_{x_j}\,dx$$
である．ここで

$$d_1 \Delta \varphi_{x_j} + f_u(\varphi, \psi)\varphi_{x_j} + f_v(\varphi, \psi)\psi_{x_j} = 0$$

を用いると

$$J^u[\varphi_{x_j}] = -d_1 \int_{\partial \Omega} \varphi_{x_j} \frac{\partial}{\partial \nu} \varphi_{x_j} \, dS - \int_{\Omega} f_v(\varphi, \psi)\varphi_{x_j}\psi_{x_j} \, dx$$

となる．同様の計算により，

$$J^v[\psi_{x_j}] = -d_2 \int_{\partial \Omega} \psi_{x_j} \frac{\partial}{\partial \nu} \psi_{x_j} \, dS - \int_{\Omega} g_u(\varphi, \psi)\varphi_{x_j}\psi_{x_j} \, dx$$

を得る．この2式を足し合わせて $f_v(\varphi, \psi) = -g_u(\varphi, \psi)$ を用いると

$$J^u[\varphi_{x_j}] + J^v[\psi_{x_j}] = -d_1 \int_{\partial \Omega} \varphi_{x_j} \frac{\partial}{\partial \nu} \varphi_{x_j} \, dS - d_2 \int_{\partial \Omega} \psi_{x_j} \frac{\partial}{\partial \nu} \psi_{x_j} \, dS$$

となり，さらにこれを $j = 1, 2, \ldots, N$ について加えると，

$$\sum_{j=1}^{m} \left\{ J^u[\varphi_{x_j}] + J^v[\psi_{x_j}] \right\} = -\frac{1}{2} \int_{\partial \Omega} \frac{\partial}{\partial \nu} \{d_1 |\nabla \varphi|^2 + d_2 |\nabla \psi|^2\} \, dS$$

を得る．ここで Ω の凸性と反射壁境界条件から

$$\frac{\partial}{\partial \nu} \{d_1 |\nabla \varphi|^2 + d_2 |\nabla \psi|^2\} \leq 0$$

である．したがって，ある j に対して

$$J^u[\varphi_{x_j}] \geq 0, \qquad J^v[\psi_{x_j}] \geq 0$$

のいずれかが成り立つ．レイリー商による最大固有値の特徴付け (4.50) より，これは $\mu^u < 0$, $\mu^v < 0$ という仮定に反する． ■

領域が凸でない場合には，ミニマックス解は必ずしも空間的に一様とは限らない [237]．たとえば，ダンベル型領域における単独反応拡散方程式には空間非一様な安定定常解が存在するが，この方程式を

$$u_t = \Delta u + h(u)$$

4.5 勾配系   179

としたとき，同じ領域上の歪勾配系

$$\begin{cases} u_t = \Delta u + h(u) - \varepsilon v, \\ v_t = \Delta v + h(v) + \varepsilon u \end{cases}$$

は，$\varepsilon > 0$ が十分小さいとき，空間非一様なミニマックス解をもつ．

第5章
さまざまな2成分反応拡散方程式

5.1 ロトカ–ヴォルテラ方程式

5.1.1 2種生態系のモデル

ロトカ–ヴォルテラ方程式は2種の生物種による生態系のダイナミクスの数理モデルであり，一般に

$$\begin{cases} u_t = d_1 \Delta u + u(a_1 + b_1 u + c_1 v), \\ v_t = d_2 \Delta v + v(a_2 + b_2 u + c_2 v) \end{cases} \tag{5.1}$$

の形で表される．ただし，d_1, d_2 は拡散係数，$a_1, b_1, c_1, a_2, b_2, c_2$ は定数である．未知変数 u, v は場所 x，時刻 t における2種の生物種の個体密度を表し，非負の値をとると仮定するのが自然である．実際，$\mathbb{R}^N$ 上の問題や $\mathbb{R}^N$ 内の有界領域[1]において反射壁境界条件を仮定すると，最大値原理より，初期値 $u(x,0), v(x,0)$ が Ω 上で正（非負）であれば，方程式 (5.1) の解は $t>0$ に対して Ω 上で正（非負）となる．すなわち，相空間において

$$\Sigma := \{(u,v) \in \mathbb{R}^2 : u \geq 0, v \geq 0\}$$

---
[1] 地表の生態系では2次元，水中の生態系では3次元の有界領域とするのが自然であるが，数学的には一般に N 次元として無限領域も含めて扱う．

は正不変集合となる（4.1.2 項参照）．以下ではとくに断らない限り，非負の解に限って議論する．

生態学的な観点からは，係数 a_1, a_2 は密度が小さいときの増殖率を表す定数で，内的増殖率と呼ばれる．内的増殖率は，生物の種類や環境によって正の場合も負の場合もある．b_1, c_2 は同じ種類の生物がいることによって生じる種内相互作用の強さを表す係数である．一般に，同種の生物が多くいると，環境の悪化や食物の取り合いなどによって，増殖率が下がる傾向がある．そのため，b_1, c_2 としては，非正の値をとるのが普通であるが，群れをつくることによって増殖に有利な状況をつくり出す生物種のような場合には正の値をとることもある．係数 c_1, b_2 は異種の生物との種間相互作用を表し，その符号により，ロトカ–ヴォルテラ方程式は以下のように分類される．

(i) $c_1 > 0, b_2 > 0$ のときを**協調系**という．他種の生物と協調することにより，相互に利益を得て増殖率が高まる関係を表す．

(ii) $c_1 < 0, b_2 > 0$ のときを**被食者・捕食者系**といい，u は被食者密度を，v は捕食者密度を表す変数である．捕食者 v がいることによって被食者 u の増殖率が下がり，逆に被食者 u がいることによって捕食者 v の増殖率が高まるような関係を表す．なお，$c_1 > 0, b_2 < 0$ の場合は，u が捕食者，v が被食者に対応する．

(iii) $c_1 < 0, b_2 < 0$ のときを**競争系**といい，他種の存在によって増殖率が低下する状況である．これは，食物や棲息域などをめぐって競合する 2 種の生物種の関係を表す．

後でくわしく述べるが，協調系と競争系は順序保存系であるのに対し，被食者・捕食者系はそうではない．したがって，数学的取り扱いも 2 種の関係によって大きく異なる．以下では，被食者・捕食者系と競争系の解のダイナミクスについて解説し，係数の値や領域の形状に依存して，解の挙動が定性的に変化することを明らかにする．

5.1.2 被食者・捕食者拡散系

空間的な拡散を無視し，被食者と捕食者の 2 種の生物からなる生態系のモデル

$$\begin{cases} u_t = u(a_1 - c_1 v), \\ v_t = v(-a_2 + b_2 u) \end{cases} \tag{5.2}$$

を考える．ただし，符号がわかりやすくなるように方程式の形を変えて，a_1, c_1, a_2, b_2 は正の定数としてある．ここで，(5.2) の第 1 式を

$$\frac{u_t}{u} = a_1 - c_1 v$$

と書き直すと，左辺は被食者の（相対的）増殖率を表し，右辺は捕食者がいないときに a_1 の割合で増殖し，捕食者の密度に比例して増殖率が低下していくことを表している．一方，第 2 式を

$$\frac{v_t}{v} = -a_2 + b_2 u$$

と書き直すと，左辺は捕食者の（相対的）増殖率であり，右辺は被食者がいないときには a_2 の割合で減少し，被食者の密度に比例して増殖率が高まることを表している．

力学系 (5.2) には 2 個の平衡点 $(u,v) = (0,0)$ および $(u,v) = (a_2/b_2, a_1/c_1)$ が存在し，$(u,v) = (0,0)$ は被食者，捕食者がともに存在していない状態であり，$(u,v) = (a_2/b_2, a_1/c_1)$ は被食者と捕食者がつり合っている平衡状態である．平衡点のまわりで線形化した方程式を考えることにより，以下のことが示される．

まず，自明な平衡点 $(u,v) = (0,0)$ における線形化方程式は

$$\frac{d}{dt}\begin{pmatrix} U \\ V \end{pmatrix} = \begin{pmatrix} a_1 & 0 \\ 0 & -a_2 \end{pmatrix} \begin{pmatrix} U \\ V \end{pmatrix}$$

であり，これより $(u,v) = (0,0)$ は鞍点であることがわかる．実際，$u = 0$ は u-軸上の不安定平衡点であり，$v = 0$ は v-軸上の安定平衡点である．

次に，平衡点 $(u,v) = (a_2/b_2, a_1/c_1)$ における線形化方程式は

$$\frac{d}{dt}\begin{pmatrix} U \\ V \end{pmatrix} = \begin{pmatrix} 0 & -a_2 c_1/b_2 \\ a_1 b_2/c_1 & 0 \end{pmatrix} \begin{pmatrix} U \\ V \end{pmatrix}$$

であり，係数行列は 2 個の純虚数の固有値をもつ．これより，平衡点 $(u,v) = (a_2/b_2, a_1/c_1)$ 近傍の解はこの平衡点の周りを反時計回りに回転する．一方，

$$I(u,v) := b_2 u + c_1 v - a_2 \log u - a_1 \log v$$

と定義すると，

$$\begin{aligned}\frac{d}{dt}I(u(t),v(t)) &= b_2 u_t - a_2 \frac{u_t}{u} + c_1 v_t - a_1 \frac{v_t}{v} \\ &= b_2 u(a_1 - c_1 v) - a_2(a_1 - c_1 v) + c_1 v(-a_2 + b_2 u) - a_1(-a_2 + b_2 u) \\ &= 0\end{aligned}$$

であることから，$I(u,v)$ は保存量である．簡単な計算から，$I(u,v)$ は $(u,v) = (a_2/b_2, a_1/c_1)$ で極小値をとり，第 1 象限にはそれ以外の臨界点は存在しない．これは，平衡点 $(u,v) = (a_2/b_2, a_1/c_1)$ が渦心点であることを表している．以上のことから，相面図における軌道は図 5.1 のようになっている．

方程式 (5.2) にさらに種内競争による減衰項を加え，

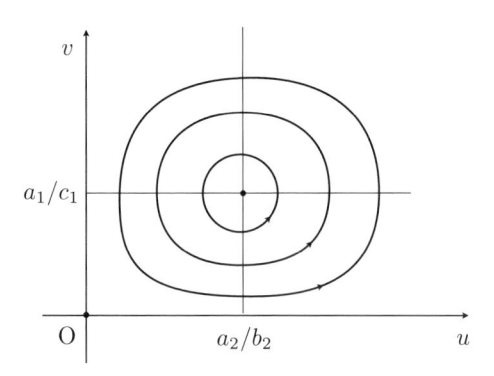

図 **5.1** 被食者・捕食者系 (5.2) の軌道．

$$\begin{cases} u_t = u(a_1 - b_1 u - c_1 v), \\ v_t = v(-a_2 + b_2 u - c_2 v) \end{cases} \tag{5.3}$$

の形の方程式を考えよう．ここで係数はすべて正とする．もし，係数が

$$\frac{a_1}{b_1} \leq \frac{a_2}{b_2}$$

を満たせば，力学系 (5.3) は平衡点 $(0,0)$ および $(a_1/b_1, 0)$ をもち，第 1 象限内には平衡点をもたない．なお，平衡点 $(0,0)$ は不安定であり，$(a_1/b_1, 0)$ は安定である．逆に，係数が

$$\frac{a_1}{b_1} > \frac{a_2}{b_2}$$

を満たせば，力学系 (5.3) は 3 個の平衡点 $(0,0)$, $(a_1/b_1, 0)$ および $(\bar{u}, \bar{v})$ をもつ．ただし，$(\bar{u}, \bar{v})$ は連立方程式

$$\begin{cases} a_1 - b_1 \bar{u} - c_1 \bar{v} = 0, \\ -a_2 + b_2 \bar{u} - c_2 \bar{v} = 0 \end{cases} \tag{5.4}$$

から定まり，具体的には

$$\bar{u} = \frac{a_1 c_2 + a_2 c_1}{b_1 c_2 + b_2 c_1}, \qquad \bar{v} = \frac{a_1 b_2 - a_2 b_1}{b_1 c_2 + b_2 c_1}$$

で与えられる（図 5.2 参照）．

以下ではまず，$a_1/b_1 > a_2/b_2$ の場合を考える．この場合，平衡点 $(\bar{u}, \bar{v})$ は第 1 象限内にある．そこで，$I(u,v)$ をあらためて

$$I(u,v) := b_2(u - \bar{u} \log u) + c_1(v - \bar{v} \log v) \tag{5.5}$$

と定義すると，$(u,v) \neq (\bar{u}, \bar{v})$ に対して

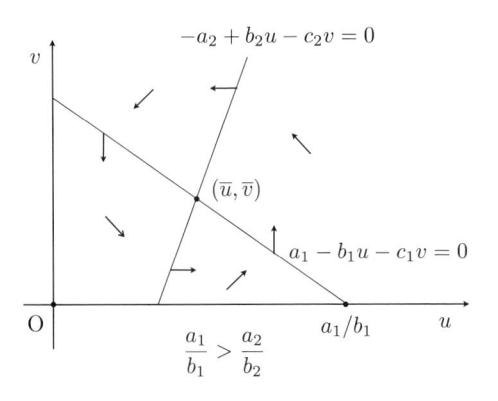

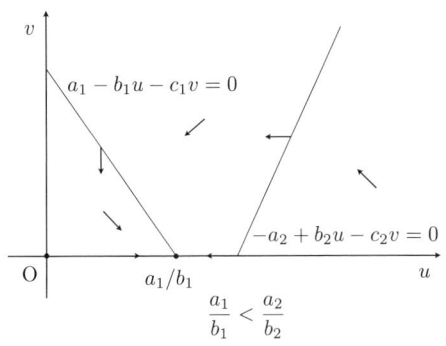

図 **5.2** 被食者・捕食者系 (5.3) の軌道.

$$\frac{d}{dt}I\bigl(u(t),v(t)\bigr) = b_2\Bigl(1-\frac{\overline{u}}{u}\Bigr)u_t + c_1\Bigl(1-\frac{\overline{v}}{v}\Bigr)v_t$$
$$= b_2(u-\overline{u})(a_1-b_1u-c_1v) + c_1(v-\overline{v})(-a_2+b_2u-c_2v)$$
$$= b_2(u-\overline{u})\{-b_1(u-\overline{u})-c_1(v-\overline{v})\}$$
$$\quad + c_1(v-\overline{v})\{b_2(u-\overline{u})-c_2(v-\overline{v})\}$$
$$= -b_1b_2(u-\overline{u})^2 - c_1c_2(v-\overline{v})^2$$
$$< 0$$

が成り立つ．ここで (5.4) を用いた．したがって，平衡点 $(\overline{u},\overline{v})$ は漸近安定であり，正の解はすべてこの平衡点に収束する．相面図における軌道を図 5.3 に示す．

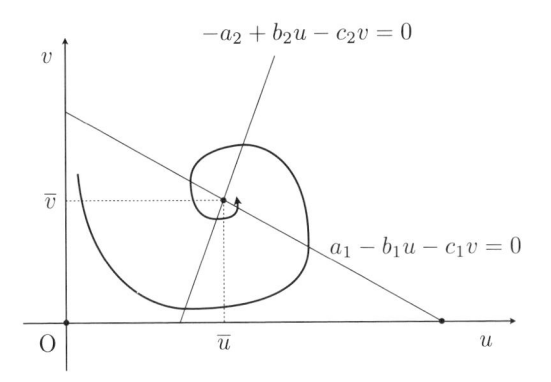

図 **5.3** 被食者・捕食者系 (5.3) の軌道.

次に，Ω を $\mathbb{R}^N$ 内の有界領域とし，拡散のある被食者・捕食者系

$$\begin{cases} u_t = d_1\Delta u + u(a_1 - b_1 u - c_1 v) & (x \in \Omega), \\ v_t = d_2\Delta v + v(-a_2 + b_2 u - c_2 v) & (x \in \Omega), \\ \dfrac{\partial}{\partial \nu}u = 0 = \dfrac{\partial}{\partial \nu}v & (x \in \partial\Omega) \end{cases} \quad (5.6)$$

について考える．次の定理は，この反応拡散方程式の正値解は空間的に一様な定常解に収束することを示している．

定理 5.1 被食者・捕食者系 (5.6) において，$a_1/b_1 > a_2/b_2$ であると仮定する．もし，初期値が

$$u(x,0) > 0, \quad v(x,0) > 0 \quad (x \in \Omega)$$

を満たせば，解は

$$(u(x,t), v(x,t)) \to (\overline{u}, \overline{v}) \quad (t \to \infty)$$

を満たす．

証明 この系に対し，エネルギー汎関数を

$$E[u,v] := \int_\Omega I(u(x,t), v(x,t))dx$$

で定義する．ただし，$I(u,v)$ は (5.5) で定義された関数である．すると，

$$\frac{d}{dt}E[u(\cdot,t),v(\cdot,t)] = \int_\Omega \Big\{b_2\Big(1-\frac{\overline{u}}{u}\Big)u_t + c_1\Big(1-\frac{\overline{v}}{v}\Big)v_t\Big\}dx$$

$$= \int_\Omega \Big\{b_2\Big(1-\frac{\overline{u}}{u}\Big)d_1\Delta u + c_1\Big(1-\frac{\overline{v}}{v}\Big)d_2\Delta v\Big\}dx$$
$$+ \int_\Omega \big\{b_2(u-\overline{u})(a_1-b_1u-c_1v) + c_1(v-\overline{v})(-a_2+b_2u-c_2v)\big\}dx$$

$$= \int_\Omega \Big\{b_2\Big(1-\frac{\overline{u}}{u}\Big)d_1\Delta u + c_1\Big(1-\frac{\overline{v}}{v}\Big)d_2\Delta v\Big\}dx$$
$$+ \int_\Omega \Big[b_2(u-\overline{u})\big\{-b_1(u-\overline{u})-c_1(v-\overline{v})\big\}$$
$$+ c_1(v-\overline{v})\big\{b_2(u-\overline{u})-c_2(v-\overline{v})\big\}\Big]dx$$

$$= \int_\Omega \Big\{b_2\Big(1-\frac{\overline{u}}{u}\Big)d_1\Delta u + c_1\Big(1-\frac{\overline{v}}{v}\Big)d_2\Delta v\Big\}dx$$
$$- \int_\Omega \big\{b_1b_2(u-\overline{u})^2 + c_1c_2(v-\overline{v})^2\big\}dx$$

が成り立つ．ここで，最後の式の第 1 項は発散定理と反射壁境界条件を用いて

$$\int_\Omega \Big\{b_2\Big(1-\frac{\overline{u}}{u}\Big)d_1\Delta u + c_1\Big(1-\frac{\overline{v}}{v}\Big)d_2\Delta v\Big\}dx$$
$$= -\int_\Omega \Big\{b_2 d_1 \frac{\overline{u}}{u^2}|\nabla u|^2 + c_1 d_2 \frac{\overline{v}}{v^2}|\nabla v|^2\Big\}dx \leq 0$$

と変形できる．また，第 2 項は $(u,v) \not\equiv (\overline{u},\overline{v})$ ならば負である．以上より，エネルギー汎関数は

$$\frac{d}{dt}E[u(\cdot,t),v(\cdot,t)] \leq 0$$

を満たしており，等号が成り立つのは $(u,v) \equiv (\overline{u},\overline{v})$ の場合に限る．$I(u,v)$ は第 1 象限において $(\overline{u},\overline{v})$ で最小値をとり，また拡散により解が平滑化されることから，これは解が空間的に一様な定常解 $(\overline{u},\overline{v})$ に近づくことを表している． ∎

次に，$a_1/b_1 \leq a_2/b_2$ の場合を考える．この場合，力学系 (5.3) の相面図の軌道の様子から，平衡点 $(a_1/b_1, 0)$ が大域的に漸近安定な平衡点であること

はすぐにわかる．拡散のある被食者・捕食者系 (5.6) においても，定理 5.1 と同様の結果が得られる．

定理 5.2 被食者・捕食者系 (5.6) において，$a_1/b_1 \le a_2/b_2$ であると仮定する．もし初期値が

$$u(x,0) > 0, \quad v(x,0) \ge 0 \qquad (x \in \Omega)$$

を満たせば，解は

$$(u(x,t), v(x,t)) \to (a_1/b_1, 0) \qquad (t \to \infty)$$

を満たす．

証明 あらためて

$$I(u,v) := b_2\Big(u - \frac{a_1}{b_1}\log u\Big) + c_1 v$$

および

$$E[u,v] := \int_\Omega I(u(x,t), v(x,t)) dx$$

とおく．すると，

$$\frac{d}{dt} E[u(\cdot,t), v(\cdot,t)] = \int_\Omega \Big\{ b_2\Big(1 - \frac{a_1}{b_1 u}\Big) u_t + c_1 v_t \Big\} dx$$

$$= \int_\Omega \Big\{ b_2\Big(1 - \frac{a_1}{b_1 u}\Big) d_1 \Delta u + c_1 d_2 \Delta v \Big\} dx$$

$$+ \int_\Omega \Big\{ b_2\Big(u - \frac{a_1}{b_1}\Big)(a_1 - b_1 u - c_1 v) + c_1 v(-a_2 + b_2 u - c_2 v) \Big\} dx$$

$$= \int_\Omega \Big\{ b_2\Big(1 - \frac{a_1}{b_1 u}\Big) d_1 \Delta u + c_1 d_2 \Delta v \Big\} dx$$

$$+ \int_\Omega \Big[b_2\Big(u - \frac{a_1}{b_1}\Big)\Big\{ -b_1\Big(u - \frac{a_1}{b_1}\Big) - c_1 v \Big\} + c_1 v(-a_2 + b_2 u - c_2 v) \Big] dx$$

$$= \int_\Omega \Big\{ b_2\Big(1 - \frac{a_1}{b_1 u}\Big) d_1 \Delta u + c_1 d_2 \Delta v \Big\} dx$$

$$- \int_\Omega \Big\{ b_1 b_2 \Big(u - \frac{a_1}{b_1}\Big)^2 + c_1 c_2 v^2 + c_1 b_2\Big(\frac{a_2}{b_2} - \frac{a_1}{b_1}\Big) v \Big\} dx$$

と計算できる．定理 5.1 の証明と同様に，$(u,v) \not\equiv (a_1/b_1, 0)$ ならば右辺は負であり，したがって解は空間的に一様な定常解 $(a_1/b_1, 0)$ に収束する． ∎

5.1.3　競争拡散系

この項では，競争系の解の挙動について述べる．競争系の性質をみるために，まず拡散項のない系

$$\begin{cases} u_t = u(a_1 - b_1 u - c_1 v), \\ v_t = v(a_2 - b_2 u - c_2 v) \end{cases} \tag{5.7}$$

を考える．ここで，係数はすべて正の定数で，a_1, a_2 は**内的増殖率**，c_1, b_2 は**種間競争率**，b_1, c_2 は**種内競争率**と呼ばれる．簡単にわかるように，(5.7) は 4 個の平衡点 $A = (u_A, 0)$, $B = (0, v_B)$, $C = (u_C, v_C)$, $O = (0, 0)$ をもつ．ただし，

$$u_A = \frac{a_1}{b_1}, \quad v_B = \frac{a_2}{c_2}, \quad u_C = \frac{a_1 c_2 - c_1 a_2}{b_1 c_2 - c_1 b_2}, \quad v_C = \frac{-a_1 b_2 + a_2 b_1}{b_1 c_2 - c_1 b_2}$$

である．なお，u_A, v_B は正の値をとるが，u_C, v_C は正とは限らない．

競争系 (5.7) の軌道は図 5.4 のようになっており，(5.7) の正の解に対して以下が成立する．

Case I: $\dfrac{a_2}{a_1} < \min\left\{\dfrac{b_2}{b_1}, \dfrac{c_2}{c_1}\right\}$ ならば，$A = (u_A, 0)$ は大域的に漸近安定．

Case II: $\max\left\{\dfrac{b_2}{b_1}, \dfrac{c_2}{c_1}\right\} < \dfrac{a_2}{a_1}$ ならば，$B = (0, v_B)$ は大域的に漸近安定．

Case III: $\dfrac{b_2}{b_1} < \dfrac{a_2}{a_1} < \dfrac{c_2}{c_1}$ ならば，$C = (u_C, v_C)$ は大域的に漸近安定．

Case IV: $\dfrac{c_2}{c_1} < \dfrac{a_2}{a_1} < \dfrac{b_2}{b_1}$ ならば，$A = (u_A, 0)$ と $B = (0, v_B)$ は局所的に漸近安定，$C = (u_C, v_C)$ は不安定．

Case I

Case II

Case III

Case IV

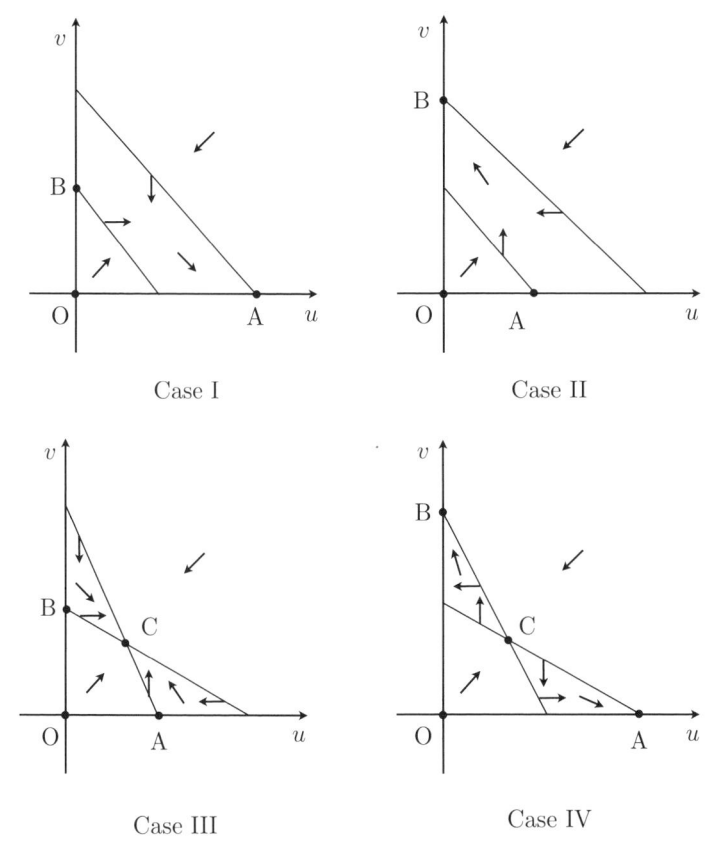

図 5.4 競争系 (5.7) のヌルクラインとベクトル場.

Case I, Case II では u_C あるいは v_C は負の値をとる．Case III, Case IV では u_C と v_C は両方とも正の値をとる．Case IV のときは**双安定競争系**と呼ばれ，2 つの安定平衡点のどちらに収束するかは初期値に依存する．よりくわしくいえば，ある関数 $v = h(u)$ が存在して，以下が成り立つ．

(i) $v(0) < h(u(0))$ ならば，$\lim_{t \to \infty} (u(t), v(t)) = (u_A, 0)$.

(ii) $v(0) > h(u(0))$ ならば，$\lim_{t \to \infty} (u(t), v(t)) = (0, v_B)$.

曲線 $v = h(u)$ を**セパラトリクス**といい，これによって 2 つの安定平衡点へ

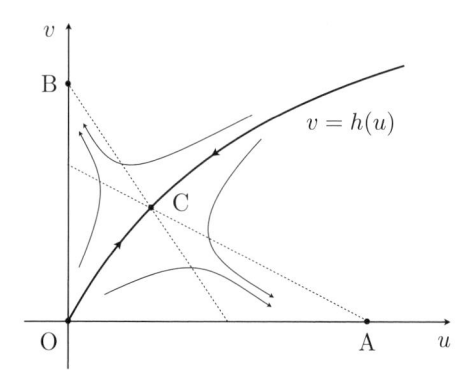

図 **5.5** 双安定競争系のセパラトリクス ($a_1 > a_2$ の場合).

の収束領域が分かれる．セパラトリクスは平衡点 C の安定多様体であり，初期値がセパラトリクス上にあると解は平衡点 $C = (u_C, v_C)$ に収束する．セパラトリクスの性質は [127] でくわしく調べられており，関数 $h(u)$ は u の滑らかな単調増加関数で，

$$h(0) = 0, \quad h(u_C) = v_C, \quad h(\infty) = \infty$$

および

$$h'(u) > 0, \quad h''(u) \begin{cases} < 0 & (a_1 > a_2 \text{ のとき}), \\ \equiv 0 & (a_1 = a_2 \text{ のとき}), \\ > 0 & (a_1 < a_2 \text{ のとき}) \end{cases}$$

を満たす（図 5.5 参照）．とくに，$a_1 = a_2$ のときには，h は 1 次関数

$$h(u) = \frac{c_2 - c_1}{b_1 - b_2} u$$

で与えられ，セパラトリクスは直線になる．

次に，Ω を $\mathbb{R}^N$ 内の有界領域とし，反射壁境界条件のもとでの競争拡散系

$$\begin{cases} u_t = d_1 \Delta u + u(a_1 - b_1 u - c_1 v) & (x \in \Omega), \\ v_t = d_2 \Delta v + v(a_2 - b_2 u - c_2 v) & (x \in \Omega), \\ \dfrac{\partial}{\partial \nu} u = 0 = \dfrac{\partial}{\partial \nu} v & (x \in \partial \Omega) \end{cases} \quad (5.8)$$

について考える．競争系に対し，半順序関係を

$$(\tilde{u}, \tilde{v}) \succeq (u, v) \Longleftrightarrow \tilde{u} \geq u \text{ かつ } \tilde{v} \leq v$$

で定義すると，競争拡散系はこの順序関係について順序保存系となる．よりくわしくいうと，もし2つの解 (u,v) および $(\tilde{u}, \tilde{v})$ が

$$\tilde{u}(x,0) \geq u(x,0) \geq 0 \text{ かつ } 0 \leq \tilde{v}(x,0) \leq v(x,0)$$

を満たせば，すべての $t>0$ と x について

$$\tilde{u}(x,t) \geq u(x,t) \geq 0 \text{ かつ } 0 \leq \tilde{v}(x,t) \leq v(x,t)$$

が成り立つ．これをみるために，$w=-v$ とおくと (5.8) は

$$\begin{cases} u_t = d_1 \Delta u + f(u,w), \\ w_t = d_2 \Delta w + g(u,w) \end{cases} \tag{5.9}$$

ただし，

$$f(u,w) = u(a_1 - b_1 u + c_1 w), \qquad g(u,w) = w(a_2 - b_2 u + c_2 w)$$

と書き直される．すると，

$$\frac{\partial f}{\partial w} = c_1 u \geq 0, \qquad \frac{\partial g}{\partial u} = -b_2 w = b_2 v \geq 0$$

が成り立つ．したがって，$u \geq 0, v \geq 0$ に対して，4.1.1項の条件 (4.2) を満たし，(5.9) は順序 "$\succeq$" を保存する．

競争拡散系 (5.8) を初期条件

$$u(x,0) = u_0(x), \qquad v(x,0) = v_0(x) \qquad (x \in \Omega)$$

のもとで考えよう．ここで $u_0(x), v_0(x)$ は非負の連続関数とする．Case I〜Case III のとき，力学系 (5.7) には大域的に安定な平衡点が存在するが，実はこの平衡点は競争拡散系の解としても大域的に安定となる [46, 180]．したがって，初期値によらずに最終状態が決まる．

定理 5.3 初期値 (u_0, v_0) は正の連続関数と仮定すると，競争拡散系 (5.8) の解は $t \to \infty$ のとき Ω で一様に

$$(u(x,t), v(x,t)) \to \begin{cases} (u_A, 0) & \text{(Case I)}, \\ (0, v_B) & \text{(Case II)}, \\ (u_C, v_C) & \text{(Case III)} \end{cases}$$

を満たす．

証明 比較定理を用いる．初期値に対する仮定と，Ω が有界であることから，

$$0 < p^- < u(x,0) < p^+ < \infty, \quad 0 < q^- < v(x,0) < q^+ < \infty$$

となる正の数 $p^\pm$, $q^\pm$ がとれる．(p^-, q^+) を初期値とする (5.7) の解を $(u^-(t), v^+(t))$，(p^+, q^-) を初期値とする (5.7) の解を $(u^+(t), v^-(t))$ とすると，競争系に関する順序保存性より，

$$0 < u^-(t) < u(x,t) < u^+(t) < \infty, \quad 0 < v^-(t) < v(x,t) < v^+(t)$$

が成り立つ．Case I のとき，$A = (u_A, 0)$ は (5.7) の大域的に安定な平衡点であることから，

$$(u^-(t), v^+(t)) \to (u_A, 0), \quad (u^+(t), v^-(t)) \to (u_A, 0) \quad (t \to \infty)$$

が成り立つ．よって (i) が示された．Case II と Case III の証明も同様にして得られる． ■

Case I〜Case III とは対照的に，Case IV では空間的に一様な定常状態 $A = (u_A, 0)$ と $B = (0, v_B)$ は局所的に安定であり，最終的な状態は初期値に依存して決まる．この場合，競争拡散系は双安定な単独反応拡散方程式（南雲方程式あるいはアレン–カーン方程式）と類似した性質をもっている．たとえば，空間非一様な安定定常解の安定性 [148]，進行波解の存在 [6, 142, 143, 168, 169]，界面ダイナミクス [83] などについては並行した結果

が得られる[2]. しかしながら，局所的に安定な定常状態 $A = (u_A, 0)$ の引き込み領域については，単独反応拡散方程式にはみられない現象が生じるので，これについて説明しよう．

双安定競争拡散系 (5.8) のセパラトリクス $v = h(u)$ に対し，初期値が

$$v_0(x) < h(u_0(x)) \qquad (x \in \Omega) \tag{5.10}$$

を満たすとき，u は v に対して各点で優位にあるといい，逆に

$$v_0(x) > h(u_0(x)) \qquad (x \in \Omega) \tag{5.11}$$

を満たすとき，v は u に対して各点で優位にあるということにする．この場合，もし拡散がなければ，(5.10) ならば安定平衡点 $A = (u_A, 0)$ に，(5.11) ならば安定平衡点 $B = (0, v_B)$ に収束する．すなわち，優位なほうが棲息領域を支配する．

それでは拡散を考慮に入れるとどうなるであろうか．各点において数的に優位な状態にあり，拡散による効果のみではトータルの個体数は変化しないのだから，各点で優位なほうが領域を支配し，他の生物種は絶滅すると考えるのが自然に思える．ところがこれは必ずしも正しいとは限らないことを次の定理は示している．

定理 5.4 ([127])　競争拡散系 (5.8) において，

$$d_1 = d_2, \qquad \frac{c_2}{c_1} < \frac{a_2}{a_1} < \frac{b_2}{b_1}$$

であると仮定する．このとき，以下のことが成立する．

(i) $a_1 \geq a_2$ であれば，(5.10) を満たすすべての初期値に対し，解は Ω 上で一様に $\lim_{t \to \infty} (u, v) = (u_A, 0)$ を満たす．

(ii) $a_1 < a_2$ であれば，(5.10) を満たすある初期値が存在して，解は Ω 上で一様に $\lim_{t \to \infty} (u, v) = (0, v_B)$ を満たす．

---

[2] もちろん，その証明は技術的に難しくなるだけではなく，新しいアイディアを必要とする．

この定理の主張 (i) は，$a_1 \geq a_2$ のとき，領域内の各点において u が v に対して優位であれば，v が絶滅することを表している．一方，主張 (ii) は $a_1 < a_2$ のときには，領域内の各点において u が v に対して優位であったとしても，u が絶滅する可能性があるということを表している．この現象は拡散項を加えたことによって生じたことから，これを**拡散誘導絶滅**といい，チューリング不安定性（4.3.1 項参照）とともに反応拡散系にみられる逆説的な現象の 1 つである．

定理 5.4 においては，セパラトリクスの凸性が重要な役割を果たしている．定理 5.4 (i) の条件のもとではセパラトリクスは上に凸であり，セパラトリクス上の点ではベクトル場がセパラトリクスの接方向を向いている．したがって，4.1.3 項の定理 4.2 より，セパラトリクスの下側は正不変集合である．証明の詳細は文献 [127] に譲るが，この場合には，点 $A = (u_A, 0)$ に向かって縮んでいくような時間に依存した正不変集合を構成できる．逆に，定理 5.4 (ii) の条件のもとではセパラトリクスは下に凸になり，セパラトリクスの上側が正不変集合となる．この場合，もし初期値の像が図 5.6 のようになっていれば，拡散がもつ空間的平均化の効果により，しばらく時間が経過すると解はセパラトリクスの上側に入り，(i) と同様の議論により，解は $B = (0, v_B)$ に収束することが示される．これは u の拡散誘導絶滅である．

なお，$d_1 \neq d_2$ の場合には，解は等拡散系と異なる振る舞いを示す．実際，等拡散系に対する正不変集合のようなものが存在せず，また，不安定平衡状

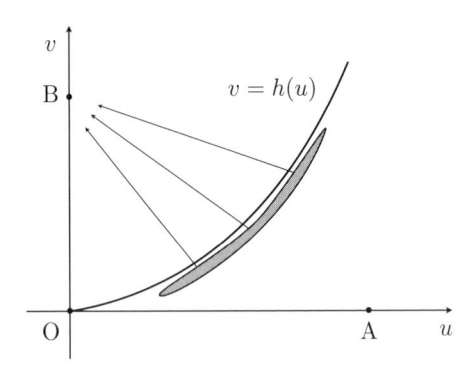

図 **5.6** 拡散誘導絶滅（$a_1 < a_2$ の場合）．灰色の部分は初期値の像を表す．

態 (u_C, v_C) の安定多様体の構造がより複雑になる [191].

5.2 フィッツヒュー–南雲方程式

5.2.1 神経線維のモデル

1952 年，神経生理学者のホジキンとハックスレー [126] は，ヤリイカの神経線維上を伝わる電気信号の伝播の課程を実験的に調べ，4 成分の偏微分方程式系で記述される数学モデルを導いた．これは**ホジキン–ハックスレー方程式**と呼ばれ，

$$\begin{cases} u_t = u_{xx} + f(u, \boldsymbol{v}), \\ \boldsymbol{v}_t = \boldsymbol{g}(u, \boldsymbol{v}) \end{cases}$$

のような形で表される．ここで t は時間，x は神経に沿っての距離，u は神経の電位を表すスカラー関数，$\boldsymbol{v}$ は神経膜の状態を表す 3 次元ベクトル値関数である．また $f : \mathbb{R} \times \mathbb{R}^3 \to \mathbb{R}$ および $\boldsymbol{g} : \mathbb{R} \times \mathbb{R}^3 \to \mathbb{R}^3$ は神経膜の働きを表す非線形関数である．

ホジキン–ハックスレー方程式は本質的に実験式[3]であり，多くの非線形項を含む複雑な形をしている．そのため，数学的にはきわめて見通しが悪く，厳密な解析は容易ではなかった．そこでフィッツヒュー [99] と南雲ら [183] は，ホジキン–ハックスレー方程式の本質を損なわないように簡単化し，ただ 1 つの非線形項を含む 2 成分のモデル方程式を導いた．この方程式を**フィッツヒュー–南雲方程式**といい，

$$\begin{cases} u_t = u_{xx} + h(u) - v, \\ v_t = \varepsilon(u - \gamma v) \end{cases} \quad (5.12)$$

と表される．ここで $\varepsilon > 0$ と $\gamma \geq 0$ は定数であり，h は普通

---

[3] ヤリイカの巨大軸索と呼ばれる太さ 1mm 程度の神経に電極を差し込んで実験データを得た．

$$h(u) = u(1-u)(u-a) \qquad (0 < a < 1/2)$$

で与えられるが，より一般に，h は u の滑らかな関数で，

$$h(0) = h(a) = h(1) = 0,$$
$$h'(0) < 0, \qquad h'(a) > 0, \qquad h'(1) < 0,$$
$$h(u) > 0 \qquad (u \in (-\infty, 0) \cup (a, 1)),$$
$$h(u) < 0 \qquad (u \in (0, a) \cup (1, \infty)),$$
$$\int_0^1 h(u)du > 0$$

を満たしていると仮定してもよい．

フィッツヒュー–南雲方程式において非線形項をさらに簡単化し，区分的に線形の関数

$$h(u) := \begin{cases} -u & (u < a), \\ 1-u & (u \geq a) \end{cases}$$

を用いた方程式を**マッキーン方程式**[161] という．このモデル方程式は区分的に線形であることから，解をある程度は陽に書き下せるため，数値的にくわしく調べられている [206]．

以上のモデル方程式は空間変数が 1 次元で，拡散をともなう成分が 1 つしかなく，他の成分は拡散しないという特徴がある．このような方程式を総称して**神経方程式**という．一方，$\mathbb{R}^N$ において 2 成分とも拡散しているような方程式

$$\begin{cases} u_t = \Delta u + h(u) - v, \\ \tau v_t = d\Delta v + \varepsilon(u - \gamma v) \end{cases} \tag{5.13}$$

や，さらにはその一般化した形を含めて，フィッツヒュー–南雲方程式と呼ぶこともある．

フィッツヒュー–南雲方程式に対する反応方程式

$$\begin{cases} \dfrac{d}{dt}u = u(u-a)(u-1) - v, \\ \dfrac{d}{dt}v = \varepsilon(u - \gamma v) \end{cases}$$

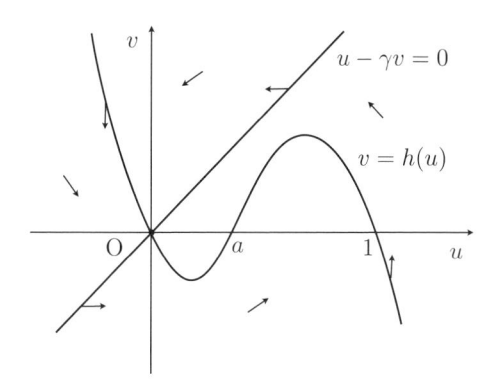

図 5.7 フィッツヒュー–南雲方程式のヌルクラインとベクトル場.

の相平面上の軌道は ($\varepsilon > 0$ が小さいとき) 図 5.7 のようになっており, $t \to \infty$ のときすべての解は原点に収束する. 通常, 神経方程式は安定な空間的に一様な定常解の存在を仮定し, これを神経の静止状態とみなす. ただし, 初期値が原点の近傍にあれば軌道はその近くにとどまって原点に収束するのに対し, $(a,0)$ の右側では外側に大きな軌道を描いた後に原点に収束する. これは, 実際の神経においては, 小さな刺激には反応せず, **閾値**と呼ばれる臨界値より大きい刺激によって神経が興奮するという特徴をモデル化したものである. 一方, 興奮した後には閾値が高まるという実験結果があり, これを**不応期**という. 不応期は興奮した後では抑制因子が増加していることに起因している. このように, フィッツヒュー–南雲方程式は実際の神経にみられる多くの現象を定性的に再現することができ, 数学的な解析も可能であることから, 多くの研究がなされてきた.

4.3.1 項の定理 4.5 から, フィッツヒュー–南雲方程式の自明解に対しては拡散誘導不安定性は生じない. したがって, 自明解は (少なくとも) 線形化の意味では安定である. とくに, $\gamma > 0$ が大きいときには, 縮小長方形 (4.1.2 項参照) を用いて自明解の吸引集合を構成できる.

定理 5.5 ([205]) 反応拡散方程式 (5.13) において $\gamma > -1/h'(0)$ であれば, $t \to \infty$ のとき $(0,0)$ に縮退する正不変な縮小長方形が存在する.

証明 仮定より，

$$\frac{d}{du}\Big\{h(u)+\frac{1}{\gamma}u\Big\}\Big|_{u=0} = h'(0)+\frac{1}{\gamma} < 0$$

であるから，$\delta>0$ と $\theta>0$ を

$$h(u)+\frac{1}{\gamma}u+2\delta u \begin{cases} \leq 0 & (0\leq u\leq \theta), \\ \geq 0 & (-\theta\leq u\leq 0) \end{cases}$$

を満たすようにとることができる．また，$\xi(t)$ は後で指定する微分可能な関数で，ここではひとまず

$$0 < \xi(t) \leq \theta \qquad (t\geq 0)$$

を満たすと仮定する．このとき，u–v 平面において，時間 $t\geq 0$ に依存する長方形集合を，

$$\Sigma(t) := \{(u,v) : a(t)\leq u\leq b(t),\ c(t)\leq v\leq d(t)\}$$

および

$$a(t):=-\xi(t),\ b(t):=\xi(t),\ c(t):=-(1/\gamma+\delta)\xi(t),\ d(t):=(1/\gamma+\delta)\xi(t)$$

で定める．また，その境界を

$$\partial\Sigma_a(t) := \{(u,v) : u=a(t),\ c(t)\leq v\leq d(t)\},$$
$$\partial\Sigma_b(t) := \{(u,v) : u=b(t),\ c(t)\leq v\leq d(t)\},$$
$$\partial\Sigma_c(t) := \{(u,v) : a(t)\leq u\leq b(t),\ v=c(t)\},$$
$$\partial\Sigma_d(t) := \{(u,v) : a(t)\leq u\leq b(t),\ v=d(t)\}$$

とし，$\Sigma(t)$ が正不変集合であるための条件（4.1.2 項参照）を確かめる．

まず，各境界において，不等式

$$\begin{aligned}
\partial\Sigma_a(t): &\quad h(u)-v \geq -\frac{1}{\gamma}a(t) - 2\delta a(t) - d(t) = \delta\xi(t),\\
\partial\Sigma_b(t): &\quad h(u)-v \leq -\frac{1}{\gamma}b(t) - 2\delta b(t) - c(t) = -\delta\xi(t),\\
\partial\Sigma_c(t): &\quad \varepsilon(u-\gamma v) \geq \varepsilon(a(t)-\gamma c(t)) = \varepsilon\delta\gamma\xi(t),\\
\partial\Sigma_d(t): &\quad \varepsilon(u-\gamma v) \leq \varepsilon(b(t)-\gamma d(t)) = -\varepsilon\delta\gamma\xi(t)
\end{aligned}$$

が成り立つことに注意する．そこで，

$$0 < \mu < \delta, \qquad (1/\gamma+\delta)\mu \leq \varepsilon\delta\gamma$$

を満たすように μ を選んで $\xi(t) = \theta e^{-\mu t}$ とおくと，$\Sigma(t)$ が正不変集合であるための条件がすべて満たされる．また $\Sigma(t)$ の構成の仕方より，$t \to \infty$ のとき $\Sigma(t)$ は点 $(0,0)$ に縮退する． ∎

定理 5.5 より，初期値の像が縮小長方形内にあれば，(5.12) の解は $t \to \infty$ のとき一様に $(u(x,t),v(x,t)) \to (0,0)$ を満たす．すなわち，自明解は指数的に漸近安定であり，$\Sigma(0)$ はその吸引領域となる．

5.2.2 孤立パルス進行波解

神経細胞は，比較的大きなサイズの細胞体と繊維状の軸索で構成されている．刺激によって神経細胞が興奮すると，その興奮はイオンによる電気信号となって軸索上を伝播する．これは数学的には進行波解に対応する．フィッツヒュー–南雲方程式はいくつかのタイプの進行波解をもつが，ここではまず孤立したパルス型進行波解について述べよう．

$\mathbb{R}$ 上のフィッツヒュー–南雲方程式 (5.12) の進行波解 $(u,v) = (\varphi(z), \psi(z))$，$z = x - ct$ は

$$\begin{cases} \varphi_{zz} + c\varphi_z + h(\varphi) - \psi = 0,\\ c\psi_z + \varepsilon(\varphi - \gamma\psi) = 0 \end{cases} \quad (z \in \mathbb{R}) \tag{5.14}$$

を満たす．この方程式の解がさらに

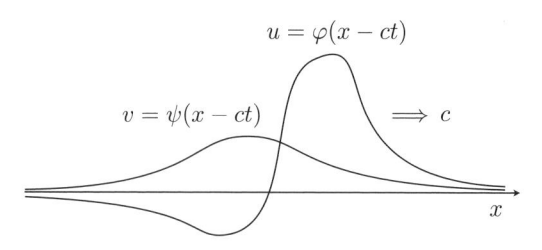

図 5.8 孤立パルス解の波形.

$$\lim_{z \to \pm\infty} (\varphi(z), \psi(z)) = 0$$

を満たし，

$$\{z \in \mathbb{R} : \varphi(z) > a\} \quad (a \text{ は } h(u) \text{ の零点})$$

が連結のとき，これを**孤立パルス進行波解**（あるいは単に孤立パルス解）という．孤立パルス解は神経上を伝播する孤立したパルス信号に対応し，数値計算の結果から図 5.8 に示すような波形の孤立パルス進行波解の存在がわかる [206].

孤立パルス解の存在と安定性は，神経方程式に関する数学的研究でもっとも基本的で重要な問題である．孤立パルス解の存在を示すには，3 次元力学系

$$\frac{d}{dz}\boldsymbol{w} = \boldsymbol{F}(\boldsymbol{w}; c) \tag{5.15}$$

について調べればよい．ただし

$$\boldsymbol{w} := \begin{pmatrix} \varphi \\ \varphi_z \\ \psi \end{pmatrix} \in \mathbb{R}^3, \quad \boldsymbol{F}(\boldsymbol{w}; c) := \begin{pmatrix} \varphi_z \\ -c\varphi_z - h(\varphi) + \psi \\ -\dfrac{\varepsilon}{c}(\varphi - \gamma\psi) \end{pmatrix} : \mathbb{R}^3 \to \mathbb{R}^3$$

である．$h(0) = 0$ と仮定したから，すべての c に対して $\boldsymbol{w} = \boldsymbol{0}$ はこの力学系の平衡点である．フィッツヒュー–南雲方程式がパルス解をもつための必要十分条件は，力学系 (5.15) が $z \to \pm\infty$ のときに $\boldsymbol{w}(z) \to \boldsymbol{0}$ を満たす非自明解（恒等的に 0 ではない解）をもつことである．言い換えれば原点と原点を

結ぶ軌道が存在することである．このように，同じ平衡点を結ぶ軌道のことを**ホモクリニック軌道**という．一般の 2 成分反応拡散方程式の進行波解を調べるためには 4 次元の力学系を解析しなければならないのに対し，フィッツヒュー–南雲方程式の場合，進行波解に対応する力学系は 3 次元となり，(比較の問題であって，難しいことに変わりないが) 軌道の追跡が可能となる．

力学系 (5.15) の解 w が平衡点 $\mathbf{0}$ の近傍にあるとき，w の挙動は線形化方程式

$$\frac{d}{dz}w = J(c)w \tag{5.16}$$

で近似される．ただし，J は $\mathbf{F}$ の $w = \mathbf{0}$ におけるヤコビ行列

$$J(c) := \frac{\partial \mathbf{F}}{\partial w}(\mathbf{0}; c)$$

を表す．$J(c)$ の固有値を $\nu_i(c)$ $(i = 1, 2, 3)$ とすると，簡単な計算により，すべての $c > 0$ に対して

$$\nu_1 < 0 < \operatorname{Re}\nu_2 \leq \operatorname{Re}\nu_3$$

としてよいことがわかる．すなわち，負の固有値が 1 個，実部が正の固有値が 2 個ある．ν_1 に対応する固有ベクトルを $\boldsymbol{p}_1 \in \mathbb{R}^3$，$\nu_2, \nu_3$ に対応する固有空間に属する 2 つの 1 次独立なベクトルを $\boldsymbol{p}_2, \boldsymbol{p}_3 \in \mathbb{R}^3$ とおく．

さて，(5.15) の解で初期条件 $w(0) = \boldsymbol{a}$ を満たす解を $w(z; \boldsymbol{a})$ で表す．また平衡点 $w = \mathbf{0}$ に対する安定多様体 $W^s(c)$ および不安定多様体 $W^u(c)$ を

$$W^u(c) := \{\boldsymbol{a} \in \mathbb{R}^3 : w(z; \boldsymbol{a}) \to \mathbf{0} \ (z \to -\infty)\},$$
$$W^s(c) := \{\boldsymbol{a} \in \mathbb{R}^3 : w(z; \boldsymbol{a}) \to \mathbf{0} \ (z \to +\infty)\}$$

により定義すると，$W^u(c)$ は 2 次元の多様体であり，原点で $\boldsymbol{p}_2, \boldsymbol{p}_3$ に接する (付録 C.2 項の定理 C.5 参照)．また，$W^s(c)$ は 1 次元の多様体であり，$\boldsymbol{p}_1$ に接する．したがって，原点の近傍において，$W^s(c)$ は $W^u(c)$ によって $+\boldsymbol{p}_1$ 方向の成分と $-\boldsymbol{p}_1$ 方向の成分の 2 つに分離されている．言い換えれば，$W^s(c)$ は 2 つの連結成分からなり，それぞれ異なる解 $w^+(z; c)$ と $w^-(z; c)$ の軌道に対応する．そして，もし $w^+(z; c)$ と $w^-(z; c)$ のいずれかが $W^u(c)$

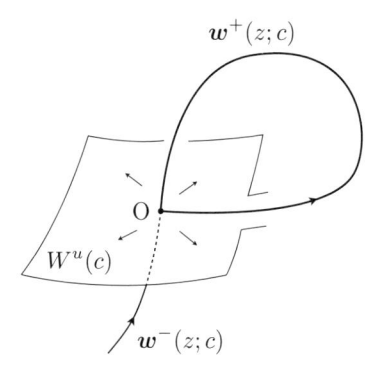

図 5.9 ホモクリニック軌道，不安定多様体および安定多様体．

上にあれば，
$$\boldsymbol{w}^{\pm}(z) \to \boldsymbol{0} \qquad (z \to -\infty)$$
を満たし，ホモクリニック軌道となる（図 5.9）．

以上の考察から，ホモクリニック軌道の存在を示すためには，(5.15) で c を連続的に変化させて $\boldsymbol{w}^{+}(z;c)$ あるいは $\boldsymbol{w}^{-}(z;c)$ の動きを $z = +\infty$ から $z = -\infty$ に向けて追跡し，この解が $W^u(c)$ にあるかどうかを調べればよいことになる．このようにしてホモクリニック解の存在を示す方法を**シューティング法**という．力学系 (5.16) の相空間は 3 次元なので，(簡単ではないが) ある程度は視覚的にベクトル場の様子を把握できる．c が小さいときと大きいときを比較し，安定多様体と不安定多様体との位置関係に中間値の定理を用いることにより，$\varepsilon > 0$ が小さいとき，ある c に対して (5.15) にホモクリニック解が存在することが示される [60, 123, 157]．この結果，パラメータ ε と孤立パルス解の速度 c の関係が図 5.10 のようになっていることが明らかにされている．注目すべきことは，ある $\varepsilon_0 > 0$ が存在して，$\varepsilon > \varepsilon_0$ には孤立パルス解は存在せず，逆に $0 < \varepsilon < \varepsilon_0$ のときには，速度の異なる 2 つのパルス解（これらを**速いパルス解**および**遅いパルス解**と呼ぶ）が存在するということである．

このようにして求められたパルス解は図 5.8 のような波形をしている．u の興奮領域の後方に v による不応期が追随しており，その結果，u の興奮領域が右方向へと伝播していき，その後方では u が負となっている．遅い孤立

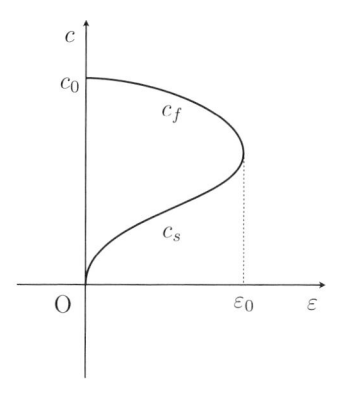

図 **5.10** 孤立パルス解の存在．c_f は速いパルス解の速度，c_s は遅いパルス界の速度に対応する．

パルス解は速いパルス解に比べて小さく，後で述べるように遅いパルス解は不安定であって，小さい外乱によって不安定化して波形が崩れ，自明解あるいは速いパルス解へと収束する．つまり，遅いパルス解は安定な速い孤立パルス解と自明解の分水嶺上を伝わるような解であり，セパレータとしての役割を果たしている．

速い孤立パルス解の形状についてよりくわしく調べるために，$\varepsilon \to 0$ とした特異極限を考える．まず，方程式 (5.14) において形式的に $\varepsilon \to 0$ とすると

$$\begin{cases} \varphi_{zz} + c\varphi_z + h(\varphi) - \psi = 0, \\ c\psi_z = 0 \end{cases} \quad (z \in \mathbb{R})$$

となる．パルス解は $z \to \pm\infty$ で $\psi(z) \to 0$ を満たすことから，第 2 式より $\psi \equiv 0$ が得られる．その結果

$$\varphi_{zz} + c\varphi_z + h(\varphi) = 0 \quad (z \in \mathbb{R}) \tag{5.17}$$

という形の方程式が導かれる．これは単独反応拡散方程式である南雲方程式 (3.3 節参照) の進行波解を与える方程式である．3.3.3 項で説明したように，南雲方程式は速度 $c = (1 - 2a)/\sqrt{2}$ のフロント型進行波解をもち，これ以外に有界かつ単調な波形の進行波解は存在しない．このことから，上の形式的

5.2 フィッツヒュー–南雲方程式

な議論は，$\varepsilon > 0$ が十分小さいとき，孤立パルス解の前方部分の形状は南雲方程式のフロント型進行波解のそれに近いということを示唆している．

同様に，適当な定数 $C > 0$ と $c = (1-2a)/\sqrt{2}$ に対し，

$$\varphi_{zz} + c\varphi_z + h(\varphi) = C \qquad (z \in \mathbb{R})$$

は $h(\varphi) = C$ の2つの零点を結ぶヘテロクリニック解をもつ．これは，孤立パルス解の後方部分の形状が $(u,v) \simeq (\varphi, C)$ で近似されることを示唆している．この進行波はフロントが後退しているようにみえるため，**バック型進行波解**あるいは**バック解**と呼ばれる．

一方，$\zeta = \varepsilon z$ と変換すれば方程式 (5.14) は

$$\begin{cases} \varepsilon^2 \varphi_{\zeta\zeta} + c\varepsilon\varphi_\zeta + h(\varphi) - \psi = 0, \\ c\varepsilon\psi_\zeta + \varepsilon(\varphi - \gamma\psi) = 0 \end{cases} \qquad (\zeta \in \mathbb{R})$$

と書き換えられ，さらに $\varepsilon \to 0$ とすれば

$$\psi = h(\varphi) \tag{5.18}$$

が得られる．これは $\varepsilon \to 0$ としたときに，$\psi \simeq h(\varphi)$ を満たしながら ε のオーダーでゆっくり変化する部分があることを示唆している．

$\varepsilon \to 0$ とした極限で得られたフロント解とバック解を，(5.18) を満たす曲線でつなげると，図 5.11 のような閉曲線を得る．これを**特異ホモクリニック軌道**という．

以上の考察から，$\varepsilon > 0$ が十分小さいときには，特異ホモクリニック軌道の近くに，(5.15) の滑らかなホモクリニック軌道が存在することが期待される．実際，上で述べた形式的な議論は，**特異摂動法**と呼ばれる手法を用いて数学的に正当化できる（くわしくは [60, 123, 157] 参照）．なお，ζ 変数による空間スケールで速い孤立パルス解の波形をみると，フロントとバックは急速に変化する部分に対応し，$\varepsilon \to 0$ とすると図 5.12 に示したような不連続な関数に収束し，神経が興奮している領域（$u > 0$ の部分）とそうでない領域が明確に分離される．

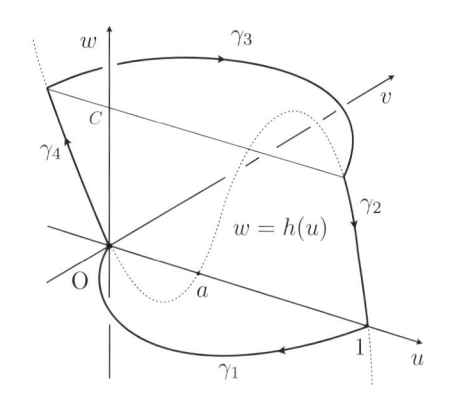

図 5.11 特異ホモクリニック軌道.

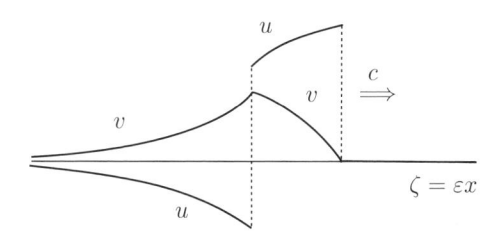

図 5.12 速い孤立パルス解の極限波形.

一方,遅い孤立パルス解の存在を示すには,(5.17) で $c=0$ とおいた方程式にホモクリニック定常解(これを $\varphi_0(x)$ とおく)が存在することを思い起こそう.この定常解からの摂動により,$\varepsilon>0$ が十分小さいときに波形が $(u,v) \simeq (\varphi_0(z), 0)$ を満たし,速度が $\sqrt{\varepsilon}$ のオーダーの孤立パルス解が存在し,またそれが不安定であることも証明できる [158, 215].

パルス解の安定性は,神経方程式の数学的な解析にとってきわめて重要な問題である.この安定性の問題について基本的な研究を行ったのはエバンス [85, 86, 87, 88] で,線形化固有値問題に対して巧妙な手法で特性関数を導いた.これを**エバンス関数**といい,固有値はエバンス関数の零点に対応する.実はエバンス関数の性質は,c を連続的に変化させたときに,(5.15) の不安定多様体と安定多様体の交わり方の変化と関係がある.この性質により,エバンス関数の零点の位置についての情報を引き出すことができ,遅い孤立パルス解の不安定性が証明できる [88].また,$\varepsilon>0$ が十分小さいときに,エバ

ンス関数と孤立パルス解の特異極限から得られる性質を組み合わせることにより，速いパルス解が安定であることが示される [138, 233]．さらには，この手法を発展させることにより，ホジキン–ハックスレー方程式のパルス解の安定性も証明されている [129]．

安定なパルス解の存在は，自明解 $(u,v) \equiv (0,0)$ が局所的には漸近安定であるが，大域的には安定でないことを表している．すなわち，自明解 $(u,v) \equiv (0,0)$ に小さな外乱を加えても解は自明解に戻るのに対し，大きな外乱を加えると孤立パルス解に収束することがある．実際の神経においても，小さな刺激にはほとんど反応しないが，閾値を超えるような刺激には大きさにかかわらず同じ反応を示す．これは「悉無律」あるいは「全か無かの法則」と呼ばれている．神経は小さな雑音にはいちいち反応しないが，大きな刺激によっていったん発生したパルス信号は神経線維上を安定に伝播し，他の神経細胞に情報を伝達する．孤立パルス解が安定であるということは，伝播中に外乱によって情報が失われないということであり，その意味で神経線維は理想的な信号伝送線路となっている．

5.2.3 多重パルス解と周期パルス解

フィッツヒュー–南雲方程式は，孤立パルス以外にもいろいろな種類の進行波解をもつ．たとえば，孤立パルス解を空間的にずらして有限個重ね合わせたような波形の進行波解を**多重パルス解**という．すなわち，孤立パルス解を $(u,v) = (\varphi_1(z), \psi_1(z))$, $z = x - c_1 t$ と表したとき，多重パルス解とは

$$(\varphi_n, \psi_n) \simeq \sum_{i=1}^{n} (\varphi_1(z-h_i), \psi_1(z-h_i)), \qquad z = x - c_n t$$

と表せるような進行波解のことを指す．ただし，$h_1 < h_2 < \cdots < h_n$ は孤立パルスの位置に，$h_2 - h_1, h_3 - h_2, \ldots, h_n - h_{n-1}$ は孤立パルス間の間隔に対応する．

孤立パルス解は，対応する3次元力学系 (5.15) において，原点 **0** についてのホモクリニック軌道に対応している．力学系の観点からは，多重パルスは孤立パルスに対応するホモクリニック軌道のそばにあって，n 回巻いてから

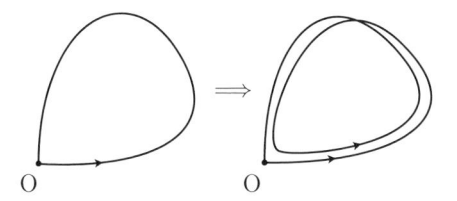

図 5.13 2重ホモクリニック軌道の分岐.

原点に戻るようなホモクリニック軌道に対応する．多重ホモクリニック軌道をホモクリニック軌道の近傍で探すには，孤立パルス解からの分岐として考える．すなわち，速度パラメータ c と方程式に含まれるパラメータを連続的に変化させて，ホモクリニック軌道から多重ホモクリニック軌道が分岐するための条件を調べればよい（図 5.13 参照）．このような形の分岐を**ホモクリニック分岐**という．

ホモクリニック軌道の原点近傍での振る舞いには 2 つの場合がある．1 つは不安定固有値 ν_2, ν_3 が複素共役となっている場合で，このとき不安定多様体上の原点近傍での軌道はスパイラル状であり，孤立パルス解の後方は振動しながら減衰する．この場合には，ある数列 $\{c_i\}$ が存在して，各 c_i を速度とする 2 重パルス解が存在することが示されている [89]．

一方，不安定固有値が 2 つの実数となっている場合には，このような形の分岐は起こらず，一般にはホモクリニック軌道の近くに 2 重ホモクリニック軌道は存在しない．しかしながら，たとえば非線形項がパラメータ μ に依存するとき，このパラメータと c の両方を変化させることによって，ホモクリニック分岐が起こることがある[4]．不安定固有値が実数の場合のホモクリニック分岐については，分岐のための条件が 3 次元以上の力学系に対して明らかにされている [70, 150, 234]．

多重パルス解の存在と安定性については，パルス間相互作用にもとづく次のような考察が可能である．神経軸索上を複数のパルスが伝播するとき，パルス間には弱い相互作用が働く．パルス間の相互作用の強さはパルス間の距離によって決まる．引力が働く（つまり，パルス間が縮まる）距離と斥力が

---

[4] このように，2 個のパラメータを必要とするような分岐のことを余次元 2 の分岐という．

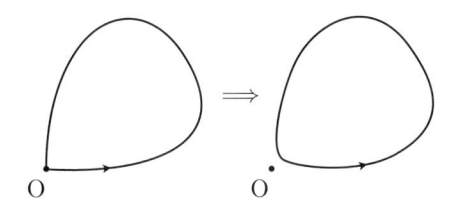

図 **5.14** ホモクリニック軌道からの周期軌道の分岐.

働く（パルス間の間隔が拡がる）距離があり，引力と斥力が切り替わるようなところでは，パルス間相互作用が見かけ上はなくなり，2 つのパルスは距離を保ったまま伝播する．このようなときには，波形を一定に保つ多重パルス解が存在することになる．

孤立パルス解を周期的にずらして無限個重ね合わせたような形の解

$$(u,v) \simeq \sum_{i=-\infty}^{\infty} (\varphi_1(z-iL), \psi_1(z-iL))$$

を**周期パルス解**と呼ぶ．ただし，L は最小の空間周期を表す．これらは (5.14) の周期解に対応する．フィッツヒュー–南雲方程式の周期パルス解は力学系 (5.15) においてホモクリニック軌道の近くにある**周期軌道**と対応しているため，周期軌道もホモクリニック軌道からの分岐と考えることができる [165]（図 5.14 参照）．

数値計算の結果によれば，周期パルス解の速度 c と空間周期 L の関係は図 5.15 のようになっている．2 つの孤立パルスの速度を $0 < c_s < c_f$ とすると，$L \to \infty$ としたときに速度は c_s あるいは c_f に漸近する．遅い孤立パルス解が不安定であることから予想されるように，各 $L > L_{\min}$ に対し，遅いほうの枝に対応する周期パルス解は不安定である [163]．速いほうの枝に対応する周期パルス解は L が十分大きいときには安定であることが示されるが，安定性の変わり目が正確にどこなのかはよくわかっていない [165]．

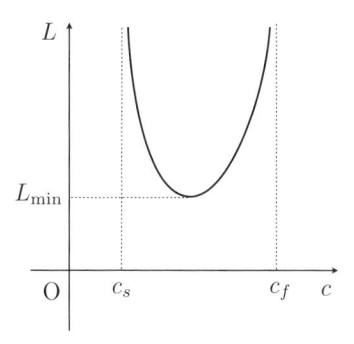

図 **5.15** 周期パルス解に対する速度と空間周期の関係.

5.3 ギーラー–マインハルト方程式

5.3.1 形態形成のモデル

生物の形態形成の過程において，拡散誘導不安定性が本質的な役割を果たしているとの考えにもとづき，ギーラーとマインハルトはヒドラの再生実験を数理モデル化し，安定な空間パターンが自律的に形成されるような具体的なモデル方程式を提案した [107]．これを**ギーラー–マインハルト方程式**といい，以下のような形の反応拡散方程式で記述される．

$$\begin{cases} u_t = \varepsilon^2 \Delta u - u + \dfrac{u^p}{v^q} + \sigma, \\ \tau v_t = d\Delta v - v + \dfrac{u^r}{v^s}. \end{cases} \tag{5.19}$$

ここで，u は細胞の変化を促す性質をもった**活性因子**の濃度，v は**抑制因子**の濃度を表す状態変数であり，τ, d は正の定数，σ は非負の定数である．反応項に現れる指数 $p > 1, q > 0, r > 0, s \geq 0$ は条件

$$0 < \frac{p-1}{q} < \frac{r}{s+1} \tag{5.20}$$

を満たしているものと仮定する．また，ε は小さな正の定数であり，これは抑制因子に比べて活性因子の拡散が遅いことを表している．ギーラーとマイ

ンハルトは，拡散係数の違いから活性因子が小さな領域に集中するところが現れ，その部分の生物の細胞が分化して，自律的な形態形成へとつながると考えたのである．

以下では，簡単のため $\sigma = 0$ と仮定し，正値解のみを扱う．方程式 (5.19) を $\mathbb{R}^N$ 内の有界領域 Ω 上で考え，自然な境界条件として反射壁条件を課すことにすれば，この方程式は

$$\begin{cases} u_t = \varepsilon^2 \Delta u - u + \dfrac{u^p}{v^q} & (x \in \Omega), \\ \tau v_t = d\Delta v - v + \dfrac{u^r}{v^s} & (x \in \Omega), \\ \dfrac{\partial}{\partial \nu} u = \dfrac{\partial}{\partial \nu} v = 0 & (x \in \partial\Omega) \end{cases} \quad (5.21)$$

と表される．

ギーラー–マインハルト方程式のダイナミクスを調べるために，まず拡散を無視した反応方程式

$$\begin{cases} u_t = -u + \dfrac{u^p}{v^q}, \\ \tau v_t = -v + \dfrac{u^r}{v^s} \end{cases} \quad (5.22)$$

を考える．指数に関する条件 (5.20) より，$(u, v) = (1, 1)$ が唯一の平衡点であることは容易にわかる．すなわち，(5.21) は空間的に一様な正値定常解を一意的にもつ．図 5.16 に，u–v 平面におけるヌルクラインとベクトル場の様子を示す．

力学系 (5.22) の平衡点 $(u, v) = (1, 1)$ の安定性を調べよう．そのために，平衡点 $(1, 1)$ における線形化固有値問題

$$\lambda \begin{pmatrix} \Phi \\ \Psi \end{pmatrix} = \begin{pmatrix} p - 1 & -q \\ r/\tau & -(s+1)/\tau \end{pmatrix} \begin{pmatrix} \Phi \\ \Psi \end{pmatrix}$$

を考えればよい．係数行列を J_0 とおくと，その特性方程式は

$$\lambda^2 - (\operatorname{tr} J_0)\lambda + \det J_0 = 0$$

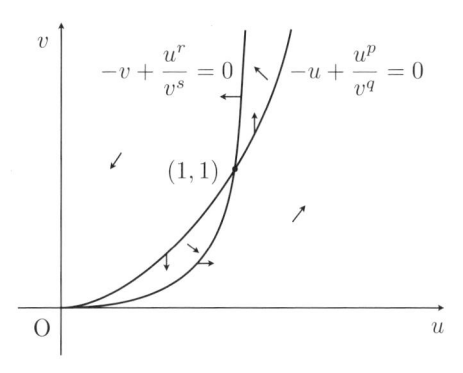

図 **5.16** 方程式 (5.22) のヌルクラインとベクトル場.

であり，この 2 次方程式の 2 つの解の実部が負であるための必要十分条件は

$$\det J_0 = -\frac{(p-1)(s+1)}{\tau} + \frac{qr}{\tau} > 0 \tag{5.23}$$

かつ

$$\mathrm{tr} J_0 = p - 1 - \frac{s+1}{\tau} < 0 \tag{5.24}$$

が成り立つことである．このうち，(5.23) は (5.20) からつねに満たされる．一方，(5.24) は τ が

$$0 < \tau < \frac{s+1}{p-1} \tag{5.25}$$

の範囲にあれば満たされ，このとき (5.22) の平衡点 $(1,1)$ は指数的に安定となる．逆に $\tau \geq (s+1)/(p-1)$ であれば平衡点は不安定である．

次に，反応拡散方程式 (5.21) の空間的に一様な解 $(u,v) \equiv (1,1)$ の安定性を調べよう．そのためには，Ω のノイマン固有値を $0 = \sigma_0 < \sigma_1 \leq \sigma_2 \leq \cdots$ とし，行列

$$J_i := \begin{pmatrix} -\varepsilon^2 \sigma_i + p - 1 & -q \\ r/\tau & -(d\sigma_i + s + 1)/\tau \end{pmatrix}$$

の固有値の実部の符号を調べればよい (4.3.2 項の定理 4.6 参照)．すると，J_i の 2 個の固有値の実部が負であるための必要十分条件は

$$\det J_i = -\frac{(-\varepsilon^2 \sigma_i + p - 1)(d\sigma_i + s + 1)}{\tau} + \frac{qr}{\tau} > 0 \qquad (5.26)$$

かつ

$$\mathrm{tr} J_i = -\varepsilon^2 \sigma_i + p - 1 - \frac{d\sigma_i + s + 1}{\tau} < 0 \qquad (5.27)$$

が成り立つことである．このうち，(5.27) は (5.24) であれば自動的に成り立つ．一方，(5.26) が満たされるかどうかは，パラメータの値による．たとえば $\varepsilon^2 = d/\tau$ の場合には (5.26) は (5.23) から導かれるが，これは拡散の速さが同じ2成分反応拡散方程式においては，拡散誘導不安定性は生じないことを表している．ところがもし，ある i について

$$\varepsilon^2 \sigma_i < p - 1 - \frac{qr}{d\sigma_i + s + 1}$$

であれば (5.26) は成り立たない．したがって，$\sigma_i > 0$ に対し，たとえば d が十分大きく ε が十分小さければ，τ が (5.25) の範囲にあるときに拡散誘導不安定性が生じることになる．

5.3.2 シャドウ系におけるスパイク解の存在

反応項に現れる指数が $p > 1, r > 0$ を満たすことから，ギーラー–マインハルト方程式では，活性因子 u はそれ自体と抑制因子 v を増加させる働きをもつ．一方，抑制因子 v はそれ自体と活性因子 u の増加を阻害する．また，抑制因子の拡散が活性因子の拡散よりも速いことから，活性因子が増加したところでは抑制因子がその周囲を抑制し，局在パターンの形成を促す．

局在化した安定なパターンが出現するためには，活性因子と抑制因子の拡散の速さの違いが重要である．活性因子の濃度が領域の一部で高まると，反応項によってさらに濃度を高めようとする正のフィードバックが働くが，活性因子は抑制因子の濃度を高める働きももっている．このとき，抑制因子は速く拡散することによって周りを取り囲むようにして活性因子を抑制し，その結果，活性因子が局在するようになる．このような抑制因子の働きは**側抑制**と呼ばれ，局在したパターンを安定化させるメカニズムの1つである．

とくに，活性因子の拡散係数 ε が十分小さいと，いくつかの点に集中するようなスパイク状パターンが形成され，スパイクの位置は領域の形状とスパ

イク同士の相互作用によって安定な位置が決まる．この項では，シャドウ系におけるスパイク状の定常解の存在とその性質について述べる．

ギーラー–マインハルト方程式 (5.21) において $d \to \infty$ の極限を考えると，シャドウ系

$$\begin{cases} u_t = \varepsilon^2 \Delta u - u + \dfrac{u^p}{v^q} & (x \in \Omega), \\ \dfrac{\partial}{\partial \nu} u = 0 & (x \in \partial\Omega), \\ \tau v_t = -v + \dfrac{\dfrac{1}{|\Omega|} \displaystyle\int_\Omega u^r dx}{v^s} & \end{cases} \quad (5.28)$$

が得られる．ここで，$u = u(x,t)$, $v = v(t)$ である．この方程式の定常解を $(u,v) = (A(x), \xi)$ と表すことにすると，$(A(x), \xi)$ は

$$\begin{cases} \varepsilon^2 \Delta A - A + \dfrac{A^p}{\xi^q} = 0 & (x \in \Omega), \\ \dfrac{\partial}{\partial \nu} A = 0 & (x \in \partial\Omega), \\ -\xi + \dfrac{\dfrac{1}{|\Omega|} \displaystyle\int_\Omega A(x)^r dx}{\xi^s} = 0 & \end{cases} \quad (5.29)$$

を満たしている．

シャドウ系 (5.28) のスパイクパターンの性質を数学的に明らかにするには，ε が十分小さいときの性質を調べればよいのであるが，単に $\varepsilon \to 0$ とすると，スパイクの位置以外の情報が失われ，意味のある解析ができなくなる．そこで，スパイクが現れる点を中心として適当なスケーリングを行うことにより，$\varepsilon \to 0$ としたときに意味のある極限を導き，それからスパイクの位置や安定性などを解析できるようにする．

そこでまず，(5.29) において

$$A(x) = \xi^{q/(p-1)} a(x)$$

とおくと，

$$\begin{cases} \varepsilon^2 \Delta a - a + a^p = 0 & (x \in \Omega), \\ \dfrac{\partial}{\partial \nu} a = 0 & (x \in \partial\Omega) \end{cases} \quad (5.30)$$

および

$$\xi^{s+1-qr/(p+1)} = \frac{1}{|\Omega|} \int_\Omega a(x)^r dx \quad (5.31)$$

が得られる．これより，$a(x)$ は単独の非線形楕円型偏微分方程式を満たしていることがわかる．この方程式 (5.30) は**スカラーフィールド方程式**と呼ばれている．

境界値問題 (5.30) の解の存在とその性質についてはかなりくわしいことが明らかにされている．スパイク状の解の存在については変分法を用いるのがもっとも標準的であるが，そのためには指数 p についての条件が必要となる．いま p が

$$1 < p < p_S := \begin{cases} \dfrac{N+2}{N-2} & (N > 2), \\ \infty & (N \leq 2) \end{cases}$$

を満たすとする[5]．汎関数 $J^\varepsilon[U]$ を

$$J^\varepsilon[U] := \int_\Omega \Big(\frac{1}{2}\varepsilon^2 |\nabla U|^2 - \frac{1}{2} U^2 + \frac{1}{p+1} U^{p+1} \Big) dx$$

で定義すると，(5.30) の正値解は関数空間 $H^1(\Omega) \cap L^{p+1}(\Omega)$ におけるこの汎関数の正の臨界値に対応する停留点として特徴付けられる．なお，空間一様な正値解 $U = 1$ に対する $J^\varepsilon[U]$ の値は負であることに注意しよう．

2.2.2 項の定理 2.5 より，方程式 (5.30) の空間非一様な正値解は単独反応拡散方程式の定常解としては不安定であるから，これは $J^\varepsilon[U]$ の極小点ではない．そのため，停留点の存在を示すには，いわゆる**峠の補題**（たとえば [16, 19] を参照）を適用して $J^\varepsilon[U]$ の鞍点となるような U を探す．その結果，十分小さな $\varepsilon > 0$ に対し，(5.30) は次のような性質をもつ非一様な正値解の存在が

---

[5] ソボレフ指数 p_S は藤田方程式の正値定常解とも関係していたことに注意する（3.1.3 項の定理 3.3 参照）．

示される（くわしい議論は [42, 第 2 章] を参照）．なお，$J^\varepsilon[U]$ の最小の正の臨界値に対応する停留点 a^ε を (5.30) の**最小エネルギー解**という．

ε が十分小さいときの状況を直観的に把握するために，以下のように考えてみる．最小エネルギー解 a^ε の最大点を x^ε とし，

$$w^\varepsilon(y) = a^\varepsilon(x), \qquad y = (x - x^\varepsilon)/\varepsilon$$

とおくと，w^ε は

$$\begin{cases} \Delta w^\varepsilon - w^\varepsilon + (w^\varepsilon)^p = 0 & (y \in \Omega^\varepsilon), \\ \dfrac{\partial}{\partial \nu} w^\varepsilon = 0 & (y \in \partial\Omega^\varepsilon) \end{cases}$$

を満たす．ただし

$$\Omega^\varepsilon := \{y = (x - x^\varepsilon)/\varepsilon : x \in \Omega\}$$

である．$\varepsilon \to 0$ とすると，x^ε が境界から離れていれば Ω^ε は全空間 $\mathbb{R}^N$ に近づき，x^ε が境界上にあれば Ω^ε は $\mathbb{R}^N$ 内の半空間に近づく．そこで，全空間あるいは半空間において

$$\Delta w - w + w^p = 0$$

の有界な解を考える．$1 < p < p_{\rm S}$ のとき，この方程式には球対称な正値解 $w = \varphi(r), r = |y|$ が存在する．ただし，$\varphi(r) > 0$ は

$$\varphi_{rr} + \frac{N-1}{r}\varphi_r - \varphi + \varphi^p = 0 \qquad (r > 0)$$

の解で，$\varphi(r)$ は r について単調減少で，$r \to \infty$ のとき $\varphi(r) \to 0$ を満たす．このような性質をもつ解は一意に定まり，$w^\varepsilon(y)$ は $\varepsilon \to 0$ のときに $\varphi(y)$ に近づく [156]．

問題は x^ε の位置で，$\mathbb{R}^N$ 全体では球対称解の中心は任意に選べるのに対し，有界領域では x^ε の位置は境界 $\partial\Omega$ の影響を受ける．言い換えれば，(5.30) の解の最大点は $J^\varepsilon[u]$ が最小となるような点である．

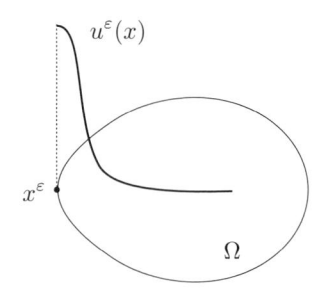

図 **5.17** 最小エネルギー解.

次の定理は，境界の平均曲率[6]が最大になる点の近くに x^ε があるときに，エネルギーが最小化されること示している（図 5.17 参照）．

定理 5.6 ([188, 189])　$\varepsilon > 0$ が十分小さければ，(5.30) の最小エネルギー解 u^ε は境界 $\partial\Omega$ 上の点 $x^\varepsilon \in \partial\Omega$ で最大値をとる．さらに，境界の平均曲率を $H(x)$ $(x \in \partial\Omega)$ とすると，最大値をとる点は

$$H(x^\varepsilon) \to \max_{x \in \partial\Omega} H(x) \qquad (\varepsilon \to 0)$$

を満たし，最小エネルギー解は Ω 上で一様に

$$\left| u^\varepsilon(x) - \varphi(|x - x^\varepsilon|/\varepsilon) \right| \to 0 \qquad (\varepsilon \to 0)$$

を満たす．

ここでは直観的にこの定理の意味を説明しよう．スパイク解の形状が $\varphi(|x - x^\varepsilon|)$ で近似できるとすると，$J^\varepsilon[\varphi]$ のエネルギーは x^ε の近傍に集中している．この場合，x^ε が境界上にあれば，Ω^ε が半空間に近づくのに対し，x^ε が境界から離れていれば Ω^ε が全空間に近づく．したがって，x^ε が境界上にある場合のスパイク解のエネルギーは x^ε が境界から離れている場合のほぼ半分である．したがって最小エネルギー解に対する x^ε は境界上にあり，その位置は境界の形状によって決まるはずである．このとき，もしスパイク解が x^ε を中心に球対称であれば，境界が外に凸なところのほうが，凹んでいるとこ

---

[6]　境界の曲率は，凸領域に対して正の値となるように符号を定める．

ろよりもわずかにエネルギーが小さい．もちろん，実際には解は球対称解からわずかにずれていることから，境界の曲率がエネルギーに与える影響をきちんと評価しなければならないが，この評価にはきわめて精密な解析を必要とする．興味のある読者は文献 [188, 189] を参照していただきたい．

方程式 (5.30) にはエネルギーが最小でない解も多数存在する．とくに，有限個のスパイクを重ね合わせたような解

$$a(x) \simeq \sum_{j=1}^{k} \varphi((x-x_j)/\varepsilon)$$

を**多重スパイク解**という．各スパイクはほぼ同じ形状をしており，境界およびスパイク間の相互作用によって，スパイクの位置が定まる．スパイクの配置を定める条件についても数学的に明らかになっており，その結果，ギーラー–マインハルト方程式には複数の集中点をもつ多様な定常解が存在することがわかっている [114]．

5.3.3　スパイク解の安定性

この項では，1次元区間におけるシャドウ系

$$\begin{cases} u_t = \varepsilon^2 u_{xx} - u + \dfrac{u^p}{v^q} & (0 < x < 1), \\ u_x(0,t) = 0 = u_x(1,t), \\ \tau v_t = -v + \dfrac{\int_0^1 u^r dx}{v^s} \end{cases} \quad (5.32)$$

を考え，$x=0$ にスパイクをもつ定常解の安定性について述べる．議論の見通しをよくするために，証明の一部を省略するが，ここではパラメータの値により，不安定なスパイク解と安定なスパイク解が存在することを示そう．なお，高次元領域におけるスパイク解の安定性については，[42, 第2章] を参照していただきたい．

さて，$x=0$ にスパイクをもつ (5.32) の定常解を $(u,v) = (A(x), \xi)$ とし，また

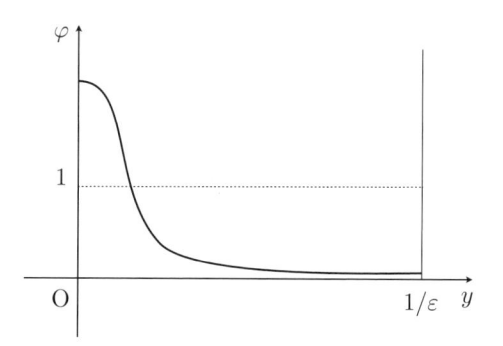

図 **5.18** $\varphi(y)$ の形状.

$$\begin{cases} \varepsilon^2 A_{xx} - A + \dfrac{A^p}{\xi^q} = 0 \qquad (0 < x < 1), \\ A_x(0) = 0 = A_x(1), \\ -\xi + \dfrac{\displaystyle\int_0^1 A(x)^r dx}{\xi^s} = 0 \end{cases}$$

を満たす.そこで

$$\varphi(y) := \xi^{-q/(p-1)} A(\varepsilon y)$$

とおくと,$\varphi(y)$ は

$$\begin{cases} \varphi_{yy} - \varphi + \varphi^p = 0 \qquad (0 < y < 1/\varepsilon), \\ \varphi_y(0) = 0 = \varphi_y(1/\varepsilon) \end{cases} \tag{5.33}$$

を満たし,$\varepsilon > 0$ が小さいとき,$\varphi(y)$ の形状は図 5.18 のようになっている.

一方,方程式 (5.32) の $(u,v) = (A(x), \xi)$ における線形化固有値問題は

$$\begin{cases} \lambda U = \varepsilon^2 U_{xx} - U + \dfrac{pA(x)^{p-1}}{\xi^q} U - \dfrac{qA(x)^p}{\xi^{q+1}} \eta \qquad (0 < x < 1), \\ U_x(0) = 0 = U_x(1), \\ \tau\lambda\eta = \dfrac{r\displaystyle\int_0^1 A(x)^{r-1} dx}{\xi^q} U - \dfrac{s\displaystyle\int_0^1 A(x)^r dx}{\xi^{s+1}} \eta \end{cases} \tag{5.34}$$

である．ここで

$$\Phi(y) = \xi^{-q/(p-1)} U(\varepsilon y), \qquad \zeta = \xi^{-1}\eta$$

とおくと，(5.34) は

$$\begin{cases} \lambda\Phi = \Phi_{yy} - \Phi + p\varphi^{p-1}\Phi - q\zeta\varphi^p & (0 < y < 1/\varepsilon), \\ \Phi_y(0) = 0 = \Phi_y(1/\varepsilon), \\ \tau\lambda\zeta = -(s+1)\zeta + \dfrac{r\displaystyle\int_0^{1/\varepsilon} \varphi^{r-1}\Phi dy}{\displaystyle\int_0^{1/\varepsilon} \varphi^r dy} \end{cases} \tag{5.35}$$

と書き直される．以下では，固有値問題 (5.35) について調べる．

まず，固有値問題 (5.35) に対する特性方程式を導く．そのために，予備の固有値問題

$$\begin{cases} \mu\psi = \psi_{yy} - \psi + p\varphi^{p-1}\psi & (0 < y < 1/\varepsilon), \\ \psi_y(0) = 0 = \psi_y(1/\varepsilon) \end{cases} \tag{5.36}$$

を考えると，これはストゥルム–リュウビル型固有値問題であるから，その固有値は $\mu_0 > \mu_1 > \mu_2 > \cdots \to -\infty$ を満たす実数列からなる．ここで，2.3.2 項の定理 2.6 を用いれば，$\varepsilon > 0$ が小さいときに $\mu_1 < 0$ であることがわかる．実際，初期値問題

$$\begin{cases} \varphi_{yy} - \varphi + \varphi^p = 0 & (y > 0), \\ y(0) = y_0 > 1, \qquad y'(0) = 0 \end{cases}$$

を解くと，最初に $y'(\ell) = 0$ となる $\ell > 0$ は $y \to \{(p+1)/2\}^{1/(p-1)}$ のとき $\ell \to \infty$ を満たす．また，$\varepsilon \to 0$ の極限を考えることにより，ε と無関係な $\delta > 0$ に対して，$\mu_0 > \delta > 0 > -\delta > \mu_1$ が成り立つことが示せる．以上をまとめると，小さい $\varepsilon > 0$ に対して，固有値問題 (5.36) の固有値は

$$\mu_0 > \delta > 0 > -\delta > \mu_1 > \mu_2 > \cdots$$

を満たしている．

固有値問題 (5.35) に戻ろう．$\{\Psi_j(y)\}$ を $\{\mu_j\}$ に対応する (5.35) の固有関数系とすると，これらは $L^2(0,1/\varepsilon)$ の完備な正規直交系をなす．そこで，φ と Φ をそれぞれ

$$\varphi(y) = \sum_{j=0}^{\infty} a_j \Psi_j(y), \qquad a_j := \int_0^{1/\varepsilon} \varphi(y)\Psi_j(y)dy$$

および

$$\Phi(y) = \sum_{j=0}^{\infty} b_j \Psi_j(y), \qquad b_j := \int_0^{1/\varepsilon} \Phi(y)\Psi_j(y)dy$$

と展開する．また，φ は

$$\varphi_{yy} - \varphi + p\varphi^{p-1}\varphi = (p-1)\varphi^p \qquad (0 < y < 1/\varepsilon)$$

を満たすことから

$$\varphi^p = \frac{1}{p-1} \sum_{j=0}^{\infty} a_j \mu_j \Psi_j(y)$$

と展開できる．これらの展開式を (5.35) の第 1 式に代入すれば，$\{a_j\}$ と $\{b_j\}$ は

$$(\lambda - \mu_j)b_j = -\frac{q\zeta}{p-1}a_j\mu_j$$

の関係で結ばれていることがわかる．したがって，もし $\lambda \neq \mu_j$ $(j = 0, 1, 2, \ldots)$ であれば，

$$\begin{aligned}
\Phi(y) &= \sum_{j=0}^{\infty} b_j \Psi_j(y) \\
&= -\frac{q\zeta}{p-1} \sum_{j=0}^{\infty} \frac{a_j \mu_j}{\lambda - \mu_j} \Psi_j(y) \\
&= \frac{q\zeta}{p-1} \sum_{j=0}^{\infty} a_j \Psi_j(y) - \frac{q\zeta\lambda}{p-1} \sum_{j=0}^{\infty} \frac{a_j}{\lambda - \mu_j} \Psi_j(y) \\
&= \frac{q\zeta}{p-1} \varphi(y) - \frac{q\zeta\lambda}{p-1} \sum_{j=0}^{\infty} \frac{a_j}{\lambda - \mu_j} \Psi_j(y)
\end{aligned}$$

を得る．

これを (5.35) の第 3 式に代入して ζ を消去すると特性方程式

$$\tau\lambda = \alpha + \lambda g(\lambda) \tag{5.37}$$

を得る．ただし，

$$\alpha := \frac{qr}{p-1} - (s+1) > 0$$

であり，また $g(\lambda)$ は $\lambda \neq \mu_j$ に対して解析的な関数で，

$$g(\lambda) := \sum_{j=0}^{\infty} \frac{c_j}{\lambda - \mu_j}$$

および

$$\begin{aligned}c_j &:= -\frac{qr \int_0^{1/\varepsilon} \varphi(y)^{r-1} \Psi_j(y) dy \int_0^{1/\varepsilon} \varphi(y) \Psi_j(y) dy}{(p-1) \int_0^{1/\varepsilon} \varphi(y)^r dy} \\ &= -\frac{qra_j \int_0^{1/\varepsilon} \varphi(y)^{r-1} \Psi_j(y) dy}{(p-1) \int_0^{1/\varepsilon} \varphi(y)^r dy}\end{aligned}$$

で定義される．なお，α が正であることは条件 (5.20) から導かれる．逆に，もし $\lambda \neq \mu_j$ が特性方程式 (5.37) を満たせば，上の議論を逆にたどることにより，λ が (5.35) の固有値であることが示される．

さて，シャドウ系 (5.32) に対し，定常解の不安定性に関する結果を述べよう．

定理 5.7 τ 以外のパラメータの値が与えられたとき，それに対してある $\tau_0 \geq 0$ が存在し，もし $\tau > \tau_0$ ならば，シャドウ系 (5.32) の定常解 $(A(x), \xi)$ は不安定である．

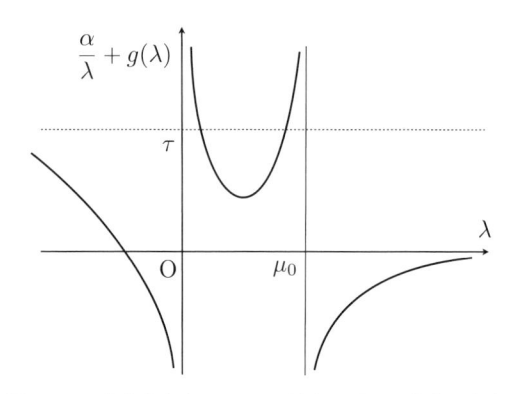

図 **5.19** 十分大きな $\tau > 0$ に対する正の固有値の存在.

証明 特性方程式 (5.35) を

$$\tau = \frac{\alpha}{\lambda} + g(\lambda)$$

と書き直し，$\alpha > 0$ および

$$c_0 = -\frac{qr \int_0^{1/\varepsilon} \varphi(y)^{r-1} \Psi_0(y) dy \int_0^{1/\varepsilon} \varphi(y) \Psi_0(y) dy}{(p-1) \int_0^{1/\varepsilon} \varphi(y)^r dy} < 0$$

を用いると，図 5.19 のような状況になっていることがわかる．

これより，十分大きな $\tau > 0$ に対し，$0 < \lambda < \mu_0$ を満たす固有値が 2 個存在し，したがって定常解 $(A(x), \xi)$ は不安定である． ∎

次に，安定な定常解の存在に関する結果を述べよう．

定理 5.8 $r = 2$ かつ $1 < p < 5$ とする．このとき，十分小さい $\alpha > 0$ と $\varepsilon > 0$ に対してある $\tau_0 > 0$ が存在し，もし $0 < \tau < \tau_0$ ならば，シャドウ系 (5.32) の定常解 $(A(x), \xi)$ は安定である．

証明 3 段階に分けて証明する．

・第 1 段

まず,関数 $g(\lambda)$ の性質を調べるために,境界値問題

$$\begin{cases} w_{yy} - w + p\varphi^{p-1}w = \varphi(y) & (0 < y < 1/\varepsilon), \\ w_y(0) = 0 = w_y(1/\varepsilon) \end{cases} \tag{5.38}$$

を考える.$\mu = 0$ は (5.36) の固有値ではないので,この境界値問題には一意的な解が存在する(証明は,たとえば [43, 4.6 節] 参照).そこで,

$$w(y) = \sum_{j=0}^{\infty} d_j \Psi_j(y), \qquad d_j = \int_0^{1/\varepsilon} w(y) \Psi_j(y) dy$$

と展開し,(5.38) に代入すれば,$\{a_j\}$ と $\{d_j\}$ の間には

$$d_j \mu_j = a_j \qquad (j = 0, 1, 2, \ldots)$$

の関係がある.したがって

$$w(y) = \sum_{j=0}^{\infty} \frac{a_j}{\mu_j} \Psi_j(y)$$

を得る.これより

$$\begin{aligned} g(0) &= -\sum_{j=0}^{\infty} \frac{c_j}{\mu_j} \\ &= \sum_{j=0}^{\infty} \frac{qra_j \int_0^{1/\varepsilon} \varphi(y)^{r-1} \Psi_j(y) dy}{(p-1)\mu_j \int_0^{1/\varepsilon} \varphi(y)^r dy} \\ &= \frac{qr \int_0^{1/\varepsilon} \varphi(y)^{r-1} \Big\{ \sum_{j=0}^{\infty} \frac{a_j}{\mu_j} \Psi_j(y) \Big\} dy}{(p-1) \int_0^{1/\varepsilon} \varphi(y)^r dy} \\ &= \frac{qr \int_0^{1/\varepsilon} \varphi(y)^{r-1} w(y) dy}{(p-1) \int_0^{1/\varepsilon} \varphi(y)^r dy} \end{aligned}$$

が得られる．

　一方，関数
$$W(y) := \frac{1}{p-1}\varphi(y) + \frac{1}{2}y\varphi_y(y)$$
を代入して (5.33) を用いると，

$$\begin{aligned}
W_{yy} &- W + p\varphi^{p-1}W \\
&= \frac{1}{p-1}(\varphi_{yy} - \varphi + p\varphi^p) + \frac{1}{2}\{(y\varphi_y)_{yy} - y\varphi_y + p\varphi^{p-1}y\varphi_y\} \\
&= \varphi^p + \frac{y}{2}(\varphi_{yyy} - \varphi_y + p\varphi^{p-1}\varphi_y) + \varphi_{yy} \\
&= \varphi
\end{aligned}$$

および

$$W_y(0) = 0, \qquad W_y\left(\frac{1}{\varepsilon}\right) = \frac{1}{\varepsilon}\varphi_{yy}\left(\frac{1}{\varepsilon}\right) = \frac{1}{2\varepsilon}(\varphi - \varphi^p) \neq 0$$

が成り立つ．よって，$W(y)$ は (5.38) の方程式を満たすが，境界条件は満たしていない．しかしながら，$\varepsilon \to 0$ のとき，指数的に $W_y(1/\varepsilon) \to 0$ となるから，区間 $[0, 1/\varepsilon]$ において一様に

$$W(y) \to w(y) \qquad (\varepsilon \to 0)$$

が成り立つことが示される．したがって，

$$\begin{aligned}
\int_0^{1/\varepsilon} &\varphi(y)^{r-1}w(y)dy \\
&\to \int_0^{1/\varepsilon} \varphi(y)^{r-1}\left\{\frac{1}{p-1}\varphi(y) + \frac{y}{2}\varphi_y(y)\right\}dy \qquad (\varepsilon \to 0) \\
&= \left(\frac{1}{p-1} - \frac{1}{2r}\right)\int_0^{1/\varepsilon} \varphi(y)^r dy
\end{aligned}$$

である．以上より，

$$g(0) = \frac{qr\int_0^{1/\varepsilon} \varphi(y)^{r-1}w(y)}{(p-1)\int_0^{1/\varepsilon} \varphi(y)^r dy} \to \beta := \frac{qr}{p-1}\left(\frac{1}{p-1} - \frac{1}{2r}\right) \qquad (\varepsilon \to 0)$$

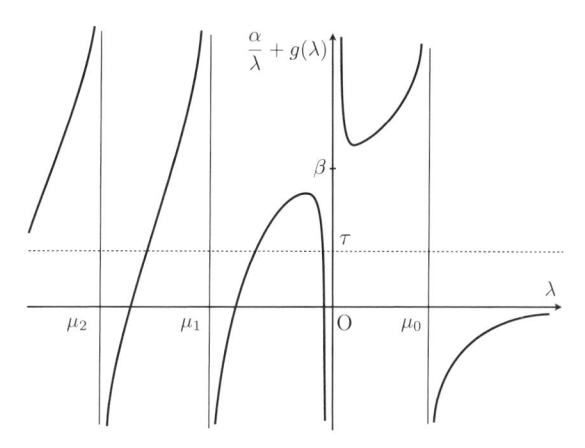

図 5.20　$\beta > 0$ で，$\alpha, \varepsilon > 0$ が十分小さい場合.

を得る．

・第 2 段

次に，$r = 2$ の場合を考えると，

$$c_j := -\frac{qr \int_0^{1/\varepsilon} \varphi(y)\Psi_j(y)dy \int_0^{1/\varepsilon} \varphi(y)\Psi_j(y)dy}{(p-1)\int_0^{1/\varepsilon} \varphi(y)^r dy} \leq 0 \quad (j = 0, 1, 2, \ldots)$$

であるから，$\beta > 0$ で，$\alpha, \varepsilon > 0$ が十分小さい場合には，図 5.20 のような状況になっている．これより，τ が小さければ，特性方程式は $\lambda \geq 0$ を満たす解をもたないことがわかる．なお，この図では $c_j < 0$ の場合を描いてあるが，$c_j = 0$ となる j があったとしても状況は変わらない．

次に固有値の位置を特定するために，

$$g_k(\lambda) := \sum_{j=0}^{k} \frac{c_j}{\lambda - \mu_j}$$

とおき，特性方程式 (5.37) を方程式

$$\tau\lambda = \alpha + \lambda g_k(\lambda) \tag{5.39}$$

で近似する．この方程式は $k+1$ 次の代数方程式に書き直すことができ，したがって (5.39) はちょうど $k+1$ 個の解をもつ．図 5.20 と同様にして，$\frac{\alpha}{\lambda} + g_k(\lambda)$ のグラフを描いてみると，$\tau > 0$ が小さければ，近似方程式 (5.39) はちょうど $k+1$ 個の負の解をもち，またそれ以外には解はないことがわかる．

・第 3 段

　最後に，特性方程式 (5.37) は実部が非負の解をもたないことを示そう．まず，$\tau > 0$ を十分小さくとり，特性方程式が $\mu_1 < \lambda < 0$ を満たす解を 2 個もつようにできる．また，十分小さい $\delta > 0$ に対して

$$\mathbb{C}^+ := \{\lambda \in \mathbb{C} : \operatorname{Re}\lambda \geq -\delta\}$$

とおくと，$\lambda(\lambda - \mu_0)g_k(\lambda)$ および $\lambda(\lambda - \mu_0)g(\lambda)$ は $\mathbb{C}^+$ 上で解析的であり，また $\mathbb{C}^+$ 上で一様に

$$\lambda(\lambda - \mu_0)g_k(\lambda) \to \lambda(\lambda - \mu_0)g(\lambda) \qquad (k \to \infty)$$

が成り立つ．これより，複素関数論におけるルーシェの定理を適用することができて，十分大きな k に対し，$\mathbb{C}^+$ 内にある特性方程式 (5.37) の解の個数は，近似方程式 (5.39) のそれと同じである．第 2 段より，近似方程式は $\mathbb{C}^+$ 内に解をもたなかったから，特性方程式 (5.37) も $\mathbb{C}^+$ 内に解をもたない．よって定常解 $(A(x), \xi)$ は安定であることが示された．∎

　図 5.20 のような状況のとき，τ を 0 から連続的に大きくしていくと，ある $\tau > 0$ において 2 つの負の固有値がぶつかって複素共役な固有値へと変化し，さらに τ を大きくすると，ある τ において再びぶつかって 2 個の正の固有値へと変化する．したがって，ある $\tau = \tau_0 > 0$ において，複素固有値が虚軸を横切ることになる．このような場合には**ホップ分岐**と呼ばれる分岐現象が起こる [147] ことが知られており，定常解が不安定化して時間周期解が現れる [186]．

5.4 ギンツブルグ–ランダウ方程式

5.4.1 超伝導のモデル

1950 年代に，物理学者のギンツブルグとランダウは，低温超伝導状態にある物質の電子や磁場の状態を記述するために，巨視的なエネルギー汎関数

$$E[z] = \int_\Omega \left\{ \frac{1}{2}|\nabla z|^2 + \frac{\mu}{4}\left(1 - |z|^2\right)^2 \right\} dx$$

を導入した [108]．ここで，z は $\mathbb{R}^N$ 内の領域 Ω で定義された複素数値関数であり，μ は正のパラメータである．このエネルギーに対する勾配系を考えると，複素変数反応拡散方程式

$$z_t = \Delta z + \mu\left(1 - |z|^2\right)z$$

が得られる．実数値関数 u, v を用いて $z = u + iv$ と表すと，エネルギー汎関数は

$$E[u,v] := \int_\Omega \left\{ \frac{1}{2}\left(|\nabla u|^2 + |\nabla u|^2\right) + \frac{\mu}{4}\left(1 - u^2 - v^2\right)^2 \right\} dx \tag{5.40}$$

で与えられる．また方程式は 2 成分の等拡散系

$$\begin{cases} u_t = \Delta u + \mu u\left(1 - u^2 - v^2\right), \\ v_t = \Delta v + \mu v\left(1 - u^2 - v^2\right) \end{cases} \tag{5.41}$$

で表される．これを**ギンツブルグ–ランダウ方程式**という．

対応する反応方程式

$$\begin{cases} u_t = \mu u\left(1 - u^2 - v^2\right), \\ v_t = \mu v\left(1 - u^2 - v^2\right) \end{cases} \tag{5.42}$$

を考えよう．この方程式には 2 種類の平衡点 $(u,v) = (0,0)$ および $(u,v) = (\cos\theta, \sin\theta)$ が存在する．このうち，$(u,v) = (0,0)$ は不安定な定常状態であ

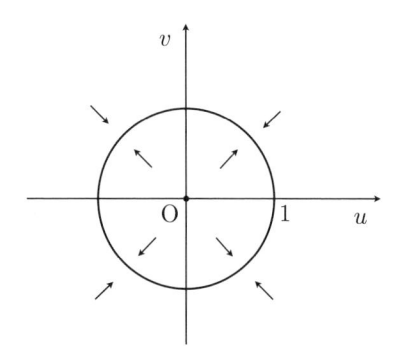

図 **5.21** 方程式 (5.42) のベクトル場と平衡点.

る.一方,$(u,v) = (\cos\theta, \sin\theta)$ は u–v 平面において原点を中心とした単位円上にあり,初期値が $(u,v) \neq (0,0)$ であれば解はこの単位円に漸近する.実際,

$$(u(t), v(t)) = (\rho(t)\cos\theta(t), \rho(t)\sin\theta(t))$$

とおいて方程式 (5.42) に代入すると

$$\begin{cases} \rho_t = \mu\rho(1-\rho^2), \\ \theta_t = 0 \end{cases}$$

が導かれ,これより,もし $\rho(0) > 0$ であれば,解は原点から結んだ直線上を動いて $\rho(t) \to 1$ $(t \to \infty)$ を満たすことがわかる(図 5.21).これは物理的には,超伝導が生じるような条件のもとでは,常伝導状態 $(0,0)$ は不安定であり,わずかな摂動によって超伝導状態へと遷移することを表している.

方程式 (5.41) を反射壁境界条件のもとで考えると,空間一様な定常解 $(u,v) \equiv (\cos\theta, \sin\theta)$ には拡散誘導不安定性を生じないが,平衡点が連続的に存在することから,中立安定の状態にある.すなわち,小さな外乱を加えると,元の空間一様な定常解には戻らず,その近傍の定常解 $(u,v) \equiv (\cos\tilde{\theta}, \sin\tilde{\theta})$ に近づく.

より一般に,方程式 (5.41) は回転行列による変数変換

$$\begin{pmatrix}\tilde{u}\\\tilde{v}\end{pmatrix}=\begin{pmatrix}\cos\delta & -\sin\delta\\\sin\delta & \cos\delta\end{pmatrix}\begin{pmatrix}u\\v\end{pmatrix}$$

によって不変である．つまり，$(u(x,t),v(x,t))$ が方程式 (5.41) を満たせば，

$$(\tilde{u}(x,t),\tilde{v}(x,t))=(u\cos\delta-v\sin\delta,\,u\sin\delta+v\cos\delta)$$

も (5.41) を満たす．したがって，角度 δ の回転に対して方程式は反応せず，その意味ではすべての解は中立安定である．そのため，ギンツブルグ–ランダウ方程式において安定性を考えるときには，回転による不変性を考慮に入れた形で論ずることになる．

5.4.2 定常解の安定性

この項では，ギンツブルグ–ランダウ方程式の空間的に非一様な定常解の存在と，その安定性について述べる．

まず，領域を単位円周 S^1 とした場合を考える．このとき，定常問題は周期境界条件を用いて

$$\begin{cases}\varphi_{xx}+\mu(1-\varphi^2-\psi^2)\varphi=0 & (0<x<2\pi),\\\psi_{xx}+\mu(1-\varphi^2-\psi^2)\psi=0 & (0<x<2\pi),\\\varphi(0)=\varphi(2\pi),\quad \varphi_x(0)=\varphi_x(2\pi),\\\psi(0)=\psi(2\pi),\quad \psi_x(0)=\psi_x(2\pi)\end{cases} \quad (5.43)$$

と表される．$\rho>0$ を定数，$\theta=\theta(x)$ とし，定常解を

$$\varphi=\rho\cos\theta,\qquad \psi=\rho\sin\theta$$

とおいて代入すると

$$\varphi_{xx}+\varphi(1-\varphi^2-\psi^2)=-\rho\bigl(\sin\theta\cdot\theta_{xx}+\cos\theta\cdot\theta_x{}^2\bigr)+\mu\rho(1-\rho^2)\cos\theta=0$$

および

$$\psi_{xx} + \psi(1-\varphi^2-\psi^2) = \rho\bigl(\cos\theta\cdot\theta_{xx} - \sin\theta\cdot\theta_x{}^2\bigr) + \mu\rho(1-\rho^2)\sin\theta = 0$$

を得る．これより簡単に

$$\theta_{xx} = 0, \qquad \theta_x{}^2 = \mu(1-\rho^2)$$

が得られる．

(φ,ψ) が定常問題 (5.43) を満たすには，$0<\rho<1$ および

$$\mu(1-\rho^2) = k^2 \qquad (k\in\mathbb{Z}) \tag{5.44}$$

が成り立てばよい．ただし $\mathbb{Z}$ は整数の集合を表す．このとき定常解は

$$\varphi = \rho\cos kx, \qquad \psi = \rho\sin kx \tag{5.45}$$

で与えられる．この定常解は，x が $[0,\pi]$ 上を変化すると原点の周りを k 回だけ巻く．$k=0$ の場合は空間的に一様な定常解に対応し，条件によっては，巻きの回数 k の異なる定常解が同時に存在する．エネルギーを計算してみると，

$$\begin{aligned}
E[\varphi,\psi] &:= \int_{S^1}\left\{\frac{1}{2}(\varphi_x{}^2+\psi_x{}^2) + \frac{\mu}{4}(1-\varphi^2+\psi^2)^2\right\}dx \\
&= \int_0^{2\pi}\Bigl\{\frac{1}{2}\bigl\{\rho^2(-k\sin kx)^2 + \rho^2(k\cos kx)^2\bigr\} \\
&\qquad\qquad + \frac{\mu}{4}\bigl\{1-\rho^2\cos^2 kx - \rho^2\sin^2 kx\bigr\}^2\Bigr\}dx \\
&= \pi k^2\rho^2 + \frac{\pi\mu}{2}(1-\rho^2)^2
\end{aligned}$$

となるので，k が大きいほどエネルギーが大きいことがわかる．

以上のようにして得られた定常解の安定性について考えてみよう．反応方程式 (5.42) において単位円はすべての（非自明）解を引きつけることから，(5.43) においても各点で単位円に近づけるような力が働いている．そのため，$\mu>0$ が大きいと (u,v) を単位円に引きつける力が強くなり，巻きがほどけにくくなる．逆に $\mu>0$ が小さいと単位円に引きつける力が弱くなり，その結果，外乱によって容易に巻きがほどけ，より回転数の少ない定常解に移行すると推測できる．

次の定理は，安定と不安定を隔てる μ の臨界値を与える．

定理 5.9　S^1 上のギンツブルグ–ランダウ方程式 (5.43) の定常解 (5.45) は，$k^2 < \mu < 3k^2 - 1/2$ ならば不安定，$\mu > 3k^2 - 1/2$ ならば安定である．

証明　線形化固有値問題

$$\begin{cases} \lambda\Phi = \Phi_{xx} + \mu\{(1 - 3\varphi^2 - \psi^2)\Phi - 2\varphi\psi\Psi\} & (0 < x < 2\pi), \\ \lambda\Psi = \Psi_{xx} + \mu\{-2\varphi\psi\Phi + (1 - \varphi^2 - 3\psi^2)\Psi\} & (0 < x < 2\pi), \\ \Phi(0) = \Phi(2\pi), \quad \Phi_x(0) = \Phi_x(2\pi), \\ \Psi(0) = \Psi(2\pi), \quad \Psi_x(0) = \Psi_x(2\pi) \end{cases}$$

を考える．この方程式を

$$\lambda \begin{pmatrix} \Phi \\ \Psi \end{pmatrix} = \begin{pmatrix} \Phi_{xx} \\ \Psi_{xx} \end{pmatrix} + \mu \begin{pmatrix} 1 - 2\rho^2 - \rho^2 \cos 2kx & -\rho^2 \sin 2kx \\ -\rho^2 \sin 2kx & 1 - 2\rho^2 + \rho^2 \cos 2kx \end{pmatrix} \begin{pmatrix} \Phi \\ \Psi \end{pmatrix}$$
(5.46)

と書き換えると，右辺第 2 項の係数行列は対称行列であるから，回転行列

$$R := \begin{pmatrix} \cos kx & -\sin kx \\ \sin kx & \cos kx \end{pmatrix}$$

を用いて

$$R^{-1} \begin{pmatrix} 1 - 2\rho^2 - \rho^2 \cos 2kx & -\rho^2 \sin 2kx \\ -\rho^2 \sin 2kx & 1 - 2\rho^2 + \rho^2 \cos 2kx \end{pmatrix} R$$

$$= \begin{pmatrix} 1 - 3\rho^2 & 0 \\ 0 & 1 - r^2 \end{pmatrix}$$

と対角化できる．そこで

$$\begin{pmatrix} \Phi \\ \Psi \end{pmatrix} = R \begin{pmatrix} \tilde{\Phi} \\ \tilde{\Psi} \end{pmatrix}$$

と変数変換し，(5.46) の左から R^{-1} をかけると

$$\lambda \begin{pmatrix} \tilde{\Phi} \\ \tilde{\Psi} \end{pmatrix} = \begin{pmatrix} \tilde{\Phi}_{xx} \\ \tilde{\Psi}_{xx} \end{pmatrix} + 2R^{-1}R_x \begin{pmatrix} \tilde{\Phi}_x \\ \tilde{\Psi}_x \end{pmatrix} - R^{-1}(k^2 R) \begin{pmatrix} \tilde{\Phi} \\ \tilde{\Psi} \end{pmatrix}$$
$$+ \begin{pmatrix} \mu(1-3\rho^2) & 0 \\ 0 & \mu(1-\rho^2) \end{pmatrix} \begin{pmatrix} \tilde{\Phi} \\ \tilde{\Psi} \end{pmatrix}$$

となる．さらに (5.44) を用いて変形すると，

$$\lambda \begin{pmatrix} \tilde{\Phi} \\ \tilde{\Psi} \end{pmatrix} = \begin{pmatrix} \tilde{\Phi}_{xx} \\ \tilde{\Psi}_{xx} \end{pmatrix} + \begin{pmatrix} 0 & -2k \\ 2k & 0 \end{pmatrix} \begin{pmatrix} \tilde{\Phi}_x \\ \tilde{\Psi}_x \end{pmatrix} + \begin{pmatrix} -2\mu+2k^2 & 0 \\ 0 & 0 \end{pmatrix} \begin{pmatrix} \tilde{\Phi} \\ \tilde{\Psi} \end{pmatrix} \tag{5.47}$$

を得る．

$\tilde{\Phi}$ と $\tilde{\Psi}$ は周期 2π の関数であるから，これらをフーリエ級数

$$\tilde{\Phi} = a_0 + \sum_{j=1}^{\infty} \left(a_j \cos jx + b_j \sin jx \right),$$
$$\tilde{\Psi} = c_0 + \sum_{j=1}^{\infty} \left(c_j \cos jx + d_j \sin jx \right)$$

に展開して (5.47) に代入し，定数項を比較すると

$$\lambda \begin{pmatrix} a_0 \\ c_0 \end{pmatrix} = \begin{pmatrix} -2\mu+2k^2 & 0 \\ 0 & 0 \end{pmatrix} \begin{pmatrix} a_0 \\ c_0 \end{pmatrix}$$

が成り立つことがわかる．これより，固有値

$$\lambda = 0, \qquad \lambda = -2\mu + 2k^2 \tag{5.48}$$

が得られる．同様に，$\cos jx$, $\sin jx$ の係数を比較すると

$$\lambda \begin{pmatrix} a_j \\ d_j \end{pmatrix} = \begin{pmatrix} -2\mu + 2m^2 - j^2 & -2jk \\ -2jk & -j^2 \end{pmatrix} \begin{pmatrix} a_j \\ d_j \end{pmatrix},$$

$$\lambda \begin{pmatrix} b_j \\ c_j \end{pmatrix} = \begin{pmatrix} -2\mu + 2k^2 - j^2 & 2jk \\ 2jk & -j^2 \end{pmatrix} \begin{pmatrix} b_j \\ c_j \end{pmatrix}$$

を得る．したがって，λ は右辺の係数行列の固有値であり，固有方程式はいずれも

$$\lambda^2 - 2(-\mu + k^2 - j^2)\lambda + j^2(2\mu - 6k^2 + j^2) = 0$$

である．この2次方程式の解の実部がいずれも負であるための必要十分条件は，係数が

$$-\mu + k^2 - j^2 < 0, \qquad 2\mu - 6k^2 + j^2 > 0$$

を満たすことである．したがって (5.48) と合わせると $\mu > 3k^2 - 1/2$ であればすべての固有値は負となり，逆に，$k^2 < \mu < 3k^2 - 1/2$ であれば，正の固有値が存在する．以上により，定常解 (5.45) の安定性が決定できた．∎

Ω を滑らかな境界 $\partial\Omega$ をもつ $\mathbb{R}^N$ 内の有界領域とし，反射壁境界条件を課すと，ギンツブルグ–ランダウ方程式 (5.41) の定常解は

$$\begin{cases} \Delta\varphi + \mu(1 - \varphi^2 - \psi^2)\varphi = 0 & (x \in \Omega), \\ \Delta\psi + \mu(1 - \varphi^2 - \psi^2)\psi = 0 & (x \in \Omega), \\ \dfrac{\partial}{\partial\nu}\varphi = 0 = \dfrac{\partial}{\partial\nu}\psi & (x \in \partial\Omega) \end{cases}$$

を満たす．これは汎関数 (5.40) の停留点に対応している．ギンツブルグ–ランダウ方程式の定常解の安定性については，以下のような事実が示されている [134, 135, 136]．

(i) 領域 Ω が凸ならば，非一様定常解は（存在したとしても）不安定である．これは，方程式 (5.41) がエネルギー汎関数 (5.40) であることと，4.5.2 項の定理 4.15 から導かれる．

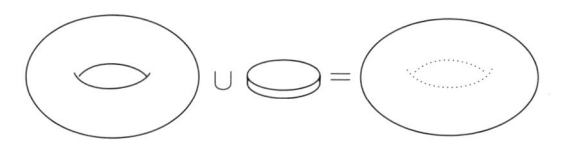

図 **5.22** 安定な非一様定常解が存在する $\mathbb{R}^3$ 内の可縮な領域.

(ii) $N=2$ のとき, Ω が単連結でない（つまり, 穴のあいている）領域ならば, 十分大きい μ に対して, 零点をもたない非一様安定定常解が存在する. これは, 領域に穴があいているとすると, 穴を一周する間に原点の周りを k 回巻くような定常解が安定化するからである. たとえば, 環状領域

$$\Omega^\varepsilon := \{(x,y) \in \mathbb{R}^2 : 1 < x^2 + y^2 < (1+\varepsilon)^2\}$$

を考えると, Ω^ε は $\varepsilon \to +0$ のときに S^1 に退化する. すると, 定理 5.9 より, $\mu > 3k^2 - 1/2$ であれば, 十分小さい $\varepsilon > 0$ に対して安定な k 回巻きの非一様定常解が存在する. より一般に, $\mathbb{R}^N$ 内の閉曲線の細い近傍領域を考えると, 巻きがほどけないような安定定常解が存在する.

(iii) $N=3$ のとき, 零点をもつ安定定常解が存在するような可縮な領域 Ω が存在する. たとえば, 図 5.22 のようなトーラスの穴を薄い板で塞いだ領域を考えよう. 板の部分が十分薄ければ, 板の部分は解の挙動にほとんど影響を与えない. 一方, トーラス状の領域には $N=2$ の場合と同様に k 回巻きの安定定常解が存在する. したがって, 穴を塞いだ領域にも安定な非一様定常解が存在する.

5.4.3 渦解の存在とダイナミクス

$\mathbb{R}^2$ 内の領域 Ω 上で定義されたギンツブルグ–ランダウ方程式の解に対し, $(u,v) = (0,0)$ を満たす点 x のことを**渦点**といい, 渦点をもつ非自明解のことを**渦解**という. $(u,v) = (0,0)$ は常伝導状態に対応しているので, 渦解は超伝導状態と常伝導状態が混合している状態である.

3 次元空間においては $(u,v) = (0,0)$ となる点は一般には曲線状になる. これを**渦糸**といい, 渦糸をもつ解のことを**渦糸解**という. 渦糸解のダイナミク

スについても多くの研究がなされているが，くわしくは文献 [14, 160] を参照していただくことにし，この項では 2 次元領域におけるギンツブルグ–ランダウ方程式の渦解について述べる．

各 t において，解 $(u(x,t), v(x,t))$ が Ω 上のベクトル場を与えているとみなせば，渦点はこのベクトル場によって定められる力学系の平衡点に対応する．$\mathbb{R}^2$ 上のベクトル場の特異点にはその位数が定義される．位数とは，特異点を囲む小さな円周を考え，それに添って一周したときに，ベクトル場の向きが何回転しているかを表す整数である（付録 C.3 項参照）．位数が $+1$ または -1 となる渦点のことを**単純な渦点**という．普通，ギンツブルグ–ランダウ方程式の解 $(u(x,t), v(x,t))$ の渦点は単純であり，単純でない渦点は複数の渦点がたまたま重なった状態とみなすことができる．逆にいえば，単純な渦点は孤立した渦点である．

Ω を単連結な（つまり，穴のあいていない）2 次元の有界領域とし，ディリクレ境界値問題

$$\begin{cases} u_t = \Delta u + u(1 - u^2 - v^2) & (x \in \Omega), \\ v_t = \Delta v + v(1 - u^2 - v^2) & (x \in \Omega), \\ (u,v) = (\alpha(x), \beta(x)) & (x \in \partial\Omega) \end{cases} \quad (5.49)$$

を考える．ただし，$\alpha(x), \beta(x)$ は $x \in \partial\Omega$ について連続な関数である．さらに $\partial\Omega$ 上で $(\alpha(x), \beta(x)) \neq (0,0)$ であると仮定すると，$(\alpha(x), \beta(x))$ に対して回転数[7]が定義される．回転数とは，x が $\partial\Omega$ 上を半時計回りに一周したときに，u–v 平面においてベクトル $(\alpha(x), \beta(x))$ が半時計回りに何回転するかによって定義される整数であり，これを $d = d(\alpha(\cdot), \beta(\cdot), \Omega)$ で表す．すると，平面力学系の理論（付録 C.3 項の定理 C.7）より，$(\alpha(x), \beta(x))$ の回転数が d であれば，解 (u,v) は Ω 内に（重複を含めて）少なくとも d 個の渦点をもち，Ω 内のすべての渦点の位数の和はちょうど d となる．

次に，(5.49) に対する定常問題

---

[7] 巻き数，写像度，インデックスともいう．

$$\begin{cases} \Delta\varphi + \mu(1-\varphi^2-\psi^2)\varphi = 0 & (x \in \Omega), \\ \Delta\psi + \mu(1-\varphi^2-\psi^2)\psi = 0 & (x \in \Omega), \\ (\varphi,\psi) = (\alpha(x),\beta(x)) & (x \in \partial\Omega) \end{cases} \quad (5.50)$$

を考える.

まず，もっとも単純な場合について，渦をもつ定常解の存在を調べる．領域 Ω を $\mathbb{R}^2$ 内の原点を中心とする半径 R の円盤

$$\Omega := \{(x,y) \in \mathbb{R}^2 : x^2+y^2 < R^2\}$$

とする. Ω 内の点を

$$(x,y) = (r\cos\theta, r\sin\theta)$$

と極座標で表し，境界値は $k \in \mathbb{N}$ に対して

$$\alpha(x) = \rho_0 \cos k\theta, \qquad \beta(x) = \rho_0 \sin k\theta \qquad (x \in \partial\Omega)$$

で与えられていると仮定する．このとき，定常問題 (5.50) に対して

$$(\varphi,\psi) = (\rho(r)\cos k\theta, \rho(r)\sin k\theta)$$

の形の定常解を探す．方程式 (5.50) に代入すれば, ρ は

$$\rho_{rr} + \frac{1}{r}\rho_r - \frac{k^2}{r^2}\rho + \mu(1-\rho^2)\rho = 0 \qquad (r>0) \quad (5.51)$$

を満たさなければならない．くわしい証明は [14, 定理 4.4] を参照していただくことにし，方程式 (5.51) の性質について簡単にまとめておく.

(i) $\lim_{r \to 0} r^{-k}\rho(r) = \alpha$ の条件のもとで，解は一意に定まる．この解を $\rho(r;\alpha)$ で表すことにする.

(ii) $\tilde{\rho} := \alpha^{-1}\rho(r;\alpha)$ とおくと, $\tilde{\rho}$ は

$$\begin{cases} \tilde{\rho}_{rr} + \dfrac{1}{r}\tilde{\rho}_r - \dfrac{k^2}{r^2}\tilde{\rho} + \mu(1-\alpha^2\tilde{\rho}^2)\tilde{\rho} = 0 & (r>0), \\ \lim_{r \to 0} r^k \tilde{\rho}(r) = 1 \end{cases}$$

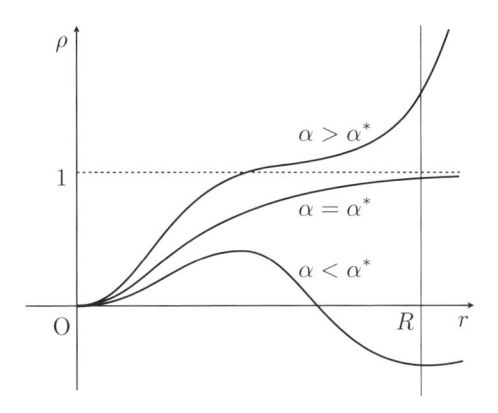

図 5.23 方程式 (5.51) の解の構造.

を満たす.パラメータに関する解の連続性より,$\alpha \to 0$ とすると,$\tilde{\rho}$ は

$$\begin{cases} \hat{\rho}_{rr} + \dfrac{1}{r}\hat{\rho}_r - \dfrac{k^2}{r^2}\hat{\rho} + \mu\hat{\rho} = 0 & (r > 0), \\ \lim_{r \to 0} r^k \hat{\rho}(r) = 1 & \end{cases}$$

の解に近づく.これはベッセルの方程式であり,無限個の零点をもつことが知られている.

(iii) $\alpha > 0$ のとき,$\rho(r;\alpha)$ は $\rho(r;\alpha) > 0$ である限り,α について単調増加である[8]).

(iv) 各 r を固定するごとに,$\rho(r;\alpha) \to \infty$ $(\alpha \to \infty)$ を満たす.

図 5.23 に,$\alpha > 0$ をパラメータとしたときの解の構造を示す.

以上の性質から,各 $\rho_0 > 0$, $R > 0$ と $k \in \mathbb{N}$ に対して $\alpha_k > 0$ が一意に定まって,方程式 (5.51) の解は $\rho(R;\alpha_k) = \rho_0$ を満たす.この解を

$$(\varphi(x), \psi(x)) := (\rho_k(r)\cos k\theta, \rho_k(r)\sin k\theta) \tag{5.52}$$

と表すことにする.なお,同じ領域と境界条件に対し,(5.50) にはこれ以外の解も存在する可能性があることに注意する.

---

8) これは,アレン–カーン方程式に対する 3.4.1 項の補題 3.10 と同様に,非線形項の凸性から導かれる.

定常解 (5.52) の安定性について次の定理が成り立つ.

定理 5.10 $\mu > 0$ が十分小さければ，(5.52) の形の定常解は安定である．

証明 線形化固有値問題

$$\begin{cases} \lambda \Phi = \Delta \Phi + \mu\big\{\big(1 - 3\varphi^2 - \psi^2\big)\Phi - 2\varphi\psi\Psi\big\} & (x \in \Omega), \\ \lambda \Psi = \Delta \Psi + \mu\big\{-2\varphi\psi\Phi + \big(1 - \varphi^2 - 3\psi^2\big)\Psi\big\} & (x \in \Omega), \\ \dfrac{\partial}{\partial \nu}\Phi = 0 = \dfrac{\partial}{\partial \nu}\Psi & (x \in \partial\Omega) \end{cases}$$

を考える．汎関数 $J[U,V]$ を

$$J[U,V] := \int_\Omega \Big[-|\nabla U|^2 - |\nabla V|^2 + \mu\big\{(1 - 3\varphi^2 - \psi^2)U^2 \\ - 4\varphi\psi UV + (1 - \varphi^2 - 3\psi^2)V^2\big\}\Big] dx$$

で定義すると，変分原理はレイリー商を用いて

$$\lambda_0 = \sup_{U,V \in H_0^1(\Omega),\, (U,V) \not\equiv (0,0)} \dfrac{J[U,V]}{\displaystyle\int_\Omega (U^2 + V^2) dx}$$

と表される（付録 B.1 項参照）．ポアンカレの不等式[9]より，ある定数 $C > 0$ が存在して，すべての $U, V \in H_0^1(\Omega)$ に対して

$$\int_\Omega \big(|\nabla U|^2 + |\nabla V|^2\big) dx \geq C \int_\Omega \big(U^2 + V^2\big) dx$$

が成り立つ．これより

$$J[U,V]$$
$$\leq \int_\Omega \Big\{-C\big(U^2 + V^2\big) + \mu\big(1 - \varphi^2 - \psi^2\big)\big(U^2 + V^2\big) - 2\mu\big(\varphi U + \psi V\big)^2\Big\} dx$$
$$\leq \int_\Omega \Big\{-C\big(U^2 + V^2\big) + \mu\big(U^2 + V^2\big)\Big\} dx$$
$$= (-C + \mu)\int_\Omega \big(U^2 + V^2\big) dx$$

---

9) 有界領域 Ω に対し，ある定数 $C = C(\Omega) > 0$ が存在して，任意の $U \in H_0^1(\Omega)$ に対し，$\|\nabla U\|^2 \geq C\|U\|^2$ が成り立つ．これをポアンカレの不等式という．

を得る．よって，変分原理より $\lambda_0 < -C + \mu$ であるから，$0 < \mu < C$ のときに渦解は安定である．■

よりくわしい解析によって，実は $k = 1$ のときはすべての $\mu > 0$ に対して $\lambda_0 < 0$ であり，また，$k \geq 2$ のときはある $\mu_c > 0$ が存在して，

$$\lambda_0 \begin{cases} < 0 & (0 < \mu < \mu_c), \\ = 0 & (\mu = \mu_c), \\ > 0 & (\mu > \mu_c) \end{cases}$$

となることが示されている [170]．すなわち，$k = 1$ のときは μ の値に関係なく安定となるのに対し，$k \geq 2$ のときは，$\mu > 0$ を大きくすると不安定化する．実際，$k \geq 2$ で $\mu > \mu_c$ のときには，定常解 (5.52) は安定性を失い，小さな外乱によって位数 $k \geq 2$ の渦点は k 個の単純な渦点に分離し，エネルギーを最小にするような点で安定化する．

一般の領域においては，安定性解析はより難しくなるが，2次元単連結領域における渦をもつ定常解については，以下のような性質が明らかにされている．まず，$d(\alpha(\cdot), \beta(\cdot), \Omega) = 1$ の場合には，エネルギー $E[u, v]$ を最小化する解は単純な渦点をちょうど1個もつ [53]．$d(\alpha(\cdot), \beta(\cdot), \Omega) \geq 2$ の場合には，十分大きい $\mu > 0$ に対して，エネルギー $E[u, v]$ の大域的最小化解は単純な渦点をちょうど d 個もち，また $\mu \to \infty$ としたときの渦点の配置もわかる [54]．

最後に，定常解でない渦解のダイナミクスについて述べておこう．ギンツブルグ–ランダウ方程式において μ が十分大きいとすると，Ω 上のほとんどの点において解は円周 $u^2 + v^2 = 1$ に引きつけられ，エネルギーは渦点の近傍に集中する．その結果，渦点は孤立した粒子のように振る舞い，渦点はゆっくりと $O(1/\log \mu)$ の速度で，エネルギーがより小さくなる方向へと動いていく．これはアレン–カーン方程式において，エネルギーが界面に集中している状況と似ている（3.4.3項参照）．渦点の駆動力は境界や他の渦点との相互作用であるが，同符号の位数の渦点は反発し，異符号の渦点は引き合う性質をもつ [208]．またその運動は有限次元の常微分方程式にしたがい，この方程

式も具体的に導かれている [131, 135, 159]．この他にも，渦解はいろいろな興味深い現象を示すことが知られており，数学的な解析が進められている [13].

付録

A 拡散方程式

A.1 拡散方程式の導出

t を時間変数,$x = (x_1, x_2, \ldots, x_N)^T \in \mathbb{R}^N$ を空間変数とし,$N+1$ 個の独立変数についての未知関数 $u = u(x,t)$ に関する偏微分方程式

$$u_t = \Delta u \tag{A.1}$$

を**熱方程式**あるいは**拡散方程式**という.ただし Δ は空間変数についてのラプラス作用素

$$\Delta u := \sum_{i=1}^{N} \frac{\partial^2}{\partial x_i{}^2} u$$

である.拡散方程式は,18 世紀の数学者フーリエによる固体内の熱伝導の研究に端を発するといわれている.この項では,拡散現象の物理的な背景をもとにして拡散方程式を導出するとともに,関連する数学的事項についてまとめる.

拡散は実世界においてもいろいろな形でみられる現象である.例として,針金の温度分布について考えてみよう.針金は十分細ければ 1 次元とみなすことができる.針金上の点を $x \in \mathbb{R}$ で表し,時刻 t,点 x における針金の温度を $u(x,t)$ と表すことにする.外部との熱の出入りがなければ,針金の温度は時刻 $t = 0$ における温度(初期温度分布)と針金の熱伝導率によって決まる.いま,針金上の点 $x_0 \in \mathbb{R}$ を選んで,x_0 を含む区間 $I = (\alpha, \beta)$ をとる.時刻 t において,I に蓄えられている熱量は

$$J(t) = c \int_\alpha^\beta u(x,t) dx$$

で表される.ただし,c は熱容量と呼ばれる正の定数で,針金の材質や太さに依存する.$u(x,t)$ は滑らかな関数で,時間微分と空間積分の順序を交換できると仮定す

れば，$J(t)$ の時間変化は

$$\frac{d}{dt}J(t) = c\int_\alpha^\beta u_t(x,t)dx$$

と表される.

針金内部での熱の発生や外部との熱の出入りを考慮に入れ，単位長さ，単位時間あたりの熱の発生率を $h(x,t)$ と表すと，単位時間あたりに $I=(\alpha,\beta)$ で発生する熱量は

$$\int_\alpha^\beta h(x,t)dx$$

で与えられる.

I の境界における熱の出入りは以下のとおりである．熱は温度の高いところから低いところへ流れるが，この熱の流れを**フラックス**あるいは**流束**という．フーリエの法則により点 x におけるフラックスは温度勾配に比例すると仮定すると，フラックス $F(x,t)$ は

$$F(x,t) = -ku_x(x,t)$$

で与えられる．ここで k は熱伝導率と呼ばれる正の定数である．このとき，境界 $x=\alpha,\beta$ における単位時間あたりの熱の流入量は，それぞれ

$$F(\alpha,t) = -ku_x(\alpha,t), \qquad F(\beta,t) = ku_x(\beta,t)$$

である．以上より，I の境界を通しての熱の出入りは

$$-ku_x(\alpha,t) + ku_x(\beta,t) = k\int_\alpha^\beta u_{xx}(x,t)dx$$

で与えられる（図 A.1 参照）.

$I=(\alpha,\beta)$ に蓄えられている熱量の変化は，境界を通しての熱の出入りと，内部の熱の発生あるいは外部との出入りによるから，熱量保存則より

$$c\int_\alpha^\beta u_t dx = k\int_\alpha^\beta u_{xx}dx + \int_\alpha^\beta h(x,t)dx$$

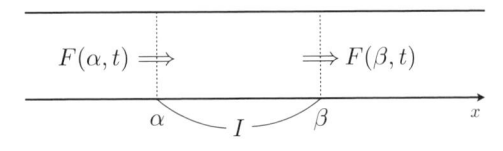

図 **A.1** フラックスの出入り.

が得られる．この等式が α, β に関係なく成立するためには，区間 $I = (a, b)$ 上のすべての点で
$$cu_t = ku_{xx} + h(x, t)$$
が成り立っていなければならない．以上より，$u(x, t)$ が満たすべき方程式が得られたことになる．さらに，$t \mapsto ct, x \to \sqrt{k}x$ と変数変換すると，正規化された方程式
$$u_t = u_{xx} + h(x, t)$$
が導かれる．

　高次元の領域においても同様の物理的考察で拡散方程式を導くことができる．V を $\mathbb{R}^N$ 内の任意の領域とし，$u(x, t)$ は点 $x \in \mathbb{R}^N$，時刻 t における温度を表すとする．時刻 t において V に蓄えられている熱量は
$$J(t) = c \int_V u(x, t) dx$$
と表される．ただし，c は単位体積あたりの熱容量である．$u(x, t)$ は十分滑らかで，時間微分と空間積分の順序が交換可能であるとすると，
$$\frac{d}{dt} J(t) = c \int_V u_t(x, t) dx$$
が得られる．また，V の内部で発生する熱量は
$$\int_V h(x, t) dx$$
で与えられる．

　高次元領域では，境界における熱の出入りは 1 次元の場合よりもやや複雑である．高次元の場合，フラックスは熱の流れる方向と量によって定まるベクトルであり，フーリエの法則は
$$\boldsymbol{F}(x, t) = -k \nabla u(x, t)$$
と表すことができる．ここで ∇ は勾配作用素
$$\nabla u := \left(\frac{\partial}{\partial x_1} u, \ldots, \frac{\partial}{\partial x_N} u \right)^T$$
を表す．これより，V の境界を通しての熱の出入りは $\boldsymbol{F} \cdot \nu$ を S 上で積分することによって得られる．ただし，ν は S の単位法線ベクトル，dS は境界 ∂V の面積要素である．したがって V の境界を通しての熱の出入りは
$$k \int_{\partial V} \nabla u(x, t) \cdot \nu dS = k \int_{\partial V} \frac{\partial}{\partial \nu} u(x, t) dS$$

A　拡散方程式

で与えられ，ここでガウスの発散定理より
$$\int_{\partial V} \frac{\partial}{\partial \nu} u(x,t) dS = \int_V \Delta u(x,t) dx$$
が成り立つ．したがって熱量保存則より
$$c \int_V u_t dx = k \int_V \Delta u \, dx + \int_V h(x,t) dx$$
が得られる．この等式が任意の V について成立するためには，すべての点で
$$c u_t = k \Delta u + h(x,t)$$
が成り立っていなければならない．最後に $t \mapsto ct$, $x \to \sqrt{k}x$ と変数変換すると，拡散方程式
$$u_t = \Delta u + h(x,t)$$
が得られる．

A.2 境界条件と初期条件

領域 Ω が $\mathbb{R}^N$ 全体でない場合を考え，Ω の境界を $\partial\Omega$ で表す．この場合，系の時間発展を定めるには，$\partial\Omega$ で解が満たすべき条件，すなわち**境界条件**を課す必要がある．よく用いられる境界条件としては，**反射壁境界条件**（**斉次ノイマン条件**ともいう）
$$\frac{\partial}{\partial \nu} u = 0 \qquad (x \in \partial\Omega)$$
がある．ここで ν は境界 $\partial\Omega$ における外向き単位法線ベクトルであり，この式の左辺を u の外向き法線微分という．

境界の各点において未知変数 u の値を指定する**ディリクレ境界条件**
$$u(x,t) = b(x,t) \qquad (x \in \partial\Omega, t \in \mathbb{R})$$
もよく用いられる．ここで $b(x,t)$ は $(x,t) \in \partial\Omega \times \mathbb{R}$ の与えられた関数である．とくに，$b(x,t) \equiv 0$ とした場合を**吸収壁境界条件**あるいは**斉次ディリクレ条件**という．

境界における未知変数の値と法線微分の関係を指定した条件として，**斉次ロバン境界条件**
$$\frac{\partial}{\partial \nu} u + \beta u = 0 \qquad (x \in \Omega)$$
がある．ただし，$\beta \neq 0$ である．反射壁境界条件，吸収壁境界条件，斉次ロバン境界条件を総称して**斉次境界条件**という．

この他の境界条件として，**周期境界条件**

$$u(0,t) = u(L,t), \qquad u_x(0,t) = u_x(L,t)$$

がある．これはリング上の領域における拡散過程を記述するときに用いられる境界条件である．トーラスのような高次元領域においても，周期性から同様の接続条件が得られる．

方程式と領域および適切な境界条件が与えられれば系自体の性質は確定し，時刻 $t=0$ における温度分布

$$u(x,0) = u_0(x) \qquad (x \in \Omega)$$

が与えられれば，$t>0$ における状態が定まる．この条件を**初期条件**，$u_0(x)$ を**初期値**あるいは**初期データ**という．$t>0$ における温度分布が方程式と境界条件から一意的に決まるためには，初期値や境界条件，外力項 f が数学的に適切な条件を満たしている必要がある．たとえば，反射壁境界条件のもとでは，初期値が連続で f が C^1-級であれば，$t>0$ において滑らかな解（$t>0$ について C^1-級，x について C^2-級の解）が一意的に定まる．

ある点にある熱の分布は一瞬にして無限遠方まで影響を与える．これを拡散の**無限伝播性**という．逆に，無限遠方に熱源があると仮定すると，その影響は一瞬にして有界な範囲に及ぶ．無限遠方の熱源は初期値には反映されていない．その結果，初期値が同じであっても，解の無限遠方における条件を仮定しないと解の一意性が一般には成り立たない．そのため，とくに断らない限り，初期値問題の解は有界なものに限って議論するのが普通である．

A.3 基本解

$\mathbb{R}^N$ 上の拡散方程式

$$u_t = \Delta u \qquad (x \in \mathbb{R}^N) \tag{A.2}$$

を考えよう．関数

$$G(x,y,t) := \frac{1}{(4\pi t)^{N/2}} \exp\left(-\frac{|x-y|^2}{4t}\right) \qquad (x,\, y \in \mathbb{R}^N, t>0)$$

を**熱核**あるいは**ガウス核**といい，y を固定するごとに $G(x,y,t)$ は方程式 (A.2) を満たす．また，

$$\lim_{t \to +0} G(x,y,t) \to \begin{cases} 0 & (x \neq y), \\ \infty & (x = y) \end{cases}$$

および

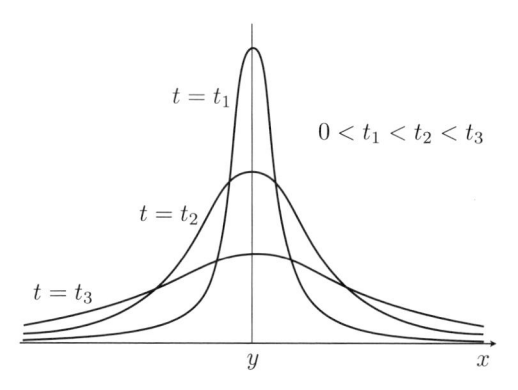

図 **A.2** 熱核 $G(x, y, t)$ の挙動.

$$\int_{\mathbb{R}^N} G(x, y, t) dy = 1 \qquad (t > 0)$$

を満たしており，これは $t \to +0$ とすると $G(x,y,t)$ はディラックのデルタ関数 $\delta(x-y)$ に収束することを表している（図 A.2 参照）．言い換えれば，点 y に単位量の熱が集中しているような初期値に対し，(A.2) の解は $u = G(x,y,t)$ で与えられる．

初期時刻において，熱が $\mathbb{R}^N$ 上に分布している場合には，点 y における熱の密度は初期温度 $u_0(y)$ に比例するから，これに $G(x,y,t)$ をかけて y で積分することにより，時刻 t における温度分布がわかる．すなわち，熱方程式 (A.2) を初期条件

$$u(x, 0) = u_0(x) \qquad (x \in \mathbb{R}^N)$$

（ただし，$u_0(x)$ は連続関数）のもとで解くと，解は熱核 $G(x,y,t)$ を用いて

$$u(x, t) = \int_{\mathbb{R}^N} G(x, y, t) u_0(y) dy$$

と表される．

なお，熱の発生 $h(x,t)$ を含む方程式に対する初期値問題

$$\begin{cases} u_t = \Delta u + h(x, t) & (x \in \mathbb{R}^N, \ t > 0), \\ u(x, 0) = u_0(x) & (x \in \mathbb{R}^N) \end{cases}$$

に対する解は

$$u(x, t) = \int_{\mathbb{R}^N} G(x, y, t) u_0(y) dy + \int_0^t \int_{\mathbb{R}^N} G(x, y, t - \tau) h(y, \tau) dy d\tau$$

と表される.

以上の議論は，$\mathbb{R}^N$ 内の領域 Ω 上の熱方程式に領域の境界で斉次境界条件を課した問題

$$\begin{cases} u_t = \Delta u & (x \in \Omega), \\ \alpha \dfrac{\partial u}{\partial \nu} + \beta u = 0 & (x \in \partial\Omega) \end{cases} \quad (A.3)$$

に対して適用できて，以下の条件を満たす関数 $G(x,y,t)$ が存在することが示される.

(i) $G(x,y,t)$ は $x, y \in \Omega$ について C^2-級，$t > 0$ について C^1-級であり，$y \in \Omega$ を固定するごとに (A.3) を満たす.

(ii) 任意の $t > 0$ に対して $G(x,y,t) \equiv G(y,x,t)$ が成り立つ.

(iii) 任意の $y \in \Omega$ と $t > 0$ に対して $\displaystyle\int_\Omega G(x,y,t)dx = 1$ が成り立つ.

(iv) $t \to +0$ のとき，
$$G(x,y,t) \to \begin{cases} 0 & (x \neq y), \\ \infty & (x = y) \end{cases}$$

を満たす.

このような性質をもつ関数 $G(x,y,t)$ を**基本解**と呼ぶ．基本解は領域内の点 $y \in \Omega$ に単位量の熱が集中している初期値から出た解に対応し，基本解を用いると初期条件

$$u(x,0) = u_0(x) \qquad (x \in \Omega)$$

のもとでの (A.3) の解を

$$u(x,t) = \int_\Omega G(x,y,t)u_0(y)dy$$

と表すことができる.

さて，$\mathbb{R}^N$ 上の反応拡散方程式に対して，初期値が $u(x,0) = u_0(x)$ を満たす解を求める問題

$$\begin{cases} u_t = \Delta u + f(u) & (x \in \mathbb{R}^N,\ t > 0), \\ u(x,0) = u_0(x) & (x \in \mathbb{R}^N) \end{cases} \quad (A.4)$$

を**初期値問題**あるいは**コーシー問題**という．反応拡散方程式は一般には非線形の方程式であるため，線形拡散方程式のように解を具体的に表示することはできない．そのため，初期値問題の解が一意的に存在することを示すためには以下のような方法をとる．

まず，解が存在するものと仮定して，$f(u(x,t))$ を外力項のようにみなし，方程式を熱核を使って

$$u(x,t) = \int_{\mathbb{R}^N} G(x,y,t)u_0(y)dy + \int_0^t \int_{\mathbb{R}^N} G(x,y,t-\tau)f(u(y,\tau))dyd\tau \quad (A.5)$$

と書き換える．これは偏微分方程式の初期値問題を，それと等価な積分方程式の形に書き換えたことに対応しており，$u(x,t)$ がこの積分方程式を満たせば，$u(x,t)$ は初期値問題 (A.4) の解となる．そこで，(A.5) の右辺を積分作用素とみなし，十分小さい $t = t_0$ に対してこの積分作用素の不動点を探すことにより，$t \in (0, t_0]$ に対する解の存在と一意性を示すことができる[1]．また，$u(x, t_0)$ を新たな初期値とすることにより，解は有界である限り延長することが可能である．

同様に，有界領域上の反応拡散方程式に対する初期値問題の解の存在も，基本解を用いて積分方程式に変換することにより，$\mathbb{R}^N$ 上の初期値問題と同様に扱うことができる．

A.4 最大値原理と零点数非増加の原理

Ω を $\mathbb{R}^N$ 内の（有界とは限らない）領域とし，Q_T を時空間領域

$$Q_T := \{(x,t) \in \mathbb{R}^N \times \mathbb{R} : x \in \Omega, 0 < t < T\}$$

とする．このとき，

$$\Gamma_T := \Omega \times \{t = 0\} \cup \partial\Omega \times [0, T]$$

を**放物型境界**と呼ぶ（図 A.3 参照）．

以下では，線形の放物型偏微分方程式に反射壁境界条件を課した問題

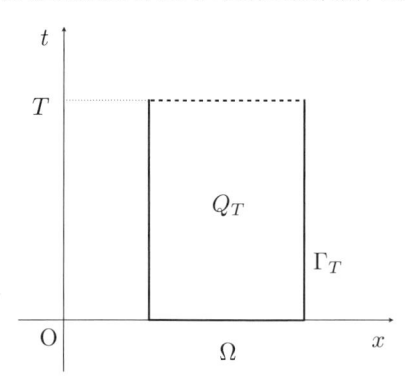

図 **A.3** 時空間領域 Q_T と放物型境界 Γ_T．

---

[1] 局所解の一意存在の証明は，リプシッツ条件のもとでの常微分方程式に対する初期値問題の解の存在と並行した議論による．

$$\begin{cases} u_t = \Delta u + c(x,t)u & ((x,t) \in Q_T), \\ \dfrac{\partial}{\partial \nu}u = 0 & (x \in \partial\Omega, t \in (0,T)) \end{cases} \tag{A.6}$$

について考える．ここで，$c(x,t)$ は $\overline{Q}_T$ 上で有界な連続関数である．

線形放物型偏微分方程式については，**最大値原理**がきわめて重要であり，これは，(A.6) の非正の解が Γ_T 上で最大値をとることを主張する．最大値原理を出発点として，放物型偏微分方程式の解の一意性や正値性に関する多くの有用な結果を導くことができる．

次の定理は，最大値原理をより使いやすい形に定式化したものである．

定理 A.1 方程式 (A.6) の解が

$$u(x,0) \geq 0, \quad u(x,0) \not\equiv 0 \quad (x \in \Omega)$$

を満たせば，

$$u(x,t) > 0 \quad (x \in \overline{\Omega}, t \in (0,T))$$

が成り立つ．

定理 A.1 は解の最大値に関する性質ではないが，最大値原理から直接的に導かれる結果であり，この定理を含めて最大値原理と呼ぶ．なお，最大値原理および関連する結果の証明については，[202, Chapter 8, Section 3] などを参照していただきたい．また，[26, 第 5 章] にも，最大値原理に関するまとまった説明がある．

定理 A.1 について注意を述べておこう．まず，領域が非有界の場合には解の有界性を仮定する必要がある[2]．また，(A.6) で方程式を不等式

$$u_t \geq \Delta u + c(x,t)u \quad ((x,t) \in Q_T)$$

でおきかえても定理 A.1 は成り立つ．

最大値原理は連立の放物型偏微分方程式へと拡張できる．$\boldsymbol{u} = (u_1, u_2, \ldots, u_m)^T$ とし，方程式

$$\begin{cases} T\boldsymbol{u}_t = D\Delta\boldsymbol{u} + C(x,t)\boldsymbol{u} & ((x,t) \in Q_T), \\ \dfrac{\partial}{\partial \nu}\boldsymbol{u} = \boldsymbol{0} & (x \in \partial\Omega, t > 0) \end{cases} \tag{A.7}$$

を考える．ただし，T, D は対角要素がすべて正の m 次対角行列とし，m 次正方行列

---

[2] 正確には，解の無限遠方での増大度に制限をおく必要がある．

$$C(x,t) := \bigl(c_{ij}(x,t)\bigr)$$
は (x,t) について連続であるとする．また，(A.7) の解の正値性を
$$\boldsymbol{u} \geq \boldsymbol{0} \iff u_i \geq 0 \qquad (i=1,2,\ldots,m)$$
および
$$\boldsymbol{u} > \boldsymbol{0} \iff u_i > 0 \qquad (i=1,2,\ldots,m)$$
と定義する．

方程式 (A.7) の解の正値性について，次の定理が成り立つ．

定理 A.2　$C(x,t)$ はすべての $i \neq j$ に対して，
$$c_{ij}(x,t) \geq 0 \qquad (x \in Q_T)$$
を満たすと仮定する．方程式 (A.7) の有界な解 $\boldsymbol{u}$ が
$$\boldsymbol{u}(x,0) \geq \boldsymbol{0}, \qquad \boldsymbol{u}(x,0) \not\equiv \boldsymbol{0} \qquad (x \in \Omega)$$
を満たせば，
$$\boldsymbol{u}(x,t) > \boldsymbol{0} \qquad (x \in \overline{\Omega},\ t \in (0,T))$$
が成り立つ．

空間 1 次元の線形放物型偏微分方程式
$$u_t = u_{xx} + c(x,t)u \qquad (x \in (a,b),\ t \in (0,T)) \tag{A.8}$$
を考えよう．ここで $c(x,t)$ は (x,t) について連続であり，$-\infty \leq a < b \leq +\infty$ とする．区間 (a,b) 内にある解 $u(x,t)$ の零点の個数を $z[u(\cdot,t)]$ と表す[3]．方程式 (A.8) では**零点数非増加性**が成り立ち，u の零点数 $z[u(\cdot,t)]$ は時間 t について非増加となる．

定理 A.3（[48]）　方程式 (A.8) の解が以下の条件を満たすと仮定する．
(1) $a > -\infty$ の場合，すべての $t \in [0,T)$ に対して $u(a,t) \neq 0$．
(2) $b < +\infty$ の場合，すべての $t \in [0,T)$ に対して $u(b,t) \neq 0$．
このとき，以下のことが成り立つ．
(i) $-\infty < a < b < +\infty$ の場合，すべての $t \in (0,T)$ に対して $z[u(\cdot,t)] < \infty$．
(ii) $z[u(\cdot,t)]$ は $t \in (0,T)$ について非増加．
(iii) ある $t_0 \in (0,T)$ において $z[u(\cdot,t_0)] < \infty$ であり，また $u(\cdot,t_0)$ が (a,b) 内に多重の零点をもてば，任意の $t_1, t_2 \in [0,T)$ $(t_1 < t_0 < t_2)$ に対し，$z[u(\cdot,t_1)] > z[u(\cdot,t_2)]$ が成り立つ（図 A.4 参照）．

---

[3]　$z[u(\cdot,t)] = \infty$ の場合も考える．

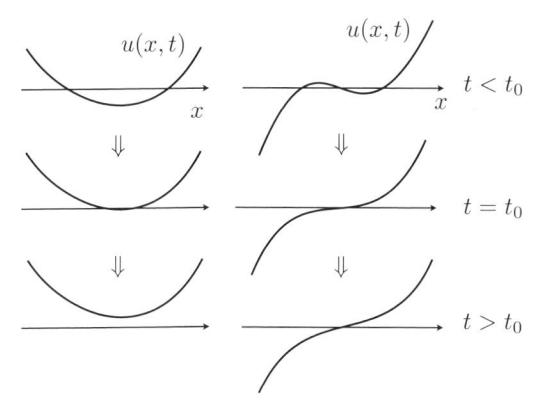

図 **A.4** 零点数の減少.

A.5 より一般の拡散過程

方程式 (A.1) はもっとも簡単な形の放物型偏微分方程式であるが，ラプラス作用素を他の線形あるいは非線形の作用素で置き換えた形の偏微分方程式を考えることもできる．

まず，より一般の線形作用素で置き換えた拡散過程について説明する．2 階偏微分作用素

$$\mathcal{L} := \sum_{i,j=1}^{N} a_{ij}(x,t) \frac{\partial^2}{\partial x_i \partial x_j}$$

を考える．ここで，行列

$$A(x,t) := \bigl(a_{ij}(x,t)\bigr)$$

は (x,t) について連続な実対称行列である．行列 $A(x,t)$ が正定値のとき，すなわち

$$\sum_{i,j=1}^{N} a_{ij}(x,t)\xi_i \xi_j > \delta > 0 \qquad ((\xi_1, \xi_2, \ldots, \xi_N)^T \neq \mathbf{0})$$

が成り立つとき[4]，$\mathcal{L}$ は**一様楕円型**であるといい，このとき，

$$u_t = \mathcal{L}[u] + f(u, \nabla u, x, t)$$

の形の方程式を**半線形放物型偏微分方程式**という．このような形の偏微分方程式については，解の存在と一意性が線形熱方程式の場合と同様の定式化のもとで示され

---

[4] これは $A(x,t)$ の固有値がすべて正であることと同値である．

ている（たとえば [3, 2, 7, 100] を参照）．また，方程式 (A.6) において Δ を $\mathcal{L}$ で置き換えても，定理 A.1 はそのままの形で成立する．

半線形放物型偏微分方程式にはさまざまなものが考えられるが，とくに，次のような形の方程式は重要である．

・空間非一様な拡散係数をもつ方程式

$$u_t = \mathrm{div}\,(d(x)\nabla u) + f.$$

これは，拡散係数が場所 x に依存しているような場合の方程式である．

・薄い領域の極限方程式

$$u_t = \frac{1}{d(x)}\mathrm{div}\,(d(x)\nabla u) + f.$$

これは，薄い領域の極限として得られる方程式である（4.2.3 項参照）．

これまで扱ったのは拡散項が線形である**線形拡散**と呼ばれるものである．ラプラス作用素を非線形楕円型作用素に置き換えることにより，さまざまなタイプの拡散現象を考えることができる．$g(u)$ を u の滑らかな（非線形）単調増加関数とするとき，

$$u_t = \Delta(g(u))$$

あるいはより一般に

$$u_t = \Delta(g(x, u, \nabla u))$$

の形の拡散を**非線形拡散**という．ただし，これが方程式として適切であるためには，g が u について単調増加関数となっていることが必要である．非線形拡散の例としては以下のような方程式があり，線形の拡散方程式ではあり得ない現象がみられる．

・多孔媒質方程式

$$u_t = \Delta(u^m) \qquad (m > 1).$$

これは，スポンジ，地中，紙などのように，多数の小さな穴があいているような媒体上を物質が拡散するときの過程を記述する方程式である [225]．多孔媒質方程式の拡散項を

$$\Delta(u^m) = \mathrm{div}\,(mu^{m-1}\nabla u)$$

と書き直すとわかるように，u が小さいときに拡散が遅くなることから，**退化拡散方程式**ともいう．拡散が退化することにより，多孔媒質方程式においては熱が線形

熱方程式のような無限伝播性をもたず，解が正の値をとる領域と 0 となる領域を隔てる自然な移動境界が現れることがある．

・特異拡散方程式
$$u_t = \Delta(u^m) \qquad (0 < m < 1).$$

これは結晶成長の過程や金属中の拡散などを記述する方程式である [224]．多孔媒質方程式とは逆に，u が小さいと拡散が速くなることから，非有界領域においては無限遠への拡散が強く働き，解が有限時間で自明解に縮退することがある．

・p-ラプラス拡散方程式
$$u_t = \mathrm{div}\left(|\nabla u|^{p-2} \nabla u\right) \qquad (p > 1).$$

これは画像復元の問題 [67] や電気粘性流体のモデル [210] に現れる方程式である．$p > 2$ のときには解の勾配が 0 となると拡散項が退化し，その結果，解が平坦な極大点あるいは極小点をもつことがある．

B 固有値問題

B.1 自己随伴固有値問題

$\mathbb{R}^N$ 内の有界領域 Ω 上の固有値問題
$$\begin{cases} \lambda r(x)\Phi = \mathrm{div}\,(p(x)\nabla\Phi) + q(x)\Phi & (x \in \Omega), \\ \dfrac{\partial}{\partial \nu}\Phi = 0 & (x \in \partial\Omega) \end{cases} \tag{B.1}$$

を考える．ここで，$p(x), q(x), r(x)$ は $\overline{\Omega}$ 上で連続で，$p(x) > 0, r(x) > 0$ を満たすと仮定する．ある $\lambda \in \mathbb{C}$ に対し，(B.1) が非自明解 Φ をもつとき，λ を**固有値**，Φ を**固有関数**という．

固有値問題 (B.1) の右辺に現れる作用素はヒルベルト空間における自己随伴作用素である．そのため，この形の固有値問題は**自己随伴固有値問題**と呼ばれ，以下のような性質を備えている（たとえば [28, 38, 78] 参照）．

定理 B.1 固有値問題 (B.1) に対し，以下の性質が成り立つ．
(i) すべての固有値は実数である．

(ii) 最大の固有値 λ_0 が存在し，λ_0 は単純[1]である．

(iii) λ_0 に対応する固有関数は符号を変えない．したがって，λ_0 に対応する固有関数を $\Phi_0(x)$ とすると，$\Phi_0(x) > 0$ $(x \in \overline{\Omega})$ としてよい．

(iv) 最大固有値は

$$\lambda_0 = \sup_{U \in H^1(\Omega),\, U \neq 0} \frac{\int_\Omega \left\{ -p(x)|\nabla U|^2 + q(x)U^2 \right\} dx}{\int_\Omega r(x) U^2 dx}$$

で特徴付けられる．これを**変分原理**といい，この式の右辺に現れる分数式を**レイリー商**という．

(v) レイリー商の上限を達成する関数 U が存在し，このような U は $\Phi_0(x)$ の定数倍に限る．

固有値問題 (B.1) において，境界条件を吸収壁条件で置き換えても，定理 B.1 と同じ結果が成り立つ．ただし，この場合には，(iii) において $\overline{\Omega}$ を Ω で置き換え，(iv) において $H^1(\Omega)$ を $H_0^1(\Omega)$ で置き換える．

自己随伴固有値問題は連立の固有値問題に対しても定義される．固有値問題

$$\begin{cases} \lambda R(x)\mathbf{\Phi} = \operatorname{div}(P(x)\nabla \mathbf{\Phi}) + Q(x)\mathbf{\Phi} & (x \in \Omega), \\ \dfrac{\partial}{\partial \nu} \mathbf{\Phi} = \mathbf{0} & (x \in \partial \Omega) \end{cases} \quad \text{(B.2)}$$

において，$P(x)$, $Q(x)$, $R(x)$ は $m \times m$ の行列値関数

$$P(x) = \operatorname{diag}(p_1(x), p_2(x), \ldots, p_m(x)),$$
$$R(x) = \operatorname{diag}(r_1(x), r_2(x), \ldots, r_m(x)),$$
$$Q(x) = \Big(q_{ij}(x) \Big)$$

とし，$p_i(x)$, $q_i(x)$, $r_i(x)$ は $x \in \overline{\Omega}$ について連続で，$p_i(x)$, $r_i(x)$ は正の値をとると仮定する．また，$Q(x)$ は m 次対称行列であると仮定する．このとき，固有値はすべて実数で最大固有値 λ_0 が存在し，λ_0 はレイリー商を用いて

$$\lambda_0 = \sup_{\mathbf{U} = (U_1, U_2, \ldots, U_m) \in H^1(\Omega),\, \mathbf{U} \neq \mathbf{0}} \frac{\int_\Omega \Big\{ -\sum_{i=1}^m p_i(x)|\nabla U_i|^2 + \sum_{i,j=1}^m q_{ij}(x) U_i U_j \Big\} dx}{\int_\Omega \Big\{ \sum_{i=1}^m r_i(x) U_i^{\,2} \Big\} dx}$$

---

[1] 固有空間が 1 次元のとき，固有値は単純であるという．

で特徴付けられる．また，レイリー商の上限は λ_0 に対応する固有関数によってのみ達成される．ただし，連立の固有値問題 (B.2) では，最大固有値に対応する固有関数の正値性は必ずしも成り立たない．

B.2 固有関数展開とその応用

固有値問題 (B.1) に対する固有関数系を $\{\Phi_i\}$ とする．λ_i, λ_j を固有値とし，

$$\lambda_i r(x)\Phi_i = \mathrm{div}\,(p(x)\nabla\Phi_i) + q(x)\Phi_i,$$
$$\lambda_j r(x)\Phi_j = \mathrm{div}\,(p(x)\nabla\Phi_j) + q(x)\Phi_j$$

に，それぞれ Φ_j, Φ_i をかけて差をとり，Ω で積分すれば，

$$(\lambda_i - \lambda_j)\int_\Omega r(x)\Phi_i(x)\Phi_j(x)dx$$
$$= \int_\Omega \{\mathrm{div}\,(p(x)\nabla\Phi_i)\Phi_j - \mathrm{div}\,(p(x)\nabla\Phi_i)\Phi_j\}dx$$
$$= \int_{\partial\Omega} \{p(x)\Phi_j\frac{\partial}{\partial\nu}\Phi_i - p(x)\Phi_i\frac{\partial}{\partial\nu}\Phi_j\}dS$$
$$+ \int_\Omega \{p(x)\nabla\Phi_i\cdot\nabla\Phi_j - p(x)\nabla\Phi_j\cdot\nabla\Phi_i\}dx$$
$$= 0$$

を得る．したがって $i \neq j$ ならば

$$\int_\Omega r(x)\Phi_i(x)\Phi_j(x)dx = 0$$

である．$r(x) > 0$ であるから，固有関数を適当に規格化することにより，

$$\int_\Omega r(x)\Phi_i(x)\Phi_j(x)dx = \begin{cases} 1 & (i = j), \\ 0 & (i \neq j) \end{cases}$$

を満たすようにできる．すなわち，固有関数は重み付きの L^2-空間において正規直交系をなすように選べる．また $\{\Phi_i(x)\}$ はこの重み付き L^2-空間で完備な関数系をなす．

以上の性質を用いると，有界領域における初期値境界値問題

$$\begin{cases} r(x)u_t = \mathrm{div}\,\{p(x)\nabla u\} + q(x)u & (x \in \Omega,\ t > 0), \\ \dfrac{\partial}{\partial\nu}u = 0 & (x \in \partial\Omega), \\ u(x,0) = u_0(x) & (x \in \Omega) \end{cases} \quad \text{(B.3)}$$

に対する次のような解法が得られる．いま，(B.3) の解を

$$u(x,t) = \sum_{i=0}^{\infty} a_i(t) \Phi_i(x) \tag{B.4}$$

と表せたと仮定しよう．このような形の級数は固有関数展開と呼ばれる．ここで，各 $\Phi_i(x)$ ($i = 0, 1, 2, \ldots$) は (B.3) の境界条件を満たしていることに注意しよう．したがって，(B.4) は境界条件を満たしているので，係数 $\{a_i(t)\}$ をうまく選んで方程式と初期条件を満たすようにすればよい．

級数 (B.4) を形式的に方程式に代入し，各 Φ_i が (B.1) を満たしていることを用いて係数を比較すれば，

$$\frac{d}{dt} a_i(t) = \lambda_i a_i(t) \qquad (i = 0, 1, 2, \ldots)$$

を得る．これより係数 $a_i(t)$ は

$$a_i(t) = a(0) e^{\lambda_i t} \qquad (i = 0, 1, 2, \ldots)$$

を満たさなければならないことがわかる．一方，初期条件より，

$$\sum_{i=0}^{\infty} a_i(0) \Phi_i(x) = u_0(x)$$

を満たす必要がある．この式の両辺に $r(x)\Phi_i(x)$ をかけて Ω で項別積分し，$\{\Phi_i(x)\}$ が正規直交系をなすことを用いると

$$a_i(0) = \int_{\Omega} r(x) \Phi_i(x) u_0(x) dx$$

を得る．よって，初期値境界値問題 (B.3) の解は

$$u(x,t) = \sum_{i=0}^{\infty} a_i(0) e^{\lambda_i t} \Phi(x)$$

と表すことができる．

以上のような方法で (B.3) の解を固有関数で展開し，固有関数系が完備であることを用いると，(B.4) の極限関数が確かに (B.3) の解となっていることが示される．

B.3　ストゥルム–リュウビル型固有値問題

常微分方程式

$$\lambda r(x)\Phi = (p(x)\Phi_x)_x + q(x)\Phi \qquad (a < x < b) \tag{B.5}$$

を考える．ただし，$p(x), q(x), r(x)$ は有界閉区間 $[a,b]$ で連続であって，$p(x) > 0$，$r(x) > 0$ を満たすと仮定する．この方程式に対し，境界条件として

$$\cos\alpha \cdot \Phi(a) - \sin\alpha \cdot p(a)\Phi_x(a) = 0, \tag{B.6}$$

$$\cos\beta \cdot \Phi(b) - \sin\beta \cdot p(b)\Phi_x(b) = 0 \tag{B.7}$$

を課す．ただし，α, β は $0 \le \alpha < \pi, 0 < \beta \le \pi$ を満たす定数である．この形の固有値問題を**ストゥルム–リュウビル型固有値問題**という．ストゥルム–リュウビル型固有値問題は自己随伴固有値問題である．したがって，B.1 項で述べた性質をもつが，空間 1 次元の特殊性から，よりくわしい性質がわかる．

定理 B.2 ストゥルム–リュウビル型固有値問題に関し，以下の性質が成り立つ．

(i) 固有値はすべて実数で無限個あり，大きさの順に並べると $\mu_0 > \mu_1 > \mu_2 > \cdots \to -\infty$ となる．

(ii) 各固有値には（定数倍を除いて）ただ 1 つの固有関数が対応し，固有値 λ_j ($j = 1, 2, \ldots$) に対応する固有関数を $\Phi_j(x)$ とすると，$\Phi_j(x)$ は区間 (a,b) 内にちょうど j 個の零点をもつ．

この定理のくわしい証明は，たとえば [74] を参照していただくことにし，ここでは証明の概略について説明しよう．

まず，補助的な初期値問題

$$\begin{cases} (p(x)U_x)_x + s(x)U = 0 & (x > a), \\ U(a) = \sin\alpha, \quad U_x(a) = \cos\alpha \end{cases} \tag{B.8}$$

を考え，この解を

$$U = \rho\sin\theta, \qquad p(x)U_x = \rho\cos\theta \tag{B.9}$$

と極座標を使って表現しよう．これを**プリュッファー変換**という．

(B.9) の第 1 式を x で微分して第 2 式を用いると

$$\rho_x\sin\theta + \rho\cos\theta \cdot \theta_x = \frac{1}{p(x)}\rho\cos\theta \tag{B.10}$$

を得る．同様に，(B.9) の第 2 式を x で微分し，方程式 (B.8) を用いると

$$(p(x)U_x)_x = \rho_x\cos\theta - \rho\sin\theta \cdot \theta_x = -s(x)\rho\sin\theta \tag{B.11}$$

を得る．そこで，(B.10) × $\cos\theta$ − (B.11) × $\sin\theta$ を計算すると ρ と ρ_x を消去できて，偏角 θ に関する 1 階の微分方程式

$$\theta_x = \frac{1}{p(x)}\cos^2\theta + s(x)\sin^2\theta$$

が導かれる．この微分方程式は，初期値問題 (B.8) の解の振動の様子を記述している．

一方，初期条件は

$$\rho(a) = 1, \qquad \theta(a) = \alpha$$

であるから，偏角 $\theta(x)$ は

$$\begin{cases} \theta_x = \dfrac{1}{p(x)}\cos^2\theta + s(x)\sin^2\theta, \\ \theta(a) = \alpha \end{cases} \qquad \text{(B.12)}$$

を満たしている（図 B.1 参照）．なお，非自明解に対してはすべての x について $\rho > 0$ が成り立つことに注意する．実際，もしある点で $\rho = 0$ とすると解の一意性から $U \equiv 0$ となるからである．また，解の零点は θ が π の整数倍となる点に対応する．$\theta(x)$ は x について単調増加とは限らないが，$U(x)$ の零点においては

$$\theta_x = \frac{1}{p(x)}\cos^2\theta > 0$$

を満たすことに注意すると，$\theta(x) = k\pi$ ($k \in \mathbb{N}$) を満たす点では θ はつねに増加の状態にあるから，$U(x)$ の正の零点の数は，$\theta(x)/\pi$ を超えない最大の整数と一致する．

初期値問題 (B.8) の解は $(p(x), s(x), \alpha)$ によって定まるが，これを $(\tilde{p}(x), \tilde{s}(x), \tilde{\alpha})$ で置き換えたときの解を $\tilde{U}(x)$ とし，$U(x)$ と $\tilde{U}(x)$ の振動の様子を比べてみよう．$\tilde{U}(x)$ をプリュッファー変換すると，その偏角 $\tilde{\theta}(x)$ は

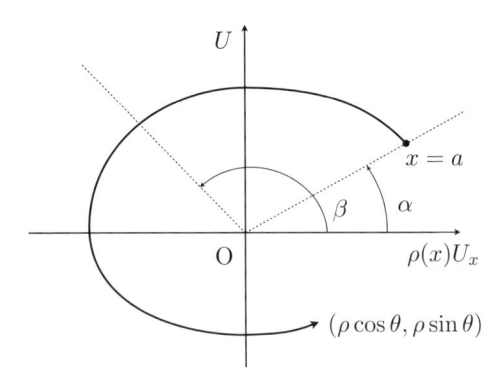

図 B.1　プリュッファー変換．

$$\begin{cases} \tilde{\theta}_x = \dfrac{1}{\tilde{p}(x)} \cos^2 \tilde{\theta} + \tilde{s}(x) \sin^2 \tilde{\theta}, \\ \tilde{\theta}(a) = \tilde{\alpha} \end{cases} \tag{B.13}$$

を満たす．ここでストゥルムの比較定理と呼ばれる次の定理が成り立つ．

定理 B.3 初期値問題 (B.12) および (B.13) に対し，区間 $[a,b]$ において

$$0 < p(x) \leq \tilde{p}(x), \qquad \tilde{s}(x) \leq s(x), \qquad \tilde{\alpha} \leq \alpha$$

が成り立てば，同じ区間において $\tilde{\theta}(x) \leq \theta(x)$ が成り立ち，等号が成り立つのはすべての条件が等号となるときに限る．

ストゥルムの比較定理は，固有値の符号や正の固有値の個数を特定するのに有用である．偏角に関する方程式の形からわかるように，方程式の右辺が大きいほど偏角の変化率は大きくなる．すなわち，$p(x) > 0$ が小さいほど，また $s(x)$ が大きいほど解はより速く振動することがわかる．

定理 B.3 を固有値問題 (B.5) に応用してみよう．(B.5) の方程式をプリュッファー変換すると

$$\theta_x = \frac{1}{p(x)} \cos^2 \theta + \{q(x) - \lambda r(x)\} \sin^2 \theta$$

となる．$\lambda \in \mathbb{R}$ をパラメータとし，初期条件を $\theta(a) = \alpha$ としたときの解を $\theta(x;\lambda)$ と表すと，λ が固有値であるためには，

$$\theta(b;\lambda) \equiv \beta \pmod{\pi}$$

を満たすことが必要かつ十分である．このとき，$r(x) > 0$ であることから，$\lambda \to -\infty$ のとき，$\theta(b;\lambda) \to +0$ が成り立つ．逆に $\lambda \to \infty$ とすると $\theta(b;\lambda) \to -\infty$ である．$\theta(b;\lambda)$ は λ について連続的に依存し，またストゥルムの比較定理より，λ について単調に増加するから，中間値の定理より，ある実数列 $\lambda_0 > \lambda_1 > \lambda_2 > \cdots$ が存在して

$$\theta(b:\lambda_i) = i\pi + \beta$$

が成り立ち，このとき U はちょうど i 個の零点をもつ．したがって定理 B.3 より，無限個の固有値の存在が導かれる．

C 力学系

C.1 ベクトル場と軌道

m 成分反応方程式は（連立）常微分方程式

$$\boldsymbol{u}_t = \boldsymbol{f}(\boldsymbol{u}) \tag{C.1}$$

で表される．ただし $\boldsymbol{u}$ は $\mathbb{R}^m$ に値をとる時間変数 $t \in \mathbb{R}$ の関数であり，$\boldsymbol{f}$ は $\mathbb{R}^m$ から $\mathbb{R}^m$ への滑らかな（少なくとも C^1-級の）関数であると仮定する．方程式 (C.1) のように，$\boldsymbol{f}$ が時間 t を陽に含まないような系は m 次元**力学系**と呼ばれる．

力学系理論は古くは天体の運動について調べるために発展し，現在では数学における重要な分野の1つとなっている．力学系理論では，微分方程式 (C.1) はある系の状態の時間的な変化を記述していると考え，系の状態が時間とともにどのように変化していくかが興味の対象となる．実際，力学系の解の具体的な表示が得られるのは特殊な場合に限られており，力学系理論は解を具体的に求めることなく，幾何学的考察や近似解を用いて解の定性的性質について調べるための方法を与える．系がとりうる状態の集合を**相空間**といい，普通，$\mathbb{R}^m$ 全体あるいはその部分集合である．解 $\boldsymbol{u}(t)$ は相空間内の点の運動として捉えることができ，解が相空間に描く軌跡や運動の方向といった幾何学的な性質や，$t \to \infty$ としたときの解の漸近的な性質などについて調べることが力学系理論の目的となる．

方程式 (C.1) の右辺のように，相区間内の各点 $\boldsymbol{u}$ にベクトル $\boldsymbol{f}$ が対応しているとき，これを $\mathbb{R}^m$ 上の**ベクトル場**という．一方，方程式 (C.1) の左辺は相空間内を動く点 $\boldsymbol{u}(t)$ の速度ベクトルであり，方程式 (C.1) は相空間の各点に速度ベクトルが与えられていることを表している．ベクトル場が与えられるとそれに沿って動くことにより，相空間内の解の動きが定まる．これより，力学系を速度場あるいはベクトル場と同じものとみなすことができる．

方程式 (C.1) の解は初期条件

$$\boldsymbol{u}(t_0) = \boldsymbol{u}_0 \tag{C.2}$$

を与えれば一意的に決まる．そこで初期条件を明示したいときには，解を

$$\boldsymbol{u} = \boldsymbol{u}(t; t_0, \boldsymbol{u}_0)$$

と表すことにする．常微分方程式の解の初期値問題に対する基本的な定理から，$\boldsymbol{u}(t; t_0, \boldsymbol{u}_0)$ は初期値 $\boldsymbol{u}_0$ に関して連続である．解 $\boldsymbol{u}(t; t_0, \boldsymbol{u}_0)$ は一般にすべての

$t \in \mathbb{R}$ に対して存在するとは限らない. 方程式 (C.1) の解は有界である限りは延長できるが, 有限時間である成分が無限大に発散すると, その時刻から先は (古典的な意味では) 解は存在しない. ここでは, 煩雑さを避けるために, 解は無限大に発散しないと仮定し, したがって解はすべての $t \in \mathbb{R}$ に対して存在すると仮定して議論する.

解 $\boldsymbol{u} = \boldsymbol{u}(t; t_0, \boldsymbol{u}_0)$ のうち, とくに $t_0 = 0$ に対応する解を

$$\boldsymbol{u}^*(t; \boldsymbol{u}_0) := \boldsymbol{u}(t; 0, \boldsymbol{u}_0)$$

と表すことにする. すると明らかに $\boldsymbol{u}^*(0; \boldsymbol{u}_0) = \boldsymbol{u}_0$ であり, また $\boldsymbol{f}$ が t に依存しないことから, $\boldsymbol{u}^*(t - t_0; \boldsymbol{u}_0)$ は方程式 (C.1) および初期条件 (C.2) を満たす. したがって関数 $\boldsymbol{u}^*(t - t_0; \boldsymbol{u}_0)$ と $\boldsymbol{u}(t; t_0, \boldsymbol{u}_0)$ は同じ初期値問題の解となるから, 解の一意性により

$$\boldsymbol{u}(t; t_0, \boldsymbol{u}_0) \equiv \boldsymbol{u}^*(t - t_0; \boldsymbol{u}_0) \tag{C.3}$$

が成り立つ. これは時間方向に解を平行移動し, 時刻 $t = t_0$ を $t = 0$ に移したことに対応するから, 最初から $t_0 = 0$ としても一般性を失わない. これは時間の原点を取り直すことに対応している. したがって, 力学系においては時間の原点を自由に決めてよく, 時刻よりも経過時間に意味があることになる. このような系のことを**自律系**という. 逆に, $\boldsymbol{f} = \boldsymbol{f}(\boldsymbol{u}, t)$ として $\boldsymbol{f}$ が t に陽に依存する系は**非自律系**と呼ばれ, 時間方向に解を平行移動できない.

以下では, 一般性を失うことなく, 初期時刻は $t_0 = 0$ として話を進める. 解 $\boldsymbol{u}(t)$ は各時刻において相空間 $\mathbb{R}^m$ 内の 1 点に対応し, $t \in \mathbb{R}$ をパラメータとして解を相空間 $\mathbb{R}^m$ 上にプロットすると, 点 $\boldsymbol{u}(t)$ は相空間上に軌跡を描く. その結果, 相空間内に $\boldsymbol{u}_0$ を始点とする向きをもった 1 つの連続曲線が得られる. 解 $\boldsymbol{u}^*(t; \boldsymbol{u}_0)$ が相空間上に描く曲線

$$\gamma(\boldsymbol{u}_0) := \{\boldsymbol{u}^*(t; \boldsymbol{u}_0) \, ; \, t \in \mathbb{R}\} \subset \mathbb{R}^m$$

を, $\boldsymbol{u}_0$ を通る**軌道**という. 力学系理論においては, 解曲線 $(t, \boldsymbol{u}(t))$ よりも, t をパラメータと考えたときの解の軌道に関する性質の方が**重要となる**[1].

軌道がもつ基本的な性質をいくつかあげておこう. まず,

$$\boldsymbol{u}^*(s; \boldsymbol{u}^*(t; \boldsymbol{u}_0)) = \boldsymbol{u}^*(t; \boldsymbol{u}^*(s; \boldsymbol{u}_0)) = \boldsymbol{u}^*(s + t; \boldsymbol{u}_0)$$

が成り立つことに注意しよう. これは軌道が曲線としてつなぎ合わせができることを示している. すなわち, 初期時刻から時刻 $s + t$ が経過するまでに描かれる軌道

---

[1] 解を $(t, \boldsymbol{u})$-空間内に描いたものが解曲線であり, これを相空間に射影したものが解の軌道となる.

は，時刻 s までに描かれる軌道と，時刻 s の状態を新たな出発点としてさらに時間 t だけ進めたときに描かれる軌道とをつなぎ合わせた曲線となる．また，2 つの軌道はけっして交わらない．もし交わったとすると，同じ初期条件から出た解が違う軌道を描くことになり，常微分方程式の初期値問題の解の一意性に反するからである．

C.2 平衡点と周期軌道

力学系 (C.1) において $\boldsymbol{f}(\boldsymbol{p}) = \boldsymbol{0}$ を満たす点 $\boldsymbol{p} \in \mathbb{R}^m$ を**平衡点**という．平衡点はそれ自身が (C.1) の軌道である．なぜなら $\boldsymbol{p}$ が平衡点であれば $\boldsymbol{u}(t) \equiv \boldsymbol{p}$ は (C.1) を満たし，したがって $\boldsymbol{u}^*(t;\boldsymbol{p}) \equiv \boldsymbol{p}$ であるからである．この項ではまず，平衡点近傍の解の挙動について述べる．

平衡点の十分近くから出発したすべての解が $t \in (0,\infty)$ に対してその近くに留まっているとき，その平衡点は**安定**であるといい，安定でないとき**不安定**であるという．安定であるだけでなく，近傍のすべての解が平衡点に収束するとき，平衡点は**漸近安定**であるという．平衡点が不安定であれば，平衡点のどんなに近くから出発しても，ある時間が経つと平衡点から一定距離以上離れてしまう解があるということになる．

平衡点 $\boldsymbol{p}$ に対し，その近傍にある解 $\boldsymbol{u}(t)$ の挙動を考察するために，

$$\boldsymbol{u}(t) = \boldsymbol{p} + \boldsymbol{v}(t)$$

によって変数を $\boldsymbol{u}$ から $\boldsymbol{v}$ に変換する．$\boldsymbol{f}(\boldsymbol{p}) = \boldsymbol{0}$ に注意して $\boldsymbol{f}(\boldsymbol{p}+\boldsymbol{v})$ を $\boldsymbol{p}$ の周りで展開すると

$$\boldsymbol{f}(\boldsymbol{p}+\boldsymbol{v}) = J\boldsymbol{v} + \boldsymbol{g}(\boldsymbol{v})$$

となる．ここで $\boldsymbol{g}(\boldsymbol{v})$ は $\boldsymbol{v}$ に関する高次の項（すなわち，$|\boldsymbol{v}| \to 0$ のとき $|\boldsymbol{g}(\boldsymbol{v})|/|\boldsymbol{v}| \to 0$ を満たすような関数）であり，また J は m 次の正方行列で

$$J := \frac{\partial \boldsymbol{f}}{\partial \boldsymbol{u}}(\boldsymbol{p}) = \begin{pmatrix} \dfrac{\partial f_1}{\partial u_1}(\boldsymbol{p}) & \cdots & \dfrac{\partial f_1}{\partial u_m}(\boldsymbol{p}) \\ \vdots & \ddots & \vdots \\ \dfrac{\partial f_m}{\partial u_1}(\boldsymbol{p}) & \cdots & \dfrac{\partial f_m}{\partial u_m}(\boldsymbol{p}) \end{pmatrix}$$

で与えられる行列である．ただし，

$$\boldsymbol{u} = \begin{pmatrix} u_1 \\ u_2 \\ \vdots \\ u_m \end{pmatrix}, \qquad \boldsymbol{f}(\boldsymbol{u}) = \begin{pmatrix} f_1(\boldsymbol{u}) \\ f_2(\boldsymbol{u}) \\ \vdots \\ f_m(\boldsymbol{u}) \end{pmatrix}$$

とおいた．行列 J は平衡点 $\boldsymbol{p}$ における**ヤコビ行列**または**線形化行列**と呼ばれ，$\boldsymbol{f}_u(\boldsymbol{p})$，$D\boldsymbol{f}(\boldsymbol{p})$ などと表されることもある．解が平衡点の近くにあれば，(C.1) は線形化方程式 (C.6) で近似される．

未知変数 $\boldsymbol{v}$ を用いると，方程式 (C.1) は

$$\boldsymbol{v}_t = J\boldsymbol{v} + \boldsymbol{g}(\boldsymbol{v}) \tag{C.4}$$

と表され，初期条件 (C.2) は

$$\boldsymbol{v}(0) = \boldsymbol{v}_0 := \boldsymbol{u}_0 - \boldsymbol{p} \tag{C.5}$$

となる．解が平衡点 $\boldsymbol{p}$ の十分近くの初期値から出発したとすると，解 $\boldsymbol{u}(t)$ は少なくともしばらくの間は $\boldsymbol{p}$ の十分近くに留まり，したがって $\boldsymbol{v}(t)$ は十分小さい．このとき $\boldsymbol{g}$ は $\boldsymbol{v}$ に比べて小さくなるから，$\boldsymbol{v}$ の振る舞いは近似的に

$$\boldsymbol{v}_t = J\boldsymbol{v} \tag{C.6}$$

という方程式で記述されると期待される．この方程式を平衡点 $\boldsymbol{p}$ に関する (C.1) の**線形化方程式**という．また，(C.6) は $\boldsymbol{f}(\boldsymbol{u}) = J\boldsymbol{u}$ とした特殊な形の力学系で，これを**線形力学系**という．

線形化行列の固有値で，実部が 0 となるものが存在しないとき，この平衡点は**双曲型**であるという．双曲型平衡点について以下の定理が成り立つ．

定理 C.1（ハートマン–グロブマンの定理） 双曲型平衡点の近傍の力学系は，その線形化方程式が定める力学系と局所位相同値である．

この定理のくわしい証明などは，[45] などを参照していただきたい．平たくいえば，定理 C.1 は，双曲型平衡点の近傍における流れは，線形化方程式のそれと同じような振る舞いをするということを主張している．これより，双曲型平衡点の安定性は線形化方程式によって完全に決定される．したがって，この場合には安定性解析は容易である．一方，双曲型でない平衡点の場合には，その安定性は線形化方程式だけでなく，より高次の項を考慮しないと決定できない．

方程式 (C.4) および (C.6) の解の挙動について，既知の事実をまとめておこう．証明は [17, 43, 45] などを参照していただきたい．初期値問題 (C.5), (C.6) の解は，行列 J の指数関数を使って $\boldsymbol{v}(t) = e^{tJ}\boldsymbol{v}_0$ と表される．ただし，

$$e^{tJ} := \sum_{j=0}^{\infty} \frac{t^j}{j!} J^j = I + tJ + \frac{t^2}{2!} J^2 + \frac{t^3}{3!} J^3 + \cdots$$

である．e^{tJ} が t にどのように依存するかを調べれば，解の挙動がわかることになる．

補題 C.2　J のすべての固有値の実部が負であれば，ある正定数 C, a に対して

$$|e^{tJ}| \le Ce^{-at} \to \mathbf{0} \qquad (t \to \infty)$$

が成り立ち，逆に実部が正の固有値が1つでもあれば，ある正定数 C', a' に対して

$$|e^{tJ}| \ge C'e^{a't} \to \infty \qquad (t \to \infty)$$

が成り立つ．ただし，$|\cdot|$ は行列の要素の絶対値の最大値を表す．

　この補題から，J のすべての固有値の実部が負ならば，線形化方程式 (C.6) の解は，初期値 $\bm{v}_0$ にかかわらず $\bm{v}(t) = e^{tJ}\bm{v}_0 \to \mathbf{0}$ を満たすことがわかる．逆に，実部が正の固有値が1つでもあれば，初期値によっては $\bm{v}(t)$ は $\mathbf{0}$ から離れていく．そこで，J の実部が負の固有値を**安定固有値**，実部が正の固有値を**不安定固有値**という．

　方程式 (C.4) の解の挙動に戻ろう．解 $\bm{v}(t)$ が小さいときには (C.6) は (C.4) の近似になっていると考えられる．もし J のすべての固有値の実部が負であれば，初期値 $\bm{v}_0$ が十分小さいとすると (C.6) の解 $\bm{v}(t)$ は小さく留まっているだけでなく $\mathbf{0}$ に収束する．このとき (C.4) の解も同様の挙動を示すのではないかと期待される．実際それは厳密に示すことができて，次の結果が成り立つ．

補題 C.3　ヤコビ行列 J のすべての固有値の実部が負であれば，初期値 $\bm{v}_0$ が $\mathbf{0}$ に十分近ければ (C.4) の解は $\bm{v}(t) \to \mathbf{0}$ $(t \to \infty)$ を満たす．

　元の方程式 (C.1) に戻って考えると，(C.4) の解 $\bm{v}(t)$ は (C.1) の平衡点 $\bm{p}$ と解 $\bm{u}(t)$ との差 $\bm{u}(t) - \bm{p}$ のことであったから，$\bm{v}(t)$ が $\mathbf{0}$ に収束するということは解 $\bm{u}(t)$ が平衡点 $\bm{p}$ に収束することを意味している．補題 C.3 より，初期値 $\bm{v}_0$ が小さければ $\bm{v}(t)$ は $\mathbf{0}$ に収束し，したがって初期値 $\bm{u}_0$ が $\bm{p}$ に十分近ければ解 $\bm{u}(t)$ は必ず $\bm{p}$ に収束することになる．以上より，次の定理が得られたことになる．

定理 C.4　微分方程式 (C.1) において，その平衡点 $\bm{p}$ に関するヤコビ行列のすべての固有値の実部が負であれば，平衡点 $\bm{p}$ は漸近安定である．

　平衡点 $\bm{p}$ に対し，

$$W^u(\bm{p}) := \{\bm{x}_0 : \bm{u}(t; \bm{u}_0) \to \bm{p} \ (t \to -\infty)\},$$
$$W^s(\bm{p}) := \{\bm{x}_0 : \bm{u}(t; \bm{u}_0) \to \bm{p} \ (t \to +\infty)\}$$

で定義される集合を，それぞれ**不安定多様体**および**安定多様体**という．定義より，
$$p \in W^u(\boldsymbol{p}) \cap W^s(\boldsymbol{p})$$
である．すなわち，平衡点 $\boldsymbol{p}$ は不安定多様体にも安定多様体にも属している．とくに，平衡点 $\boldsymbol{p}$ が漸近安定ならば，不安定多様体は $\boldsymbol{p}$ のみからなる．なお，不安定多様体上にある点を初期値とする (C.1) の解は不安定多様体上に留まり，同じことが安定多様体についても成り立つ．

双曲型平衡点の近傍では，解の挙動は線形化方程式で近似できることから，不安定多様体と安定多様体について次の定理が成り立つ．

定理 C.5　平衡点 $\boldsymbol{p}$ が双曲型であれば，不安定多様体の次元はヤコビ行列の不安定固有値の数と同じであり，$\boldsymbol{p}$ において不安定固有値に対応する固有空間と接する．また，安定多様体の次元は安定固有値の数と同じであり，$\boldsymbol{p}$ において安定固有値に対応する固有空間と接する．

方程式 (C.1) の解 $\boldsymbol{u}(t)$ が周期 τ をもつ周期関数のとき，すなわち $\boldsymbol{u}(t+\tau) \equiv \boldsymbol{u}(t)$ が成り立つとき，その軌道を**周期軌道**という．力学系 (C.1) の解は時間シフトについて不変であるから，もしある解の軌道が異なる t の値で自分自身と共有点をもてば，それは平衡点か周期軌道のいずれかである．したがって，軌道が平衡点でなければ，それは周期軌道であり，解は t の周期関数である．

いま，$\boldsymbol{u} = \boldsymbol{p}(t)$ を (C.1) の周期解としよう．周期解の安定性は初期時刻における $\boldsymbol{p}(t)$ からの微小なずれが時間とともに小さくなるかどうかで判定されるが，軌道方向のずれはそのまま保存されるので安定性の意味について少し注意が必要である．周期解 $\boldsymbol{p}(t)$ に対し，それから少しずれたところから出発した解 $\boldsymbol{u}(t)$ が，時間が経過しても $\boldsymbol{p}(t)$ の近くに留まれば，周期軌道は安定であるといえる．$\boldsymbol{p}(t)$ が描く周期軌道と $\boldsymbol{u}(t)$ の間の距離が 0 に近づくとき，この周期軌道は**軌道安定**であるという．軌道安定であっても必ずしも $|\boldsymbol{u}(t) - \boldsymbol{p}(t)|$ が 0 に近づくとは限らないことに注意しよう．軌道安定な周期軌道を**安定リミットサイクル**という．逆に，周期軌道の近くから出た解が $t \to -\infty$ としたときにこの周期軌道に近づくとき，この軌道のことを**不安定リミットサイクル**という（図 C.1 参照）．

C.3　低次元力学系の性質

力学系の性質は次元によって大きく変わる．まず，1 次元力学系

$$u_t = f(u) \tag{C.7}$$

について考えよう．この方程式はいわゆる変数分離系であり，初期値 $u(0) = u_0$ のもとでの解は，以下のようにして具体的に求めることができる．

(a) (b)

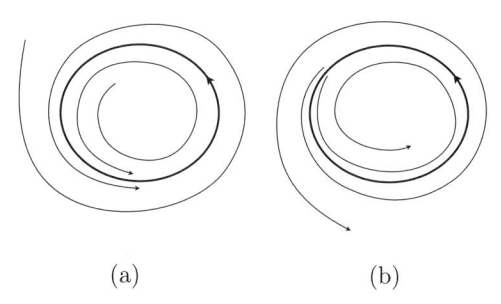

図 **C.1** (a) 安定リミットサイクル,(b) 不安定リミットサイクル.

まず,$f(u_0) > 0$ の場合には,u_0 を含み,$f(u) > 0$ となる最大の区間を $(u_1, u_2) \subset \mathbb{R}$ とする.方程式 (C.7) の両辺を $f(u)$ で割り,$[0,t]$ で積分すると

$$\int_0^t \frac{1}{f(u)} \frac{du}{dt} dt = t$$

すなわち

$$\int_{u(0)}^{u(t)} \frac{1}{f(u)} du = t$$

を得る.もし,$u_2 < \infty$ であれば,解は t とともに単調に増加して u_2 に近づくが,解の一意性より,u_2 に有限時間で到達することはない.$u_2 = \infty$ の場合には f の形によって 2 通りの場合がある.まず,

$$\int_{u(0)}^{\infty} \frac{1}{f(u)} du = \infty$$

の場合には,解は $t \in (u_0, \infty)$ の単調増加関数となり,$t \to \infty$ のとき $u(t) \to \infty$ を満たす.一方,

$$\int_{u(0)}^{\infty} \frac{1}{f(u)} du = T < \infty$$

の場合には,解は $t \in (u_0, T)$ で存在し,$t \uparrow T$ のとき $u(t) \to \infty$ を満たす.すなわち,解は $t = T$ で爆発する.

$f(u_0) < 0$ の場合にも同様に,解は単調に減少して,f の性質によって 3 通りの挙動を示す.また $f(u_0) = 0$ であれば,解は $u(t) \equiv u_0$ である.

以上の考察より,1 次元力学系の解の挙動は f の零点と符号,$\pm\infty$ での性質によって完全に分類され,t が増加すると次のいずれかの挙動を示す(図 C.2 参照).

(i) 同じ値をとり続ける.すなわち平衡点である.

(ii) 単調に増加し,$t \to \infty$ のとき平衡点に収束する.

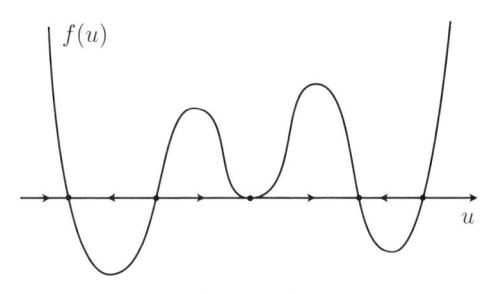

図 **C.2** 1次元力学系の解の挙動.

(iii) 単調に増加し，有限時間あるいは無限時間で ∞ に発散する．

(iv) 単調に減少し，$t \to \infty$ のとき平衡点に収束する．

(v) 単調に減少し，有限時間あるいは無限時間で $-\infty$ に発散する．

次に，2次元力学系

$$\begin{cases} u_t = f(u,v), \\ v_t = g(u,v) \end{cases} \tag{C.8}$$

について考える．2次元力学系は，その相空間が2次元であることから，平面力学系と呼ばれることもある．平面上においては，軌道が交わらないことは強い制約となり，力学系の性質に大きな影響を与える．この結果，3次元以上の力学系とは異なる2次元特有の性質が導かれる．たとえば，**ポアンカレ–ベンディクソンの定理**と呼ばれる次の定理が成り立つ．

定理 C.6 2次元力学系において，もし解が有界であれば，解は平衡点，周期軌道，有限個の平衡点とそれらを結ぶ閉軌道のいずれかに漸近する．

ポアンカレ–ベンディクソンの定理より，正不変領域の内部には平衡点か閉軌道が必ず含まれる．とくに単連結な正不変領域の内部には，必ず平衡点が存在する．以下ではまず，平衡点の近傍での解の振る舞いを，線形化方程式を用いて具体的にみていこう．

力学系 (C.8) の平衡点 $\boldsymbol{p} = (a, b)$ は

$$\begin{cases} f(a,b) = 0, \\ g(a,b) = 0 \end{cases}$$

を満たす．平衡点 $\boldsymbol{p}$ に関する線形化方程式を

$$\boldsymbol{v}_t = J\boldsymbol{v} \tag{C.9}$$

と表そう．ただし

$$J := \frac{\partial \boldsymbol{f}}{\partial \boldsymbol{u}}(\boldsymbol{p}) = \begin{pmatrix} f_u(a,b) & f_v(a,b) \\ g_u(a,b) & g_v(a,b) \end{pmatrix}$$

である．ハートマン–グロブマンの定理（定理 C.1）より，$\boldsymbol{p}$ が双曲型平衡点であれば，$\boldsymbol{p}$ の近傍の解の挙動は (C.9) と位相的に同値である．

行列 J の固有方程式は

$$\lambda^2 - (\operatorname{tr} J)\lambda + \det J = 0$$

で与えられ，この解を λ_1, λ_2 とする．平衡点の安定性は行列 J の固有値の実部の符号で決まるが，解の平衡点近傍での挙動は対角和 $\operatorname{tr} J$ と行列式 $\det J$ の値によって，解の挙動は以下のように分類される．

(a) $\operatorname{tr} J > 0$ かつ $(\operatorname{tr} J)^2 < 4 \det J$ の場合

固有値は実部が正の共役複素数となるから，

$$\lambda_1 = \alpha + i\beta, \quad \lambda_2 = \alpha - i\beta \quad (\alpha > 0, \ \beta \neq 0)$$

とおくと，係数行列 J はある正則な実行列

$$B = \begin{pmatrix} \boldsymbol{b}_1 & \boldsymbol{b}_2 \end{pmatrix}$$

を用いて

$$B^{-1}JB = \begin{pmatrix} \alpha & -\beta \\ \beta & \alpha \end{pmatrix}$$

と表せる．このとき，$\boldsymbol{w} = B\boldsymbol{v}$ とおくと，(C.9) は

$$\boldsymbol{w}_t = \begin{pmatrix} \alpha & -\beta \\ \beta & \alpha \end{pmatrix} \boldsymbol{w} \tag{C.10}$$

と変換される．この方程式の初期値 $\boldsymbol{w}(0) = (a_1, a_2)^T$ に対する解は

$$\boldsymbol{w}(t) = \begin{pmatrix} a_1 e^{\alpha t}(\cos \beta t - \sin \beta t) \\ a_2 e^{\alpha t}(\cos \beta t + \sin \beta t) \end{pmatrix}$$

で与えられる．したがって，初期値

$$\boldsymbol{v}(0) = a_1 \boldsymbol{b}_1 + a_2 \boldsymbol{b}_2$$

に対する (C.9) の解は

$$\boldsymbol{v}(t) = a_1 e^{\alpha t}(\cos\beta t - \sin\beta t)\boldsymbol{b}_1 + a_2 e^{\alpha t}(\cos\beta t + \sin\beta t)\boldsymbol{b}_2$$

と表される．これより，$\boldsymbol{v}(t)$ は原点の周りを回転しながら原点から離れていき，$\beta > 0$ ならば $\boldsymbol{b}_1$ から $\boldsymbol{b}_2$ に向かって回転し，$\beta < 0$ ならば $\boldsymbol{b}_2$ から $\boldsymbol{b}_1$ に向かって回転する．したがって，(C.8) の平衡点 $\boldsymbol{p}$ の近傍における解の挙動は図 C.3 (a) のように

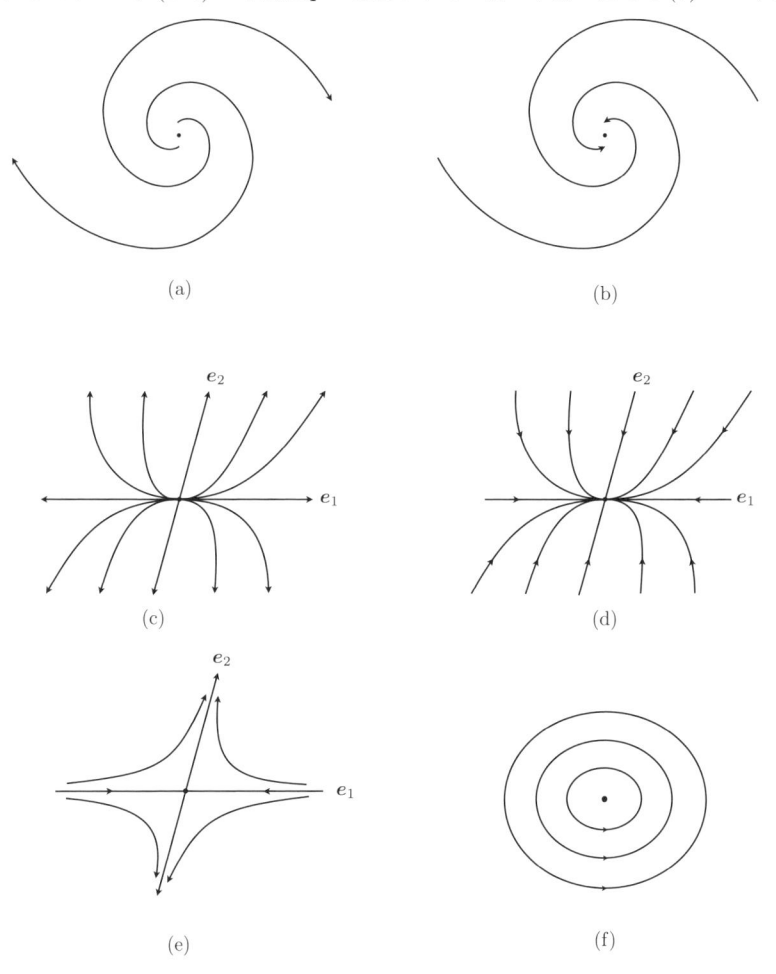

図 **C.3**　(a) 不安定渦状点，(b) 安定渦状点，(c) 不安定結節点，(d) 安定結節点，(e) 鞍点，(f) 渦心点．

なっている．このような平衡点のことを**不安定渦状点**という．

(b) $\operatorname{tr} J < 0$ かつ $(\operatorname{tr} J)^2 < 4\det J$ の場合

このとき，固有値は実部が負の共役複素数となる．(a) の場合と同様にして，(C.8) を (C.10) と変換すると，$\boldsymbol{v}(t)$ は原点の周りを回転しながら原点に近づき，$\beta > 0$ であれば $\boldsymbol{b}_1$ から $\boldsymbol{b}_2$ に向かって回転し，$\beta < 0$ であれば $\boldsymbol{b}_2$ から $\boldsymbol{b}_1$ に向かって回転することがわかる．したがって，(C.8) の平衡点 $\boldsymbol{p}$ の近傍における解の挙動は図 C.3 (b) のようになっている．このような平衡点のことを**安定渦状点**という．

(c) $\operatorname{tr} J > 0$ かつ $(\operatorname{tr} J)^2 > 4\det J > 0$ の場合

このとき，固有値は $0 < \lambda_1 < \lambda_2$ を満たす．固有値が相異なる実数の場合には，対応する固有ベクトル $\boldsymbol{e}_1, \boldsymbol{e}_2$ は 1 次独立な実ベクトルとしてよい．すると，初期値

$$\boldsymbol{v}(0) = a_1 \boldsymbol{e}_1 + a_2 \boldsymbol{e}_2$$

に対する (C.9) の解 $\boldsymbol{v}(t)$ は

$$\boldsymbol{v}(t) = a_1 e^{\lambda_1 t} \boldsymbol{e}_1 + a_2 e^{\lambda_2 t} \boldsymbol{e}_2 \tag{C.11}$$

と表される．線形力学系 (C.9) のすべての解は指数的に原点から離れていき，非自明な解 $\boldsymbol{v}(t)$ の軌道は，$t \to -\infty$ のときに $\pm \boldsymbol{e}_2$ の方向から近づく 2 本の軌道を除けば，軌道は原点において $\boldsymbol{e}_1$ と接している．したがって，(C.8) の平衡点 $\boldsymbol{p}$ の近傍における解の挙動は図 C.3 (c) のようになっている．このような平衡点を**不安定結節点**という．

(d) $\operatorname{tr} J < 0$ かつ $(\operatorname{tr} J)^2 > 4\det J > 0$ の場合

このとき，固有値は $\lambda_1 < \lambda_2 < 0$ を満たし，解は (C.11) のように表される．線形力学系 (C.9) のすべての解は指数的に原点に近づき，$t \to \infty$ のときに $\pm \boldsymbol{e}_1$ の方向から近づく 2 本の軌道を除けば，軌道は原点において $\boldsymbol{e}_2$ と接している．したがって，(C.8) の平衡点 $\boldsymbol{p}$ の近傍における解の挙動は図 C.3 (d) のようになっている．このような平衡点を**安定結節点**という．

(e) $\operatorname{tr} J < 0$ かつ $\det J < 0$ の場合

このとき，固有値は $\lambda_1 < 0 < \lambda_2$ を満たし，解は (C.11) のように表される．線形力学系 (C.9) には原点において $\pm \boldsymbol{e}_2$ と接する 2 本の特別な軌道があり，その他の軌道は $\pm \boldsymbol{e}_1$ の方向には指数的に減少し $\pm \boldsymbol{e}_2$ の方向には指数的に増大する．これらは平衡点の安定多様体と不安定多様体に対応する．したがって (C.8) の平衡点 $\boldsymbol{p}$

の近傍における解の挙動は図 C.3 (e) のようになっている．このような平衡点を**鞍点**という．

(f) $\operatorname{tr} J = 0$ かつ $(\operatorname{tr} J)^2 < 4 \det J$ の場合

このとき，固有値は複素共役な純虚数となる．初期値

$$\boldsymbol{v}(0) = a_1 \boldsymbol{b}_1 + a_2 \boldsymbol{b}_2$$

に対する (C.9) の解は

$$\boldsymbol{v}(t) = a_1(\cos \beta t - \sin \beta t)\boldsymbol{b}_1 + a_2(\cos \beta t + \sin \beta t)\boldsymbol{b}_2$$

と表される．これより，$\boldsymbol{v}(t)$ は原点を中心とする楕円上を回転する．したがって，(C.8) の平衡点 $\boldsymbol{p}$ の近傍における解の挙動は図 C.3 (f) のようになっている．このような平衡点のことを**渦心点**という．

以上より，平衡点のタイプは対角和 $\operatorname{tr} J$ と行列式 $\det J$ の値によって図 C.4 のように分類される．

$\lambda_1 = \lambda_2$ の場合には，安定性はその符号でほぼ定まるが，軌道の形状は不安定結節点とはやや異なる．実部が 0 となる固有値が存在する場合も含めると，解の振る舞いの分類はより複雑なものになる．ただし，図 C.4 からわかるように，これらは特殊な場合に限られる．

平面上のベクトル場に対し，回転数と位数を以下のように定義する．自分自身と交わらない閉曲線を C とし，C 上には平衡点はないと仮定する．C 上の点が反時計回りに一周するとき，この点におけるベクトル (f,g) は 2 次元空間において原点を何周かして元にもどる．そこで閉曲線の回転数を，(f,g) が反時計回りに何回転す

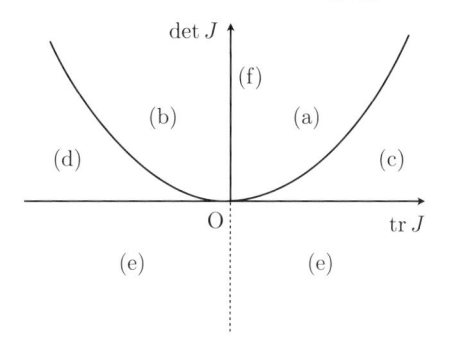

図 **C.4** 対角和 $\operatorname{tr} J$ と行列式 $\det J$ による平衡点の分類．(a) 不安定渦状点，(b) 安定渦状点，(c) 不安定結節点，(d) 安定結節点，(e) 鞍点，(f) 渦心点．

るかで定義する．ベクトル場上の各点 P に対し，その点を中心とする十分小さい円周 C を考え，この円周に対する回転数をその点の**位数**という．たとえば，P が平衡点でなければ位数は 0 である．P が漸近安定であれば位数は 1，鞍点であれば位数は -1，不安定渦状点あるいは不安定結節点であれば位数は 1 となる（図 C.5 参照）．

閉曲線を連続的に変形したとき，平衡点を横切らない限り回転数は変化しない．したがって，閉曲線の内部に平衡点がなければ，回転数を変えることなく，内部の 1 つの点に向かって縮めていくことができる．平衡点でない点の位数は 0 であったから，元の閉曲線の回転数は 0 である．

内部に平衡点をもつような場合には，次のように考える．閉曲線 C に対し，図 C.6 のように内側に切り込みを入れた閉曲線 C_{in} を考える．すると C_{in} 内部には平衡点がないので，C_{in} に対する回転数は 0 である．C_{in} はいくつかのパーツからな

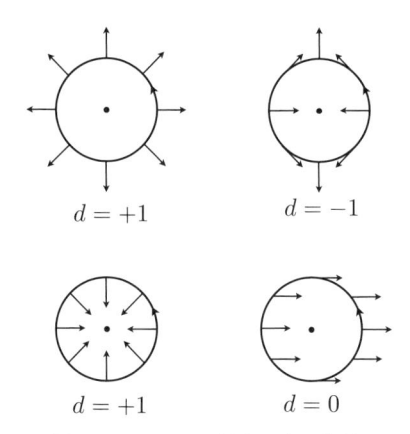

図 **C.5** ベクトル場上の点の位数．

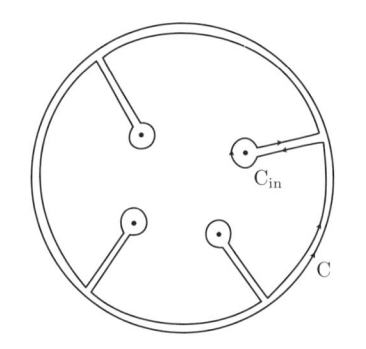

図 **C.6** 閉曲線内部の平衡点の位数の和．

274　付録

るが，C に近いパーツに沿ってのベクトルの回転数は C に対する回転数と同じであり，内部にある平衡点数の位数の和になる．一方，切り込みの部分のうち，C_{in} と平衡点をつなぐパーツは往復することにより回転数が相殺する．最後に，平衡点を囲む小さな円周上では時計回りに点が動くから，平衡点の位数と反対符号の回転数となる．以上の議論から，曲線 C の回転数と各平衡点の位数の和は 0 であることがわかる．したがって，次の定理が成立する．

定理 C.7 2次元ベクトル場において，曲線 C の回転数を d とすれば，その内部に含まれる平衡点の位数の和は d と等しい．とくに，$d \neq 0$ であれば，C の内部に少なくとも 1 個の平衡点が存在する．

C.4　ω-極限集合

初期値 $\boldsymbol{u}_0$ から出た方程式 (C.1) の解 $\boldsymbol{u}(t)$ に対し，ある点列 $\{t_i\}$ と点 $\boldsymbol{w}$ が存在して，$t_i \to \infty \ (i \to \infty)$ および

$$\lim_{i \to \infty} |\boldsymbol{u}(t_i) - \boldsymbol{w}| = 0$$

が成り立つとき，$\boldsymbol{w}$ を $\boldsymbol{u}(t)$ の **ω-極限点**という．また ω-極限点全体を **ω-極限集合**といい，$\omega(\boldsymbol{u}_0)$ で表す．ω-極限集合は

$$\omega(\boldsymbol{u}_0) = \bigcap_{\tau > 0} \overline{\{\boldsymbol{u}(t) : t > \tau\}}$$

と表すこともできる．力学系の一般理論から，ω-極限集合は連結した閉集合となることが示される．ω-極限集合上にない点に対して十分小さな近傍をとると，ある時刻から先は解がその近傍に入ることはない．したがって，解の漸近挙動を知るには，ω-極限集合についてのみ調べればよいことになる．たとえば，ω-極限集合が 1 点からなる場合，これは解が平衡点に収束することを意味している．解が時間周期解に収束すれば，ω-極限集合は周期軌道となる．とくに，漸近安定なリミットサイクルに対し，その近傍の初期値に対する ω-極限集合は周期軌道である．

1 次元力学系の ω-極限集合は平衡点しかない．2 次元空間においては，軌道が交わらないという性質は解の構造に大きな制約を与える．その結果，2 次元力学系の ω-極限集合は，ポアンカレ–ベンディクソンの定理より，平衡点，周期軌道，有限個の平衡点とそれらを結ぶ閉軌道のいずれかである．

3 次元以上の力学系においては，軌道が交わらないという性質は，平面ほどには制約を与えないので，たとえば軌道を平面に投影すると交わることも生じる．実際，解の挙動はより複雑なものになり，ω-極限軌道もより複雑な構造をもち得る．た

えば，軌道がトーラスの表面上を回転しながら動く軌道を考えてみよう．トーラスには 2 つの回転方向があるが，その周期が無理数比であれば，軌道は準周期的で，周期解は存在しない．解がトーラス表面上に近づく場合には，リミットトーラスと呼ばれるアトラクタとなる．また，軌道がカオス的になり，**ストレンジアトラクタ**と呼ばれるフラクタル構造をもった複雑な集合に漸近することもある [11, 39]．一般に，ω-極限集合が大きな集合であれば，解の漸近挙動が複雑なものであることを表している．

D 各種の反応拡散方程式

D.1 単独反応拡散方程式

第 3 章で扱わなかった単独反応拡散方程式をいくつかあげておく．

・**燃焼方程式**
$$u_t = \Delta u + e^{-1/u}.$$

化学反応論におけるアレニウスの法則より，化学反応の速度は u を絶対温度として $e^{-C/u}$（C は正定数）に比例する．このような形の反応項をもつ反応拡散方程式は燃焼などの発熱反応系のモデル方程式となる．

・**指数的反応項をもつ方程式**
$$u_t = \Delta u + e^u.$$

定常状態の方程式
$$\Delta \varphi + e^\varphi = 0$$

は**ゲルファント方程式**と呼ばれる楕円型方程式である．爆発現象の解析や，定常解の分岐に興味がもたれる．

・**吸収項をもつ方程式**
$$u_t = \Delta u - u^p \quad (p > 0).$$

藤田方程式とは反対に，u が大きいほど熱や物質が速く吸収されるような系は，この形の反応拡散方程式となる．この方程式にも各種の臨界指数が現れる．

・MEMS[1]方程式
$$u_t = \Delta u - u^{-q} \qquad (q > -1).$$

これも吸収項をもつ方程式であるが，u が 0 に近づくにつれて吸収の速度が上がる．非線形項の $u=0$ の特異性から最大値原理が成り立たず，解が有限時間である点で 0 の値をとる**クエンチング**と呼ばれる現象が生じる．このとき反応項の値が無限大となり，一種の特異性が発現する．

D.2 連立反応拡散方程式

第 5 章で扱わなかった主な連立の反応拡散方程式としては，以下の方程式がある．

・グレイ–スコット方程式

グレイとスコット [109, 110] によって提案されたゲル媒質中での自己触媒反応モデル方程式で，
$$\begin{cases} u_t = d_1 \Delta u - u^2 v + F(1-u), \\ v_t = d_2 \Delta v + u^2 v - (F+k)v \end{cases}$$

の形で表される．状態変数 u は原材料となる化学物質の濃度を表し，v は自己触媒の働きをもつ中間生成物の濃度である．また，パラメータ F は外部からの化学物質の注入率であり，$F+k$ は中間生成物の除去率を表す．比較的，単純な形の非線形項を含むが，**自己複製**パターンやスポットパターンの生成消滅など，複雑な時空間パターンが現れることが知られている [23, 24, 25, 35]．

・発熱反応系

前節で述べた燃焼方程式に，反応する物質の消費を記述する方程式を組み合わせると，
$$\begin{cases} u_t = d_1 \Delta u + \omega e^{-1/u} v, \\ v_t = d_2 \Delta v - e^{-1/u} v \end{cases}$$

の形の反応拡散方程式が得られる [35]．ここで，u は温度，v は発熱反応に関係する物質や酸素の濃度，ω は反応によって発生する熱の割合を表すパラメータである．これはまた，燃焼合成反応のモデル方程式でもある [1]．燃焼の伝播パターンは，燃焼の条件によっては平面波が不安定化することにより，**フィンガリングパターン**と呼ばれる不規則な燃焼が観測される [128]．

・ケラー–シーゲル方程式

細胞性粘菌の集合体形成の数学モデルとして，ケラーとシーゲル [145] によって提案された方程式で

---

1) Micro-Electro-Mechanical System の略．

$$\begin{cases} u_t = d_1 \Delta u - \nabla \cdot (u \nabla \xi(v)), \\ v_t = d_2 \Delta v - bv + cu \end{cases}$$

と表される．ここに u は細胞性粘菌の密度，v は粘菌が放出する化学物質の濃度を表す．第 1 式の右辺第 2 項 $u\nabla\xi(v)$ は走化性の効果による移流項であり，化学物質の濃度勾配 $\nabla\xi(v)$ に比例して粘菌が移動する様子を表している．$\xi(v)$ は**感受性関数**と呼ばれ，普通，$\xi(v) = av$（a は正の定数），$\xi(v) = \log v$ などの関数が用いられる．$\xi(v) = av$ の場合には化学物質の濃度勾配に依存して粘菌が移動することを表す．一方，$\varphi(v) = \log v$ の場合は，感覚が刺激の対数に比例するというウェーバー–フェヒナーの法則に対応し，濃度が低いときほど濃度勾配に敏感に反応する状況を仮定している．第 2 式において右辺第 2 項 $-bv$ は化学物質の自然な崩壊による減衰に対応し，第 3 項 cu は粘菌自身による化学物質の生成が粘菌の密度に比例していることを表す．ケラー–シーゲル方程式では，移流項の影響によって解がデルタ関数的に集中する現象が生じるが，空間次元や初期値の大きさによって，解はきわめて多様な振る舞いを示すことがわかっている [15, 18, 20, 42]．

和文参考文献

[1] 池田勉・長山雅晴「燃焼合成波におけるヘリカル波」,『応用数理』**11** (2001), 40–48.

[2] 伊藤清三『偏微分方程式』(培風館, 1966).

[3] 伊藤清三『拡散方程式』(紀伊國屋書店, 1979).

[4] 栄伸一郎・山田光太郎・若山正人『パターン形成の数理／技術者のための微分幾何入門―模様や形をみる・つくる』(講談社, 2008).

[5] 小川知之『非線形現象と微分方程式―パターンダイナミクスの分岐解析』(サイエンス社, 2010).

[6] 観音幸雄「2 種競合系の進行波について」,『数学』**49** (1997), 379–392.

[7] 儀我美一・儀我美保『非線形偏微分方程式』(共立出版, 1999).

[8] 儀我美一・陳蘊剛『動く曲面を追いかけて』(日本評論社, 1996).

[9] 北原和夫・吉川研一『反応・拡散・対流の現象論』(講談社, 1994).

[10] 桑村雅隆『パターン形成と分岐理論―自発的パターン発生の力学系入門』(共立出版, 2015).

[11] 國府寛司『力学系の基礎』(朝倉書店, 2000).

[12] 小林亮・加賀雅文・得田英和・昌子浩登「パターン形成の数理」,『物性研究』**85** (2006), 461–498.

[13] 神保秀一「ギンツブルク・ランダウ方程式とボルテクス」,『応用数理』**11** (2001), 152–162.

[14] 神保秀一・森田善久『ギンツブルク-ランダウ方程式と安定性解析』(岩波数学叢書, 2009).

[15] 杉山由恵「走化性方程式―非線形拡散と移流項の相互作用について」,『応用数理』**19** (2009), 12–24.

[16] 鈴木貴・上岡友紀『偏微分方程式講義―半線形楕円型方程式入門』(培風館, 2005).

[17] スメール・ハーシュ, 田村一郎 (訳)『力学系入門』(岩波書店, 2003).

[18] 仙葉隆「単純化された Keller-Segel 系の爆発解について」,『応用数理』**19** (2009), 21–29.

[19] 田中和永『変分問題入門―非線形楕円型方程式とハミルトン系』(岩波書店, 2008).

[20] 辻川亨「移流効果を伴う反応拡散モデルのパターン形成」,『応用数理』**19** (2009), 9–20.

[21] 内藤雄基「非線形熱方程式の自己相似解について」,小薗英雄・三沢正史・小川卓克編『これからの非線型偏微分方程式』(日本評論社, 2007), 第 11 章.

[22] 西浦廉政「数学と化学・生物学―自己複製と自己崩壊のダイナミクスをめぐって」,『数学』**52** (2000), 404–416.

[23] 西浦廉政「散逸系における粒子パターンの複製・崩壊・散乱のダイナミクス」,『数学』**55** (2003), 113–127.

[24] 西浦廉政『自己複製と自己崩壊のパターンダイナミクス』(岩波書店, 2003).

[25] 西浦廉政『非平衡ダイナミクスの数理』(岩波書店, 2009).

[26] 二宮広和『侵入・伝播と拡散方程式』(共立出版, 2014).

[27] 二宮広和・森田善久「反応拡散方程式における進行波解と全域解」,『数学』**59** (2007), 264–282.

[28] 藤田宏『関数解析』(岩波書店, 2007).

[29] 細野雄三「伝染病伝播の反応拡散モデルについて」,『応用数理』**14** (2004), 29–39.

[30] 本多久夫『生物の形づくりの数理と物理』(共立出版, 2000).

[31] 俣野博「非線形偏微分方程式と無限次元力学系」,『数学』**42** (1990), 289–303.

[32] 松下貢編『生物にみられるパターンとその起源(非線形・非平衡現象の数理 2)』(東京大学出版会, 2005).

[33] 三池秀敏・山口智彦・森義仁「反応・拡散系のダイナミクス』(講談社, 1997).

[34] 三村昌泰「拡散が作り出す時空間パターン」,『応用数理』**11** (2001), 96–106.

[35] 三村昌泰編『パターン形成とダイナミクス(非線形・非平衡現象の数理 4)』(東京大学出版会, 2006).

[36] 三村昌泰編『現象数理学入門』(東京大学出版会, 2013).

[37] 宮本安人「非線形ホットスポット予想とパターン形成」,『応用数理』**19** (2009), 16–27.

- [38] 村田實・倉田和浩『楕円型・放物型偏微分方程式』(岩波書店, 2006).
- [39] 森田善久『生物モデルのカオス』(朝倉書店, 1996).
- [40] 八木厚志『放物型発展方程式とその応用 (上)—可解性の理論』(岩波書店, 2011).
- [41] 八木厚志『放物型発展方程式とその応用 (下)—解の挙動と自己組織化』(岩波書店, 2011).
- [42] 柳田英二編『爆発と凝集 (非線形・非平衡現象の数理 3)』(東京大学出版会, 2006).
- [43] 柳田英二・栄伸一郎『常微分方程式論』(朝倉書店, 2002).
- [44] 山田義雄「交差拡散を伴う非線形拡散方程式系—数理生態学に現れる反応拡散方程式系」,『数学』**64** (2012), 384–406.
- [45] ロビンソン, 國府寛司・柴山健伸・岡宏枝 (訳)『力学系 (上・下)』(シュプリンガー・フェアラーク東京, 2001).

欧文参考文献

- [46] S. Ahmad and A. C. Lazer, Asymptotic behavior of solutions of periodic competition diffusion system, *Nonlinear Anal.* **13** (1989), 263–284.
- [47] N. D. Alikakos, G. Fusco and M. Kowalczyk, Finite dimensional dynamics and interfaces intersecting the boundary — equilibria and quasi-invariant manifold, *Indiana Univ. Math. J.* **45** (1996), 1119–1155.
- [48] S. Angenent, The zeroset of a solution of a parabolic equation, *J. Reine Angew. Math.* **390** (1988), 79–96.
- [49] S. B. Angenent, J. Mallet-Paret and L. A. Peletier, Stable transition layers in a semilinear boundary value problem, *J. Differential Equations* **67** (1987), 212–242.
- [50] D. G. Aronson and H. Weinberger, Multidimensional nonlinear diffusions arising in population genetics, *Adv. Math.* **30** (1978), 33–76.
- [51] R. Banuelos and K. Burdzy, On the "hot spots" conjecture of J. Rauch, *J. Funct. Anal.* **164** (1999), 1–33.
- [52] J. B. L. Bard, A model for generating aspects of zebra and other mammalian coat pattern, *J. Theor. Biol.* **93** (1981), 363–385.

[53] P. Bauman, N. N. Carlson and D. Phillips, On the zeros of solutions to Ginzburg-Landau type systems, *SIAM J. Math. Anal.* **24** (1993), 1283–1293.

[54] F. Bethuel, H. Brezis and F. Hélein, *Ginzburg-Landau Vortices* (Progress in Nonlinear Differential Equations and Their Applications) (Birkhäuser, Boston, Inc., Boston, MA, 1994).

[55] M. Bramson, Convergence of solutions of the Kolmogorov equation to travelling waves, *Mem. Amer. Math. Soc.* **44** (1983), iv+190.

[56] L. Bronsard and R. V. Kohn, Motion by the mean curvature as the singular limit of Ginzburg-Landau dynamics, *J. Differential Equations* **90** (1992), 211–237.

[57] K. Burdzy, The hot spots problem in planar domains with one hole, *Duke Math. J.* **129** (2005), 481–502.

[58] K. Burdzy and W. Werner, A counterexample to the "hot spots" conjecture, *Ann. of Math.* **149** (1999), 309–317.

[59] J. Busca, M.-A. Jendoubi and P. Poláčik, Convergence to equilibrium for semilinear parabolic problems in $\mathbb{R}^N$, *Comm. Partial Differential Equations* **27** (2002), 1793–1814.

[60] G. A. Carpenter, A geometric approach to singular perturbation problems with applications to nerve impulse equations, *J. Differential Equations* **23** (1977), 335–367.

[61] J. Carr and R. L. Pego, Metastable patterns in solutions of $u_t = \varepsilon^2 u_{xx} - f(u)$, *Comm. Pure Appl. Math.* **XLII** (1989), 523–576.

[62] R. G. Casten and C. J. Holland, Instability results for reaction diffusion equations with Neumann boundary conditions, *J. Differential Equations* **27** (1978), 266–273.

[63] N. Chafee, Asymptotic behavior for solutions of a one-dimensional parabolic equation with homogeneous Neumann boundary conditions, *J. Differential Equations* **18** (1975), 111–134.

[64] N. Chafee and E. F. Infante, A bifurcation problem for a nonlinear partial differential equation of parabolic type, *Applicable Anal.* **4** (1974/75), 17–37.

[65] X. Chen, Generation and propagation of interfaces for reaction-diffusion equations, *J. Differential Equations* **33** (1991), 749–786.

[66] Y.-G. Chen, Y. Giga and S. Goto, Uniqueness and existence of viscosity solutions of generalized mean curvature flow equations, *J. Differential Geom.* **33** (1991), 749–786.

[67] Y. Chen, S. Levine and M. Rao, Variable exponent, linear growth functionals in image restoration, *SIAM J. Appl. Math.* **66** (2006), 1383–1406.

[68] X.-Y. Chen and H. Matano, Convergence, asymptotic periodicity, and finite-point blow-up in one-dimensional semilinear heat equations, *J. Differential Equations* **78** (1989), 160–190.

[69] M. Chipot and J. K. Hale, Stable equilibria with variable diffusion, in "Nonlinear Partial Differential Equation", Contemporary Math. Series **17** (1983), 209–213.

[70] C.-N. Chow, B. Deng and B. Fiedler, Homoclinic bifurcation at resonant eigenvalues, *J. Dyn. Diff. Eqs.* **2** (1990), 177–244.

[71] S.-N. Chow and J. K. Hale, *Methods of Bifurcation Theory* (Springer-Verlag, New York-Berlin, 1982).

[72] K. Chueh, C. Conley and J. Smoller, Positively invariant regions for systems of nonlinear diffusion equations, *Ind. U. Math. J.* **26** (1977), 373–392.

[73] V. V. Churbanov, An example of a reaction system with diffusion in which the diffusion term leads to explosion, *Soviet Math. Dokl.* **41** (1990), 191–192.

[74] E. A. Coddington and N. Levinson, *Theory of Ordinary Differential Equations* (McGraw-Hill, New York-Toronto-London, 1955).

[75] P. Constantin, C. Foias, B. Nicolaenko and R. Temam, *Integral Manifolds and Inertial Manifolds for Dissipative Partial Differential Equations* (Springer-Verlag, New York, 1989).

[76] E. D. Conway, D. Hoff and J. Smoller, Large time behavior of solutions of systems of nonlinear reaction-diffusion equations, *SIAM J. Appl. Math.* **35** (1978), 1–16.

[77] E. N. Dancer and P. Hess, Stable subharmonic solutions in periodic reaction-diffusion equations, *J. Differential Equations* **108** (1994), 190–200.

[78] N. Dunford and J. T. Schwartz, Linear Operators, PartII, Spectral Theory, *Self Adjoint Operators in Hilbert Space* (Wiley-Interscience, New York, 1988).

[79] J.-P. Eckmann and J. Rougemont, Coarsening by Ginzburg-Landau dynamics, *Comm. Math. Phys.* **199** (1998), 441–470.

[80] S.-I. Ei, M. Iida and E. Yanagida, Dynamics of interfaces in a scalar parabolic equation with variable diffusion, *Japan, J. Indust. Appl. Math.* **14** (1997), 1–23.

[81] S.-I. Ei, M. Mimura and M. Nagayama, Interacting spots in reaction-diffusion systems, *Discrete Contin. Dyn. Syst.* **14** (2006), 31–62.

[82] S.-I. Ei and E. Yanagida, Stability of stationary interfaces in a generalized mean curvature flow, *J. Fac. Sci. Univ. Tokyo Sect.IA* **40** (1994), 651–661.

[83] S.-I. Ei and E. Yanagida, Dynamics of interfaces in competition-diffusion systems, *SIAM J. Appl. Math.* **54** (1994), 1355–1373.

[84] S.-I. Ei and E. Yanagida, Slow dynamics of interfaces in the Allen-Cahn equation on a strip-like domain, *SIAM J. Math. Anal.* **29** (1998), 555–595.

[85] J. W. Evans, Nerve axon equations: I. Linear approximations, *Indiana Univ. Math. J.* **21** (1972), 877–885.

[86] J. W. Evans, Nerve axon equations: II. Stability at rest, *Indiana Univ. Math. J.* **22** (1972), 75–90.

[87] J. W. Evans, Nerve axon equations: III. Stability of the nerve impulse, *Indiana Univ. Math. J.* **22** (1972), 577–593.

[88] J. W. Evans, Nerve axon equations: IV. The stable and the unstable impulses, *Indiana Univ. Math. J.* **24** (1975), 1169–1190.

[89] J. W. Evans, N. Fenichel and J. Feroe, Double impulse solutions in nerve axon equations, *SIAM J. Appl. Math.* **42** (1982), 219–234.

[90] L. C. Evans, *Partial Differential Equations* (American Mathematical Society, Providence, RI, 2010).

[91] L. C. Evans, H. M. Soner and P. E. Souganidis, Phase transition and generalized motion by mean curvature, *Comm. Pure Appl. Math.* **45** (1992), 1097–1123.

[92] L. C. Evans and J. Spruck, Motion of level sets by mean curvature I, *J. Diff. Geom.* **33** (1991), 635–668.

[93] L. C. Evans and J. Spruck, Motion of level sets by mean curvature II, *Trans. Amer. Math. Soc.* **330** (1992), 321–332.

[94] L. C. Evans and J. Spruck, Motion of level sets by mean curvature III, *J. Geom. Anal.* **2** (1992), 121–150.

[95] L. C. Evans and J. Spruck, Motion of level sets by mean curvature IV, *J. Geom. Anal.* **5** (1995), 77–114.

[96] P. C. Fife and J. B. McLeod, The approach of solutions of non-linear diffusion equations to travelling front solutions, *Arch. Rat. Mech. Anal.* **65** (1977), 335–361.

[97] P. Fife and L. A. Peletier, Clines induced by variable selection and migration, *Proc. Roy. Soc. London B* **214** (1981), 99–123.

[98] R. A. Fisher, The advance of advantageous genes, *Ann. Eugenics* **7** (1937), 335–369.

[99] R. FitzHugh, Impulse and physiological states in theoretical models of nerve membrane, *Biophys. J.* **1** (1961), 445–466.

[100] A. Friedman, *Partial Differential Equations of Parabolic Type* (Prentice-Hall, Englewood Cliffs, N.J. 1964).

[101] H. Fujita, On the blowing up of solutions of the Cauchy problem for $u_t = \Delta u + u^{1+\alpha}$, *J. Fac. Sci. Univ. Tokyo Sect. I* **13** (1966), 109–124.

[102] Y. Fukao, Y. Morita and H. Ninomiya, Some entire solutions of the Allen-Cahn equation, *Taiwanese J. Math.* **8** (2004), 15–32.

[103] G. Fusco and J. K. Hale, Stable equilibria in a scalar parabolic equation with variable diffusion, *SIAM J. Math. Anal.* **16** (1985), 1152–1164.

[104] G. Fusco and J. K. Hale, Slow-motion manifolds, dormant instability, and singular perturbations, *J. Dyn. Diff. Eqs.* **1** (1989), 75–94.

[105] B. Gidas, W.-M. Ni and L. Nirenberg, Symmetry and related topics via the maximum principle, *Comm. Math. Phys.* **68** (1979), 209–243.

[106] B. Gidas and J. Spruck, Global and local behavior of positive solutions of nonlinear elliptic equations, *Comm. Pure Appl. Math.* **34** (1981), 525–598.

[107] A. Gierer and H. Meinhardt, A theory of biological pattern formation, *Kybernetik* (Berlin) **12** (1972), 30–39.

[108] V. Ginzburg and L. Landau, On the theory of superconductivity, *Zh. Eksper. Teor. Fiz.* **20** (1950), 1064–1082.

[109] P. Gray and S. K. Scott, Autocatalytic reactions in the isothermal, continuous stirred tank reactor: Isolas and other forms of multistability, *Chem. Eng. Sci.* **38** (1983), 29–43.

[110] P. Gray and S. K. Scott, Autocatalytic reactions in the isothermal, continuous stirred tank reactor: Oscillations and instabilities in the system $A + 2B \to 3B$, $B \to C$, *Chem. Eng. Sci.* **39** (1984), 1087–1097.

[111] M. Guedda and M. Kirane, Diffusion terms in systems of reaction-diffusion equations can lead to blowup, *J. Math. Anal. Appl.* **218** (1998), 325–327.

[112] C. Gui, W.-M. Ni and X. Wang, On the stability and instability of positive steady states of a semilinear heat equation in $\mathbb{R}^n$, *Comm. Pure Appl. Math.* **45** (1992), 1153–1181.

[113] C. Gui, W.-M. Ni and X. Wang, Further study on a nonlinear heat equation, *J. Differential Equations* **169** (2001), 588–613.

[114] C. Gui and J. Wei, On multiple mixed interior and boundary peak solutions for some singularly perturbed Neumann problems, *Canad. J. Math.* **52** (2000), 522–538.

[115] M. E. Gurtin and H. Matano, On the structure of equilibrium phase transitions within the gradient theory of fluids, *Quart. Appl. Math.* **46** (1988), 301–317.

[116] J. K. Hale, Large diffusivity and asymptotic behavior in parabolic systems, *J. Math. Anal. Appl.* **118** (1986), 455–466.

[117] J. K. Hale, *Asymptotic Behavior of Dissipative Systems* (American Mathematical Society, Providence, RI, 1988).

[118] J. K. Hale and G. Raugel, Reaction-diffusion equation on thin domains, *J. Math. Pures Appl.* **71** (1992), 33–95.

[119] J. K. Hale and C. Rocha, Bifurcations in a parabolic equation with variable diffusion, *Nonlinear Anal.* **9** (1985), 479–494.

[120] J. K. Hale and K. Sakamoto, Shadow systems and attractors in reaction-diffusion equations, *Appl. Anal.* **32** (1989), 287–303.

[121] J. K. Hale and J. M. Vegas, A nonlinear parabolic equation with varying domain, *Arch. Rational Mech. Anal.* **84** (1984), 99–123.

[122] F. Hamel and N. Nadirashvili, Travelling fronts and entire solutions of the Fisher-KPP equation in $\mathbb{R}^N$, *Arch. Ration. Mech. Anal.1* **57** (2001), 91–163.

[123] S. P. Hastings, On the existence of homoclinic and periodic orbits for the FitzHugh-Nagumo equations, *Quart. J. Math. Oxford Ser.* (2) **27** (1976), 123–134.

[124] D. Henry, Geometric theory of semilinear parabolic equations, Lectures Notes in Math. (Springer-Verlag, Berlin-New York, 1981).

[125] P. Hess, Spatial homogeneity of stable solutions of some periodic parabolic problems with Neumann boundary conditions, *J. Differential Equations* **68** (1987), 320–331.

[126] A. L. Hodgkin and A. F. Huxley, A quantitative description of membrane current and its application to conduction and excitation in nerve, *J. Physiology* **177** (1952), 500–544.

[127] M. Iida, T. Muramatsu, H. Ninomiya and E. Yanagida, Diffusion-induced extinction of a superior species in a competition system, *Japan. J. Indust. Appl. Math.* **15** (1998), 233–252.

[128] K. Ikeda and M. Mimura, Mathematical treatment of a model for smoldering combustion, *Hiroshima Math. J.* **38** (2008), 349–361.

[129] H. Ikeda, M. Mimura and T. Tsujikawa, Singular perturbation approach to traveling wave solutions of the Hodgkin-Huxley equations and its application to stability problems, *Japan J. Appl. Math.* **6** (1989), 1–66.

[130] D. Jerison and N. Nadirashvili, The "hot spots" conjecture for domains with two axes of symmetry, *J. Amer. Math. Soc.* **13** (2000), 741–772.

[131] R. L. Jerrard and H. M. Soner, Dynamics of Ginzburg-Landau Vortices, *Arch. Ration. Mech. Anal.* **142** (1998), 95–125.

[132] S. Jimbo, On semilinear diffusion equation on a Riemannian manifold and its stable equilibrium solutions, *Proc. Japan Acad. A* **60** (1984), 349–352.

[133] S. Jimbo, Singular perturbation of domains and semilinear elliptic equation, *J. Fac. Sci. Univ. Tokyo* **35** (1988), 27–76.

[134] S. Jimbo and Y. Morita, Stability of nonconstant steady-state solutions to a Ginzburg-Landau equation in higher space dimensions, *Nonlinear Analysis* **22** (1994), 753–770.

[135] S. Jimbo and Y. Morita, Stable solutions with zeros to the Ginzburg-Landau equation with Neumann boundary condition, *J. Differential Equations* **128** (1996), 596–613.

[136] S. Jimbo, Y. Morita and J. Zhai, Ginzburg-Landau equation and stable steady state solutions in a non-trivial domain, *Comm. P. D. E.* **20** (1995), 2093–2112.

[137] C. K. R. T. Jones, Spherically symmetric solutions of a reaction-diffusion equation, *J. Differential Equations* **49** (1983), 142–169.

[138] C. K. R. T. Jones, Stability of travelling wave solutions of the FitzHugh-Nagumo system, *Trans. Amer. Math. Soc.* **286** (1984), 431–469.

[139] D. D. Joseph and T. S. Lundgren, Quasilinear Dirichlet problems driven by positive sources, *Arch. Rational Mech. Anal.* **49** (1972), 241–269.

[140] T. Kan, Persistence of the bifurcation structure for a semilinear elliptic problem on thin domains, *Nonlinear Analysis* **73** (2010), 2941–2956.

[141] Ya. I. Kanel, The behavior of solutions of the Cauchy problem when the time tends to infinity, in the case of quasilinear equations arising in the theory of combustion, *Soviet Math. Dokl.* **1** (1960), 533–536.

[142] Y. Kan-on, Parameter dependence of propagation speed of travelling waves for competition diffusion equations, *SIAM J. Math. Anal.* **26** (1995), 340–363.

[143] Y. Kan-on and E. Yanagida, Existence of nonconstant stable equilibria in competition-diffusion equations, *Hiroshima Math. J.* **23** (1993), 193–221.

[144] N. Kawano, E. Yanagida and S. Yotsutani, Structure theorems for positive radial solutions to $\Delta u + K(|x|)u^p = 0$ in $\mathbf{R}^n$, *Funkcial. Ekvac.* **36** (1993), 557–579.

[145] E. F. Keller and L. A. Segel, Initiation of slime mold aggregation viewed as an instability, *J. Theor. Biol.* **26** (1970), 399–415.

[146] H. Kielhöfer, Stability and semilinear evolution equations in Hilbert space, *Arch. Rational Mech. Anal.* **57** (1974), 150–165.

[147] H. Kielhöfer, *Bifurcation Theory: An Introduction with Applications to PDEs* (Springer-Verlag, New York, 2004).

[148] K. Kishimoto and H. Weinberger, The spatial homogeneity of stable equilibria of some reaction-diffusion systems on convex domains, *J. Differential Equations* **58** (1985), 15–21.

[149] R. Kohn and P. Sternberg, Local minimizers and singular perturbations, *Proc. Royal Soc. Edingburgh A* **111** (1989), 69–84.

[150] H. Kokubu, Homoclinic and heteroclinic bifurcations of vector fields, *Japan J. Appl. Math.* **5** (1988), 455–501.

[151] A. Kolmogorov, I. Petrovsky and N. Piskunov, Etude de l'équation de la diffusion avec croissance de la quantité de matiére et son application à un probléme biologique, *Bjul. Moskowskogo Gos. Univ. Ser. Internat. Sec. A1* (1937), 1–26.

[152] Y. Kuramoto, *Chemical Oscillations, Waves and Turbulence*, Springer Series in Synergetics **19** (Springer-Verlag, Berlin, 1984).

[153] K. Kurata, K. Kishimoto and E. Yanagida, The asymptotic transectional/circumferential homogeneity of the solutions of reaction-diffusion systems in/on cylinder-like domains, *J. Math. Biol.* **27** (1989), 485–490.

[154] M. Kuwamura, On the Turing patterns in one-dimensional gradient/skew-gradient dissipative systems, *SIAM J. Appl. Math.* **65** (2005), 618–643.

[155] M. Kuwamura and E. Yanagida, The Eckhaus and zigzag instability criteria in gradient/skew-gradient dissipative systems, *Physica D* **175** (2003), 185–195.

[156] M.-K. Kwong, Uniqueness of positive solutions of $\Delta u - u + u^p = 0$ in $\mathbb{R}^n$, *Arch. Rational Mech. Anal.* **105** (1989), 243–266.

[157] R. Langer, Existence of homoclinic travelling wave solutions to the FitzHugh-Nagumo equations. Ph.D. Thesis, Northeastern University, 1980.

[158] D. A. Larson, On the stability of certain solitary wave solutions to Nagumo's equation, *Quarf. J. Math. Oxford Ser.* (2) **28** (1977), 339–352.

[159] F. H. Lin, A remark on the previous paper "Some Dynamical Properties of Ginzburg-Landau Vortices", *Comm. Pure Appl.* Math. **49** (1996), 361–364.

[160] F. H. Lin, Complex Ginzburg-Landau equations and dynamics of vortices, filaments, and codimension-2 submanifolds, *Comm. Pure and Appl. Math.* **51** (1998), 385–441.

[161] H. P. MacKean Jr., Nagumo's equation, *Advances Math.* **4** (1970), 209–223.

[162] K. Maginu, Stability of stationary solutions of a semilinear parabolic partial differential equation, *J. Math. Anal. Appl.* **63** (1978), 224–243.

[163] K. Maginu, Stability of periodic travelling wave solutions of a nerve conduction equation, *J. Math. Biol.* **6** (1978), 49–57.

[164] K. Maginu, Stability of spatially homogeneous periodic solutions of reaction-diffusion equations, *J. Differential Equations* **31** (1979), 130–138.

[165] K. Maginu, Existence and stability of periodic travelling wave solutions to Nagumo's nerve equation, *J. Math. Biol.* **10** (1980), 133–153.

[166] H. Matano, Asymptotic behaviour and stability of solutions of semilinear elliptic equations, *Publ. RIMS. Kyoto Univ.* **15** (1979), 401–454.

[167] H. Matano, Nonincrease of the lap-number of a solution for a one dimensional semilinear parabolic equation, *J. Fac. Sci. Univ. Tokyo Sect. 1A Math.* **29** (1982), 401–441.

[168] H. Matano and M. Mimura, Pattern formation in competition-diffusion systems in nonconvex domains, *Publ. RIMS Kyoto Univ.* **19** (1983), 1049–1079.

[169] M. Mimura, S.-I. Ei and Q. Fang, Effect of domain-shape on coexistence problems in a competition-diffusion system, *J. Math. Biol.* **29** (1991), 219–237.

[170] P. Mironescu, On the stability of radial solutions of the Ginzburg-Landau equation, *J. Funct. Anal.* **130** (1995), 334–344.

[171] Y. Miyamoto, An instability criterion for activator-inhibitor systems in a two-dimensional ball, *J. Differential Equations* **229** (2006), 494–508.

[172] Y. Miyamoto, An instability criterion for activator-inhibitor systems in a two-dimensional ball II, *J. Differential Equations* **239** (2007), 61–71.

[173] S. Miyata and E. Yanagida, Stable stationary solutions with multiple layers in a scalar parabolic equation with variable diffusion, *Funkcial. Ekvac.* **38** (1995), 367–380.

[174] N. Mizoguchi, H. Ninomiya and E. Yanagida, Diffusion-induced blowup in a nonlinear parabolic system, *J. Dyn. Diff. Eqs.* **10** (1998), 619–638.

[175] K. Mizohata, *The Theory of Partial Differential Equations* (Cambridge University Press, Cambridge, New York, 1973).

[176] H. J. K. Moet, A note on the asymptotic behavior of solutions of the KPP equation, *SIAM J. Math. Anal.* **10** (1979), 728–732.

[177] J. Morgan, On a question of blow-up for semilinear parabolic systems, *Diff. Int. Equations* **3** (1990), 973–978.

[178] Y. Morita, Reaction-diffusion systems in nonconvex domain: Invariant manifold and reduced form, *J. Dyn. Diff. Eqs.* **2** (1990), 69–115.

[179] Y. Morita, H. Ninomiya and E. Yanagida, Nonlinear perturbation of boundary values for reaction-diffusion systems: Inertial manifolds and their applications, *SIAM J. Math. Anal.* **25** (1994), 1320–1356.

[180] P. DE Mottoni, Qualitative analysis for some quasilinear parabolic systems, *Institute of Math. Polish Academy Sci. Zam* **190** (1979), 11–79.

[181] P. DE Mottoni and M. Schatzman, Geometrical evolution of developed interfaces, *Trans. Amer. Math. Soc.* **347** (1995), 1533–1589.

[182] J. D. Murray, A pre-pattern formation mechanism for animal coat markings, *J. Theor. Biol.* **88** (1981), 161–199.

[183] J. Nagumo, S. Arimoto and S. Yoshizawa, An active pulse transmission line simulating nerve axon, *Proc. I.R.E.* **50** (1962), 2061–2070.

[184] J. Nagumo, S. Yoshizawa and S. Arimoto, Bistable transmission lines, *IEEE Trans. Circuit Theory* **12** (1965), 400–412.

[185] A. S. do Nascimento, Bifurcation and stability of radially symmetric equilibria of a parabolic equation with variable diffusion, *J. Differential Equations* **77** (1989), 84–103.

[186] W.-M. Ni, Diffusion, cross-diffusion, and their spike-layer steady states, *Notices Amer. Math. Soc.* **45** (1998), 9–18.

[187] W.-M. Ni, P. Poláčik and E. Yanagida, Monotonicity of stable solutions in shadow systems, *Trans. Amer. Math. Soc.* **353** (2001), 5057–5069.

[188] W.-M. Ni and I. Takagi, On the shape of least-energy solutions to a semilinear Neumann problem, *Comm. Pure Appl. Math.* **44** (1991), 819–851.

[189] W.-M. Ni and I. Takagi, Locating the peaks of least-energy solutions to a semilinear Neumann problem, *Duke Math. J.* **70** (1993), 247–281.

[190] W.-M. Ni, I. Takagi and E. Yanagida, Stability of least energy patterns of the shadow system for an activator-inhibitor model, *Japan J. Indust. Appl. Math.* **18** (2001), 259–272.

[191] H. Ninomiya, Separatrices of competition-diffusion equations, *J. Math. Kyoto Univ.* **35** (1995), 539–567.

[192] H. Ninomiya and M. Taniguchi, Stability of traveling curved fronts in a curvature flow with driving force, *Methods Appl. Anal.* **8** (2001), 429–449.

[193] H. Ninomiya and M. Taniguchi, Existence and global stability of traveling curved fronts in the Allen-Cahn equations, *J. Differential Equations* **213** (2005), 204–233.

[194] Y. Nishiura, Coexistence of infinitely many stable solutions to reaction diffusion systems in the singular limit, *Dynamics Reported* **3** (1994), 25–103.

[195] A. Okubo and S. Levin, *Diffusion and ecological problems: modern perspectives*, Interdisciplinary Applied Mathematics **14** (Springer-Verlag, New York, 2001).

[196] S. I. Pohozaev, Eigenfunctions of the equation $\Delta u + \lambda f(u) = 0$, *Soviet Math. Dokl.* **5** (1965), 1408–1411.

[197] P. Poláčik, Parabolic equations: Asymptotic behavior and dynamics on invariant manifolds, in *Handbook of Dynamical Systems*, B. Fiedler ed., Vol. 2, Chapter 16 (North-Holland, Amsterdam, 2002).

[198] P. Poláčik and I. Terescak, Convergence to cycles as a typical asymptotic behavior in smooth strongly monotone discrete-time dynamical systems, *Arch. Rat. Mech. Anal.* **116** (1992), 339–360.

[199] P. Poláčik and E. Yanagida, Existence of stable subharmonic solutions for reaction-diffusion equations, *J. Differential Equations* **169** (2001), 255–280.

[200] P. Poláčik and E. Yanagida, On bounded and unbounded global solutions of a supercritical semilinear heat equation, *Math. Annalen* **327** (2003), 745–771.

[201] P. Poláčik and E. Yanagida, Nonstabilizing solutions and grow-up set for a supercritical semilinear diffusion equation, *Diff. Int. Eqs.* **17** (2004), 535–548.

[202] M. H. Protter and H. F. Weinberger, *Maximum Principles in Differential Equations* (Springer-Verlag, New York, 1984).

[203] P. Quittner and Ph. Souplet, *Superlinear Parabolic Problems. Blow-up, Global Existence and Steady States* (Birkhäuser Advanced Texts, Basel, 2007).

[204] J. Rauch, Five problems: an introduction to the qualitative theory of partial differential equations, *Partial Differential Equations and Related Topics*, Lecture Notes in Mathematics **446** (Springer, Berlin, 1975).

[205] J. Rauch and J. Smoller, Qualitative theory of the FitzHugh-Nagumo equations, *Advances in Math.* **27** (1978), 12–44.

[206] J. Rinzel and J. B. Keller, Travelling wave solutions of nerve conduction equation, *Biophys. J.* **13** (1972), 1313–1337.

[207] J. Rougemont, Dynamics of kinks in the Ginzburg-Landau equation: approach to a metastable shape and collapse of embedded pairs of kinks, *Nonlinearity* **12** (1999), 539–554.

[208] J. Rubinstein and P. Sternberg, On the slow motion of vortices in the Ginzburg-Landau heat flow, *SIAM J. Math. Anal.* **26** (1995), 1452–1466.

[209] J. Rubinstein and G. Wolansky, Instability results for reaction diffusion equations over surfaces of revolutions, *J. Math. Anal. Appl.* **187** (1994), 485–489.

[210] M. Růžička, *Electrorheological Fluids: Modeling and Mathematical Theory*, Lecture Notes in Mathematics **1748** (Springer-Verlag, Berlin, 2000).

[211] B. Sandstede, Stability of travelling waves, in *Handbook of Dynamical Systems*, B. Fiedler ed., Vol. 2, 983–1055 (North-Holland, Amsterdam, 2002).

[212] D. H. Sattinger, Monotone methods in nonlinear elliptic and parabolic boundary value problems, *Indiana Univ. Math. J.* **21** (1972), 979–1000.

[213] D. H. Sattinger, On the stability of waves of nonlinear parabolic systems. *Advances in Math.* **22** (1976), 312–355.

[214] D. H. Sattinger, Weighted norms for the stability of traveling waves, *J. Differential Equations* **25** (1977), 130–144.

[215] B. D. Sleeman, Instability of certain traveling wave solutions to the FitzHugh-Nagumo nerve axon equations, *J. Math. Anal. Appl.* **74** (1980), 106–119.

[216] H. L. Smith, *Monotone Dynamical Systems: An introduction to the theory of competitive and cooperative systems*, AMS Mathematical Surveys and Monographs **41** (1995).

[217] J. Smoller, *Shock Waves and Reaction-Diffusion Equations*, Grundlehren Der Mathematischen Wissenschaften (Springer-Verlag, New York-Berlin, 1983).

[218] Ph. Souplet, A note on diffusion-induced blow-up, *J. Dyna. Diff. Eqs.* **19** (2007), 819–823.

[219] I. Takagi, Point-condensation for a reaction-diffusion system, *J. Differential Equations* **61** (1986), 208–249.

[220] M. Taniguchi, Traveling front of pyramidal shapes in the Allen-Cahn equations, *SIAM J. Math. Anal.* **39** (2007), 319–344.

[221] R. Temam, *Infinite-Dimensional Dynamical Systems in Mechanics and Physics* (Springer-Verlag, New York, 1997).

[222] M. Tsutsumi, On solutions of semilinear differential equations in a Hilbert space, *Math. Japon.* **17** (1972), 173–193.

[223] A. M. Turing, The chemical basis of morphogenesis, *Phil. Trans. Royal Soc.* (B) **237** (1952), 37–72.

[224] J. L. Vázquez, *Smoothing and Decay Estimates for Nonlinear Diffusion Equations*, Oxford Lecture Notes in Mathematics and its Applications **33** (Oxford University Press, Oxford, 2006).

[225] J. L. Vázquez, *The Porous Medium Equation. Mathematical Theory*, Oxford Mathematical Monographs (Oxford University Press, Oxford, 2007).

[226] X. Wang, On the Cauchy problem for reaction-diffusion equations, *Trans. Amer. Math. Soc.* **337** (1993), 549–590.

[227] H. F. Weinberger, Invariant sets for weakly coupled parabolic and elliptic systems, *Rend. Mat.* **8** (1975), 295–310.

[228] H. F. Weinberger, An example of blowup produced by equal diffusions, *J. Differential Equations* **154** (1999), 225–237.

[229] A. Yagi, *Abstract Parabolic Evolution Equations and Their Applications*, Springer Monographs in Mathematics (Springer-Verlag, Berlin, 2010).

[230] H. Yagisita, Nearly spherically symmetric expanding fronts in a bistable reaction-diffusion equation, *J. Dyn. Diff. Eqs.* **13** (2001), 323–353.

[231] H. Yagisita, Backward global solutions characterizing annihilation dynamics of travelling fronts, *Publ. RIMS, Kyoto Univ.* **39** (2002), 117–164.

[232] E. Yanagida, Stability of stationary distributions in a space-dependent population growth process, *J. Math. Biol.* **15** (1982), 37–50.

[233] E. Yanagida, Stability of fast traveling pulse solutions of the FitzHugh-Nagumo equations, *J. Math. Biol.* **22** (1985), 81–104.

[234] E. Yanagida, Branching of double pulse solutions from single pulse solutions in nerve axon equations, *J. Differential Equations* **66** (1987), 243–262.

[235] E. Yanagida, Existence of stable stationary solutions of scalar reaction-diffusion equations in thin tubular domains, *Applicable Anal.* **36** (1990), 171–188.

[236] E. Yanagida, Stability of nonconstant stationary solutions for reaction-diffusion systems on graphs, *Japan. J. Indust. Appl. Math.* **18** (2001), 25–42.

[237] E. Yanagida, Mini-maximizers in reaction-diffusion systems with skew-gradient structure, *J. Differential Equations* **179** (2002), 311–335.

[238] E. Yanagida, Stability analysis for shadow systems with gradient/skew-gradient structure, 『数理解析研究所講究録』 **1249** (2002), 133–142.

[239] E. Yanagida, Irregular behavior of solutions for Fisher's equation, *J. Dyn. Diff. Eqs.* **19** (2007), 895–914.

記号表

- $\mathbb{R}$: 実数の集合 (p.4)
- $\mathbb{R}^N$: N 次元ユークリッド空間 (p.4)
- $\mathbb{C}$: 複素数の集合 (p.30)
- $\mathbb{Z}$: 整数の集合 (p.232)
- N: 空間次元 (p.4)
- t: 時間変数 (p.4)
- $x := (x_1, \ldots, x_N)^T$: N 次元空間変数 (p.4)
- $|x|$: ユークリッドノルム (p.16)
- $x \cdot y$: ユークリッド内積 (p.8, p.21)
- Ω: $\mathbb{R}^N$ 内の領域 (p.6)
- $\partial \Omega$: Ω の境界 (p.6)
- $\overline{\Omega}$: Ω の閉包 (p.71)
- ν: $\partial \Omega$ の外向き（単位）法線ベクトル (p.6)
- $\dfrac{\partial}{\partial \nu}$: $\partial \Omega$ における外向き法線微分 (p.6)
- $u_t := \dfrac{\partial u}{\partial t}$: $u(x,t)$ の時間微分 (p.4)
- $\Delta := \sum_{i=1}^{N} \dfrac{\partial^2}{\partial x_i{}^2}$: ラプラス作用素 (p.4)
- $\nabla := \left(\dfrac{\partial}{\partial x_1}, \ldots, \dfrac{\partial}{\partial x_N} \right)^T$: 勾配作用素 (p.8)
- $\operatorname{div} \boldsymbol{v} := \nabla \cdot \boldsymbol{v} = \sum_{i=1}^{N} \dfrac{\partial v_i}{\partial x_i}$: 発散 (p.8)

- $f_u := \dfrac{\partial f}{\partial u}$, $f_v := \dfrac{\partial f}{\partial v}$, $g_u := \dfrac{\partial g}{\partial u}$, $g_v := \dfrac{\partial g}{\partial v}$: 偏微分係数（偏導関数）(p.31)
- $J = \dfrac{\partial \boldsymbol{f}}{\partial \boldsymbol{u}} = \left(\dfrac{\partial f_i}{\partial u_j} \right)$: ヤコビ行列 (p.30, p.264)
- d_i: 第 i 成分の拡散係数 (p.10)
- $D = \operatorname{diag}(d_1, \ldots, d_m)$: 拡散係数行列 (p.12)
- I_m: m 次単位行列 (p.150)
- τ_i: 第 i 成分の時定数 (p.10)
- $T := \operatorname{diag}(\tau_1, \ldots, \tau_m)$: 時定数行列 (p.12)
- $z := x - ct$: 動座標 (p.18)
- c: 1 次元進行波の速度 (p.18)
- $\boldsymbol{c}$: 速度ベクトル (p.20)
- φ, ψ, ϕ: 定常解，進行波解などの波形 (p.18, p.91, p.201)
- L, ℓ: 空間周期, 区間の幅 (p.61, p.210)
- T: 時間周期 (p.21)
- F: f の原始関数 (p.47, p.83, p.101, p.121)
- $E[u]$: エネルギー (p.48, p.52, p.101)
- $E[u,v]$: エネルギー (p.169, p.187, p.229)
- $W(u,v)$: ポテンシャル関数 (p.168)

u^+: 優解 (p.44)

u^-: 劣解 (p.44)

$L^\infty(\Omega)$: Ω 上で有界な関数の空間 (p.25)

$\|u(\cdot)\|_{L^\infty(\Omega)}$: L^∞-ノルム (p.73)

$L^q(\Omega)$: Ω 上で q 乗可積分な関数の空間 (p.72)

$\|u(\cdot)\|_{L^q(\Omega)}$: L^q-ノルム (p.72)

$\|\boldsymbol{v}(\cdot)\|_{L^2(\Omega)}$: m 次元ベクトル値関数の L^2-ノルム (p.135)

$H^1(\Omega)$: Ω 上で U と ∇U が 2 乗可積分な関数 U の空間 (p.47)

$H_0^1(\Omega)$:境界で $U = 0$ を満たす関数 $U \in H^1(\Omega)$ の空間 (p.81, p.240)

$J[U]$: 汎関数 (p.56)

$\mathcal{L}$: 楕円型作用素 (p.68, p.253)

λ: 固有値, 固有パラメータ (p.31)

λ_0: 最大固有値 (p.31)

λ_i: 第 i 固有値 (p.31)

Φ_i, Ψ_i: λ_i に対応する第 i 固有関数 (p.31)

μ_i: 補助問題の固有値 (p.163)

σ_i: ノイマン固有値 (p.136, p.154, p.213)

$\operatorname{dist}(x, I)$: $x \in I$ と ∂I の距離 (p.96)

$\overline{u}$: u の空間平均 (p.135, p.136, p.139)

Im: 相空間上の解の像 (p.126)

Θ_i: σ_i に対する固有関数 (p.137)

Re: 複素数の実部 (p.151, p.203)

Γ: 界面, 曲線 (p.118)

V: 法線速度 (p.118)

κ: 平均曲率 (p.118)

μ: 補助問題のパラメータ (p.36, p.109)

$S(t)$: 解作用素 (p.33)

$\Sigma, \Sigma(t)$: 相空間の部分集合, 正不変集合 (p.181, p.200)

$G(x, y, t)$: 熱核, 基本解 (p.75, p.97, p.247)

W^s: 安定多様体 (p.60, p.203, p.266)

W^u: 不安定多様体 (p.60, p.203, p.266)

$\succeq$: 半順序 (p.193)

Q_T: 時空間領域 (p.250)

Γ_T: 放物型境界 (p.250)

方程式一覧

- 熱方程式 (p.4, p.243)
$$u_t = \Delta u$$

- 正規化された単独反応拡散方程式 (p.4, p.40)
$$u_t = \Delta u + f(u)$$

- 時定数と拡散係数を含む単独反応拡散方程式 (p.7)
$$\tau u_t = d\Delta u + f(u)$$

- 拡散係数や反応項が場所 x に依存する単独反応拡散方程式 (p.8, p.254)
$$u_t = \text{div}\,(d(x)\nabla u) + f(u, x)$$

- 反応項に空間的非一様性や時間依存性を導入した単独反応拡散方程式 (p.9)
$$u_t = \Delta u + f(u, x, t)$$

- 移流項を含む方程式 (p.9)
$$u_t = \Delta u - \nabla \cdot (u\boldsymbol{c}(x)) + f(u)$$

- 2 成分反応拡散方程式 (p.10)
$$\begin{cases} u_t = d_1\Delta u + f(u, v), \\ v_t = d_2\Delta v + g(u, v) \end{cases}$$

- 時定数を含む 2 成分拡散方程式 (p.10)
$$\begin{cases} \tau_1 u_t = d_1\Delta u + f(u, v), \\ \tau_2 v_t = d_2\Delta v + g(u, v) \end{cases}$$

- 自明な定常状態をもつ 2 成分反応拡散方程式 (p.10)
$$\begin{cases} u_t = d_1\Delta u + u\tilde{f}(u, v), \\ v_t = d_2\Delta v + v\tilde{g}(u, v) \end{cases}$$

- 多成分反応拡散方程式 (p.11)
$$u_{i,t} = d_i\Delta u_i + f_i(u_1, u_2, \ldots, u_m)$$
$$(i = 1, 2, \ldots, m)$$

- ベクトル変数を用いた多成分反応拡散方程式 (p.12)
$$\boldsymbol{u}_t = D\Delta \boldsymbol{u} + \boldsymbol{f}(\boldsymbol{u})$$

- 時定数を含む多成分反応拡散方程式 (p.12)
$$\tau_i u_{i,t} = d_i\Delta u_i + f_i(u_1, u_2, \ldots, u_m)$$
$$(i = 1, 2, \ldots, m)$$

- 多成分反応拡散方程式 (p.12)
$$T\boldsymbol{u}_t = D\Delta \boldsymbol{u} + \boldsymbol{f}(\boldsymbol{u})$$

- 結合系 (p.13)
$$\begin{cases} \boldsymbol{u}_t = C\boldsymbol{u} + \boldsymbol{f}(\boldsymbol{u}) + \varepsilon\tilde{\boldsymbol{f}}(\boldsymbol{u}, \boldsymbol{v}), \\ \boldsymbol{v}_t = D\boldsymbol{v} + \boldsymbol{g}(\boldsymbol{v}) + \varepsilon\tilde{\boldsymbol{g}}(\boldsymbol{u}, \boldsymbol{v}) \end{cases}$$

- 時間周期的方程式 (p.22)
$$u_t = \Delta u + f(u, t),$$
$$f(u, t + T) \equiv f(u, t)$$

- 非一様な拡散係数をもつ 1 次元反応拡散方程式 (p.67)

$$u_t = (d^2(x)u_x)_x + f(u)$$

- 細い領域の極限方程式 (p.69, p.145)

$$u_t = \frac{1}{d(x)}\{d(x)u_x\}_x + f(u)$$

- 藤田方程式 (p.70)

$$u_t = \Delta u + |u|^{p-1}u \quad (p > 1)$$

- レイン–エムデン方程式 (p.80, p.83)

$$\Delta \varphi + \varphi^p = 0 \quad (p > 1)$$

- フィッシャー方程式 (p.88)

$$u_t = \Delta u + u(1-u)$$

- 南雲方程式 (p.100)

$$u_t = \Delta u + u(u-a)(1-u)$$

- アレン–カーン方程式 (p.109)

$$u_t = \Delta u + u(1-u^2)$$

- 拡散誘導爆発を起こす反応拡散方程式 (p.155)

$$\begin{cases} u_t = d_1 \Delta u + (u-v)^3 - u, \\ v_t = d_2 \Delta v + (u-v)^3 - v \end{cases}$$

- シャドウ系 (p.158)

$$\begin{cases} u_t = \Delta u + f(u,v), \\ \tau v_t = \dfrac{1}{|\Omega|}\int_\Omega g(u,v)dx \end{cases}$$

- ロトカ–ヴォルテラ方程式 (p.181)

$$\begin{cases} u_t = d_1 \Delta u + u(a_1 + b_1 u + c_1 v), \\ v_t = d_2 \Delta v + v(a_2 + b_2 u + c_2 v) \end{cases}$$

- 被食者・捕食者拡散方程式 (p.187)

$$\begin{cases} u_t = d_1 \Delta u + u(a_1 - b_1 u - c_1 v), \\ v_t = d_2 \Delta v + v(-a_2 + b_2 u - c_2 v) \end{cases}$$

- 競争拡散方程式 (p.192)

$$\begin{cases} u_t = d_1 \Delta u + u(a_1 - b_1 u - c_1 v), \\ v_t = d_2 \Delta v + v(a_2 - b_2 u - c_2 v) \end{cases}$$

- ホジキン–ハックスレー方程式 (p.197)

$$\begin{cases} u_t = u_{xx} + f(u, \boldsymbol{v}), \\ \boldsymbol{v}_t = \boldsymbol{g}(u, \boldsymbol{v}) \end{cases}$$

- フィッツヒュー–南雲方程式 (p.197)

$$\begin{cases} u_t = u_{xx} + h(u) - v, \\ v_t = \varepsilon(u - \gamma v) \end{cases}$$

- ギーラー–マインハルト方程式 (p.211)

$$\begin{cases} u_t = \varepsilon^2 \Delta u - u + \dfrac{u^p}{v^q} + \sigma, \\ \tau v_t = d\Delta v - v + \dfrac{u^r}{v^s} \end{cases}$$

- ギンツブルグ–ランダウ方程式 (p.229)

$$\begin{cases} u_t = \Delta u + \mu u(1 - u^2 - v^2), \\ v_t = \Delta v + \mu v(1 - u^2 - v^2) \end{cases}$$

- 線形放物型偏微分方程式 (p.251)

$$u_t = \Delta u + c(x,t)u$$

方程式一覧

- 連立線形放物型偏微分方程式 (p.251)
$$T\boldsymbol{u}_t = D\Delta\boldsymbol{u} + C(x,t)\boldsymbol{u}$$

- 非一様な拡散係数をもつ反応拡散方程式 (p.254)
$$u_t = \operatorname{div}(d(x)\nabla x) + f$$

- 薄い領域の極限方程式 (p.254)
$$u_t = \frac{1}{d(x)}\operatorname{div}(d(x)\nabla u) + f$$

- 非線形拡散方程式 (p.254)
$$u_t = \Delta(g(u))$$

- 多孔媒質方程式 (p.254)
$$\Delta(u^m) = \operatorname{div}(mu^{m-1}\nabla u) \ (m>1)$$

- 特異拡散方程式 (p.254)
$$\Delta(u^m) = \operatorname{div}(mu^{m-1}\nabla u)$$
$$(0 < m < 1)$$

- p-ラプラス拡散方程式 (p.255)
$$u_t = \operatorname{div}(|\nabla u|^{p-2}\nabla u) \quad (p>1)$$

- 燃焼方程式 (p.276)
$$u_t = \Delta u + e^{-1/u}$$

- 指数的反応項をもつ方程式 (p.276)
$$u_t = \Delta u + e^u$$

- ゲルファント方程式 (p.276)
$$\Delta\varphi + e^\varphi = 0$$

- 吸収項をもつ方程式 (p.276)
$$u_t = \Delta u - u^p \quad (p>0)$$

- MEMS 方程式 (p.277)
$$u_t = \Delta u - u^{-q} \quad (q>-1)$$

- グレイ–スコット方程式 (p.277)
$$\begin{cases} u_t = d_1\Delta u - u^2 v + F(1-u), \\ v_t = d_2\Delta v + u^2 v - (F+k)v \end{cases}$$

- 発熱反応拡散方程式 (p.277)
$$\begin{cases} u_t = d_1\Delta u + \omega e^{-1/u} v, \\ v_t = d_2\Delta v - e^{-1/u} v \end{cases}$$

- ケラー–シーゲル方程式 (p.277)
$$\begin{cases} u_t = d_1\Delta u - \nabla \cdot (u\nabla\xi(v)), \\ v_t = d_2\Delta v - bv + cu \end{cases}$$

索 引

ア 行

アトラクタ (attractor)　35
アレニウスの法則 (Arrhenius law)　2
アレン–カーン方程式 (Allen-Cahn equation)　109
安定 (stable)　26, 264
　　――渦状点 (stable spiral)　92, 272
　　――結節点 (stable node)　272
　　――固有値 (stable eigenvalue)　266
　　――性 (stability)　25
　　――多様体 (stable manifold)　60, 192, 203, 267
　　――部分空間 (stable subspace)　60
　　――リミットサイクル (stable limit cycle)　267
鞍点 (saddle)　52, 92, 104, 183, 216, 273
位数 (index)　237, 274
位相 (phase)　19
一様楕円型 (uniformly elliptic)　253
移流項 (drift term)　9
インデックス (index)　237
渦糸 (vortex filament)　236
　　――解 (vortex filament solution)　236
渦解 (vortex solution)　236
渦点 (vortex)　236
エネルギー汎関数 (energy functional)　101, 187, 229
エバンス関数 (Evans function)　33, 207
オイラー–ラグランジュ方程式 (Euler-Lagrange equation)　48, 170
遅いパルス解 (slow pulse solution)　204

カ 行

ω-極限集合 (ω-limit set)　34, 275
ω-極限点 (ω-limit point)　34, 275

解作用素 (solution operator)　33
回転数 (rotation number)　237, 273
界面 (interface)　115
ガウス核 (Gauss kernel)　247
拡散係数 (diffusion coefficient)　7
拡散項 (diffusion term)　4
拡散方程式 (diffusion equation)　5, 243
拡散誘導絶滅 (diffusion-induced extinction)　196
拡散誘導爆発 (diffusion-induced blowup)　155
拡散誘導不安定性 (diffusion-induced instability)　149, 151, 154, 199, 211
渦心点 (center)　273
活性因子 (activator)　211
カルデロンの一意性定理 (Calderón's uniqueness theorem)　173
感受性関数 (sensitivity function)　278
慣性多様体 (inertial manifold)　36
軌道 (orbit)　263
　　――安定 (orbitally stable)　27, 267
キネティック方程式 (kinetic equation)　14
基本解 (fundamental solution)　249
吸引領域 (basin of attraction)　129
吸収項をもつ方程式 (equation with absorption)　276
吸収壁境界条件 (absorbing boundary condition)　6, 246

301

境界条件 (boundary condition)　6, 246
境界値問題 (boundary value problem)　17
競争系 (competition system)　182
協調系 (cooperation system)　182
局在解 (localized solution)　50
局在パターン (localized pattern)　16, 214
局所安定 (local stability)　27
局所最小化解 (local minimizer)　49, 170
ギーラー–マインハルト方程式 (Gierer-Meinhardt equation)　211
ギンツブルグ–ランダウ方程式 (Ginzburg-Landau system)　229
偶拡張 (even extension)　46, 63
クエンチング (quenching)　277
熊手型分岐 (pitchfork bifurcation)　113
グレイ–スコット方程式 (Gray-Scot system)　277
形態形成 (morphogenesis)　149, 211
k-対称 (k-symmetric)　63
k-モード定常解 (k-mode stationary solution)　63, 111, 160
ケラー–シーゲル方程式 (Keller-Segel system)　277
ゲルファント方程式 (Gel'fand equation)　276
交差拡散 (cross-diffusion)　10
高次分岐 (higher order bifurcation)　52
交点数 (intersection number)　45, 113
勾配系 (gradient system)　168, 229
勾配作用素 (gradient operator)　8
コーシー問題 (Cauchy problem)　5, 249
古典解 (classical solution)　40, 71
固有関数 (eigenfunction)　31, 255, 257
——展開 (eigenfunction expansion)　32, 137, 167, 358
固有値 (eigenvalue)　31, 151, 255
——解析 (eigenvalue analysis)　29
孤立パルス解 (single pulse solution)　19, 202
孤立パルス進行波解 (single pulse traveling solution)　202

サ 行

最小エネルギー解 (least energy solution)　217
最大値原理 (maximum principle)　5, 251
時間周期 (time period)　21
——解 (time-periodic solution)　21, 153, 162, 174, 228, 275
閾値 (threshold value)　101, 199
自己触媒 (auto-catalysis)　277
自己随伴固有値問題 (self-adjoint eigenvalue problem)　54, 163, 255
自己随伴作用素 (self-adjoint operator)　54, 255
自己複製パターン (self-replicating pattern)　277
指数安定 (exponentially stable)　27
指数的反応項をもつ方程式 (equation with an exponential nonlinearity)　276
C^0-半群 (C^0-semigroup)　33
質量作用の法則 (law of mass action)　2
時定数 (time constant)　7
自明解 (trivial solution)　5, 16
写像度 (mapping degree)　237
シャドウ系 (shadow system)　38, 158, 215, 219
周期型 (periodic type)　19
周期軌道 (periodic orbit)　35, 102, 210, 267
周期境界条件 (periodic boundary condition)　7, 231, 247
周期パターン (periodic pattern)　16
周期パルス解 (periodic pulse solution)　210
種間競争率 (interspecific competition rate)　190
縮小長方形 (contracting rectangle)　129, 199
縮約 (reduction)　37, 139, 140
シューティング法 (shooting method)　62, 204
種内競争率 (intraspecific competition rate)　190
準安定状態 (metastable state)　116

順序保存系 (order-preserving system) 125
状態変数 (state variable) 4
衝突解 (collision solution) 108
初期外乱 (initial disturbance) 25
初期条件 (initial condition) 5, 247
初期値 (initial value) 5, 247
——問題 (initial value problem) 5, 249
初期データ (initial data) 5, 247
ジョゼフ–ルンドグレン指数 (Joseph-Lundgren exponent) 85
自律系 (autonomous system) 14, 263
神経方程式 (nerve equation) 198
進行波解 (traveling wave solution) 18, 91, 104, 201
スカラーフィールド方程式 (scalar field equation) 216
ストゥルムの比較定理 (Sturm comparison theorem) 65, 66, 161, 261
ストゥルム–リュウビル型固有値問題 (Sturm-Liouville eigenvalue problem) 64, 69, 221, 259
ストライプパターン (stripe pattern) 17, 140
ストレンジアトラクタ (strange attractor) 276
スパイラルパターン (spiral pattern) 22
スポットパターン (spot pattern) 16, 140, 277
SLEP 法 (SLEP method) 33
スローダイナミクス (slow dynamics) 123
斉次境界条件 (homogeneous boundary condition) 246
斉次ディリクレ条件 (homogeneous Dirichlet condition) 6, 246
斉次ノイマン条件 (homogeneous Neumann condition) 6, 246
斉次ロバン条件 (homogeneous Robin condition) 6, 246
正値全域解 (positive entire solution) 83
正値定常解 (positive stationary solution) 80, 212

正不変集合 (positively invariant set) 35, 126, 130
正不変長方形 (positively invariant rectangle) 128
セパラトリクス (separatrix) 191
セパレータ (separator) 81, 205
遷移過程 (transient process) 23
全域解 (entire solution) 23, 90
遷移層 (transition layer) 38, 115
漸近安定 (asymptotically stable) 26, 264
線形安定 (linearly stable) 151
線形化安定性解析 (linearized stability analysis) 29
線形化行列 (linearized matrix) 265
線形拡散 (linear diffusion) 254
線形化固有値問題 (linearized eigenvalue problem) 31
線形化方程式 (linearized equation) 30, 60, 150, 183, 265
線形不安定 (linearly unstable) 151
線形ホットスポット予想 (linear hot-spot conjecture) 166
線形力学系 (linear dynamical system) 265
像 (image) 126
双安定 (bistable) 101
——競争系 (bistable competition system) 191
双曲型 (hyperbolic type) 265
——偏微分方程式 (hyperbolic partial differential equation) 18
相空間 (phase space) 33, 34, 126, 262
側抑制 (lateral inhibition) 214
外向き単位法線ベクトル (outer unit normal vector) 6, 246
外向き法線微分 (outer normal derivative) 6, 246
外向き法線ベクトル (outer unit normal vector) 131
ソボレフ指数 (Sobolev exponent) 80

タ 行

大域アトラクタ (global attractor) 35, 113

索引 303

大域安定 (globally stable)　27
大域解 (global solution)　24
大域的最小化解 (global minimizer)　49, 170, 241
第一変分 (first variation)　48
退化拡散方程式 (degenerate diffusion equation)　254
ターゲットパターン (target pattern)　22
多重スパイク解 (multi-spike solution)　219
多重パルス解 (multiple pulse solution)　19, 208
単安定 (monostable)　87
単純な渦点 (simple vortex)　237
単独反応拡散方程式 (scalar reaction-diffusion equation)　4
ダンベル型領域 (dumbbell-shaped domain)　59, 121, 179
チェイフィー–インファンテ問題 (Chafee-Infante problem)　110
中立安定 (neutrally stable)　26, 230
チューリング不安定性 (Turing instability)　149
超スローダイナミクス (very slow dynamics)　116
対消滅 (annihilation)　118
定常解 (stationary solution)　16, 101, 215, 231
ディリクレ境界条件 (Dirichlet boundary condition)　6, 246
停留点 (critical point)　48, 82, 170
等拡散系 (system of equal diffusion coefficients)　130
峠の補題 (mountain pass lemma)　216
動座標 (moving coordinate)　18
同時爆発 (simultaneous blow-up)　22
等幅領域 (domain with constant width)　122
特異摂動法 (singular perturbation method)　53, 206
特異ホモクリニック軌道 (singular homoclinic orbit)　206
凸領域 (convex domain)　56, 159, 165, 172, 178

ナ 行

内的増殖率 (intrinsic growth rate)　182, 190
南雲方程式 (Nagumo equation)　100
ナビエ–ストークス方程式 (Navier-Stokes equation)　24
2 次分岐 (secondary bifurcation)　52
2 重井戸型ポテンシャル (double-well potential)　101
2 成分反応拡散方程式 (two-component reaction-diffusion equation)　10
ヌルクライン (nullcline)　15, 93, 191, 199, 212
熱核 (heat kernel)　247
熱伝導率 (thermal conductivity)　244
熱方程式 (heat equation)　5, 243
熱容量 (heat capacity)　243
熱量保存則 (heat conservation law)　244
燃焼方程式 (combustion equation)　276
ノイマン固有値 (Neumann eigenvalue)　136, 154, 166, 213

ハ 行

爆発 (blow-up)　22, 71, 155, 268
波形安定 (waveform stability)　28
バック型進行波解 (traveling back solution)　206
発散 (divergence)　8
発熱反応系 (exothermic reaction system)　277
ハートマン–グロブマンの定理 (Hartman-Grobman theorem)　265
速いパルス解 (fast pulse solution)　204
パラメータ族 (parameter family)　52
パルス型 (pulse type)　19
反射壁境界条件 (reflecting boundary condition)　6, 246
半順序 (semi-order)　193
半線形放物型偏微分方程式 (semilinear parabolic partial differential equation)　253
反応項 (reaction term)　4

反応方程式 (reaction equation) 14
非一様定常解 (inhomogeneous stationary solution) 51, 56, 67, 159, 172
比較関数 (comparison function) 44
比較定理 (comparison theorem) 40, 43, 124
被食者・捕食者系 (prey-predator system) 182
非自律系 (non-autonomous system) 263
非線形拡散 (nonlinear diffusion) 254
非線形波動方程式 (nonlinear wave equation) 24
非線形ホットスポット予想 (nonlinear hot-spot conjecture) 165
非単調 (non-monotone) 160, 165
ピッチフォーク分岐 (pitchfork bifurcation) 113
不安定 (unstable) 26, 264
——渦状点 (unstable spiral) 272
——結節点 (unstable node) 272
——固有値 (unstable eigenvalue) 209, 266
——次元 (unstable dimension) 32
——多様体 (unstable manifold) 60, 92, 104, 113, 203, 267
——部分空間 (unstable subspace) 60
——リミットサイクル (unstable limit cycle) 267
フィックの法則 (Fick's law) 2
フィッシャー方程式 (Fisher equation) 87
フィッツヒュー–南雲方程式 (FitzHugh-Nagumo equation) 197
フィンガリングパターン (fingering pattern) 277
不応期 (refractory period) 199
藤田指数 (Fujita exponent) 78
藤田方程式 (Fujita equation) 70
フラックス (flux) 145, 244
フーリエ級数 (Fourier series) 234
フーリエの法則 (Fourier's law) 2, 244
プリュッファー変換 (Prüffer transformation) 65, 259, 260
フロント型 (front type) 19
分岐 (bifurcation) 36, 52

——解析 (bifurcation analysis) 37
——図 (bifurcation diagram) 37, 112
——ダイアグラム (bifurcation diagram) 37
——点 (bifurcation point) 36
ヘアトリガー効果 (hair-trigger effect) 90
平均曲率流 (mean curvature flow) 120
平衡解 (equilibrium solution) 16
平衡点 (equilibrium point) 14, 264
平面進行波解 (planar traveling wave solution) 21
ベクトル場 (vector field) 8, 130, 191, 262
ベッセルの方程式 (Bessel equation) 239
ヘテロクリニック解 (heteroclinic solution) 23, 206
ヘテロクリニック軌道 (heteroclinic orbit) 92, 93, 103
変分原理 (variational principle) 54, 81, 171, 240, 256
変分法 (variational method) 52, 216
ポアンカレの不等式 (Poincaré inequality) 240
ポアンカレ–ベンディクソンの定理 (Poincaré-Bendixon theorem) 269
法線速度 (normal velocity) 118
放物型境界 (parabolic boundary) 250
放物型偏微分方程式 (parabolic partial differential equation) 1, 18, 45, 251
星形領域 (star-shaped domain) 81
ホジキン–ハックスレー方程式 (Hodgkin-Huxley equation) 197
ホップ分岐 (Hoph bifurcation) 228
ポテンシャル関数 (potential function) 101, 168
ポホザエフの恒等式 (Pohozaev identity) 82
ホモクリニック解 (homoclinic solution) 23
ホモクリニック軌道 (homoclinic orbit) 102, 203
ホモクリニック分岐 (homoclinic bifurcation) 209

マ 行

巻き数 (winding number) 237
マッキーン方程式 (McKean equation) 198
ミニマックス解 (mini-maximizer) 176
無限次元力学系 (infinite dimensional dynamical system) 33
無限伝播性 (infinite propagation speed) 247
MEMS 方程式 (MEMS equation) 277
モデリング (modeling) iv

ヤ 行

ヤコビ行列 (Jacobian matrix) 30, 203, 265
優位 (superior) 195
優解 (supersolution) 44, 51, 78, 107, 125, 126
優線形 (superlinear) 71
ユークリッドノルム (Euclidean norm) 16
抑制因子 (inhibitor) 211

ラ・ワ 行

ラグランジュの未定乗数法 (method of Lagrange multiplier) 82
ラップ数 (lap number) 45, 113
ラプラス作用素 (Laplace operator) 4
ラプラス–ベルトラミ作用素 (Laplace-Beltrami operator) 58
ランダウの記号 (Landau symbol) 116
リアプノフ安定性 (Lyapunov stability) 26
リアプノフ関数 (Lyapunov functional) 54
リアプノフの直接法 (Lyapunov's direct method) 54
力学系 (dynamical system) 14, 262
リーマン多様体 (Riemannian manifold) 58
リミットトーラス (limit torus) 276
流束 (flux) 244
リュウビル性 (Liouville property) 23
臨界指数 (critical exponent) 79, 85, 276
ルーシェの定理 (Rouché's theorem) 228
零点数非増加性 (nonincreasing property of intersection numbers) 45, 252
レイリー商 (Rayleigh quotient) 56, 81, 171, 240, 256
レイン–エムデン方程式 (Lane-Emden equation) 80, 83
劣解 (subsolution) 44, 51, 76, 107, 125, 126
劣調和解 (subharmonic solution) 22, 59
連結解 (connecting solution) 23, 113
ロジスティック方程式 (logistic equation) 87
ロトカ–ヴォルテラ方程式 (Lotka-Volterra system) 181
歪勾配系 (skew-gradient system) 174

著者略歴

柳田英二（やなぎだ・えいじ）
　1957年　富山県に生まれる．
　1984年　東京大学大学院工学系研究科博士課程修了．
　現　在　東京工業大学大学院理工学研究科教授．
　　　　　工学博士．
主要著書　『常微分方程式論』（共著，朝倉書店，2002），
　　　　　『爆発と凝集』（編著，東京大学出版会，2006），
　　　　　『理工系の数理　数値計算』（共著，裳華房，2014）．

反応拡散方程式

2015年6月22日　初　版
2021年7月26日　第2刷

[検印廃止]

著　者　柳田英二
発行所　一般財団法人 東京大学出版会
　　　　代表者 吉見俊哉
　　　　153-0041 東京都目黒区駒場 4-5-29
　　　　電話 03-6407-1069　　Fax 03-6407-1991
　　　　振替 00160-6-59964
　　　　URL http://www.utp.or.jp/
印刷所　三美印刷株式会社
製本所　牧製本印刷株式会社

©2015 Eiji Yanagida
ISBN 978-4-13-062920-1 Printed in Japan

[JCOPY] 〈出版者著作権管理機構 委託出版物〉
本書の無断複写は著作権法上での例外を除き禁じられています．複写される場合は，そのつど事前に，出版者著作権管理機構（電話 03-5244-5088, FAX 03-5244-5089, e-mail: info@jcopy.or.jp）の許諾を得てください．

数学　理性の音楽 自然と社会を貫く数学	岡本・薩摩・桂	A5/2800 円
現象数理学入門	三村昌泰編	A5/3200 円
ナヴィエ–ストークス方程式の数理	岡本 久	A5/4800 円
大学数学の入門 9 数値解析入門	齊藤宣一	A5/3000 円
大学数学の入門 10 常微分方程式	坂井秀隆	A5/3400 円
人口と感染症の数理 年齢構造ダイナミクス入門	イアネリ・稲葉・國谷	A5/3800 円

ここに表示された価格は本体価格です．御購入の際には消費税が加算されますので御了承下さい．